我一定要上大学

房善朝　王亮　曹斌◎编著

河南文艺出版社

图书在版编目（CIP）数据

我一定要上大学/房善朝,王亮,曹斌编著. —郑州:河南文艺出版社,2013.1(2020.3 重印)

ISBN 978-7-80765-723-1

I.①我… Ⅱ.①房…②王…③曹… Ⅲ.①成功心理-青年读物②成功心理-少年读物 Ⅳ.①B848.4-49

中国版本图书馆 CIP 数据核字（2012）第 254351 号

出版发行 河南文艺出版社
本社地址 郑州市郑东新区祥盛街 27 号 C 座 5 楼
邮政编码 450018
售书热线 0371-65379196
承印单位 郑州市毛庄印刷厂
经销单位 新华书店
开　本 720 毫米×1020 毫米　1/16
印　张 20.25
字　数 201 000
版　次 2013 年 1 月第 1 版
印　次 2020 年 3 月第 37 次印刷
定　价 50.00 元

印厂地址 郑州市惠济区清华园路
邮政编码 450044　 电话 0371-63784396

第一章 | 生命原动力

第一节　有妈的孩子是块宝(感恩父母)

世界上有一种人

和你在一起的时候总是千万次叮嘱要多穿件衣服

要注意自己的安全

你觉得很烦却又很温馨

缺钱的时候

他们总会说些挣钱不容易之类的话来训你

边教训

边塞钱给你

生病的时候

他们会批评你为什么不注意照顾好自己

同时也端着水和药一直守在床边

等你说想吃什么

好提前去做准备

离家的时候

他无论如何也要把你送到车站

告诉你别总是惦念家里

可是每一天

常常连做梦都是你回家时的欣喜

这种人

叫作父母

对于每一个中国人来讲，父母永远都是谈论不完的回忆。每每说到这里，总会想起爸爸的严厉、妈妈的慈祥，会想起爸爸送的电动小汽车，会想起妈妈亲手编织的毛衣，会想起坐着爸爸的自行车去上学的童年，会想起拉着妈妈的衣角过马路的经历，会想起……

今天，我们都已不再是那个不懂事的孩子，一天天地长大，一点点地成熟。然而，看到的却是爸爸头上越来越多的白发和妈妈脸上日渐憔悴的笑容，看到的是爸爸再也抱不动那个曾经可以骑在肩上的儿子，是妈妈再也没有精力陪着女儿像童年一样跳舞歌唱……想一想，还有什么理由让我们不去用心报答，还有什么理由让我们在对爸妈的抱怨中虚度青春年华。

牺牲

没有人愿意去谈论这个词语，因为它的背后，蕴藏了太多的含义，可是每次说到父母这个话题，这个词却永远也不能回避。"父母"是一个名词，同时，这个称呼也是一种责任。从我们呱呱落地的那一刻起，在他们的肩上，就已经承载起一种无形的力，是生活的压力，是工作的动力。可是我们却从来没有听到埋怨，没有听到后悔，听到的只是他们为我们努力创造出的欢声笑语。没有人知道，在这笑声的背后，妈妈为我们流过多少次泪；没有人知道，爸爸为了我们的成长，有多少次坐在院子里孤独地抽起闷烟。

中国的父母不同于西方人的父母，千百年来，他们承担着"子不教，父之过"这样的传统。在中国这个经济还正在蓬勃发展但人民并不富裕的国家，坦白地讲，不论是在初中、高中还是大学，绝大多数的同学可能并没有多么富裕的家庭背景。父母可能是农民，可能是普通的工薪阶层，可能是出租车司机，也可能是只做点小生意的老板。但是他们都有共同的一点，那就是他们往往要放弃对生活的享受，放弃奢侈的消费，要拼命地工作挣钱。他们这样做，一方面为了能让家人的日子慢慢好起来，另一个更重要的方面，就是为了供着孩子上学。在这个教育日渐普及的年代，父母都希望孩子能上高中，盼望着有朝一日他（她）能考上大学，至少大多数的父母会有这样的想法。因为他们经历了"文化大革命"的动乱，经历了改革开放初期贫穷的生活，他们热切地盼望着他们的下一代不会再步他们的后尘，能够用知识改变命运。显然，上学是最好的一条道路。

为了这样一个自己心中的承诺和希望，不知有多少中国的父母开始了漫长而艰难的可谓没黑没白的日子；不知有多少中国的爹娘发下誓言：砸锅卖铁也要让孩子学业有成；不知有多少中国的夫妇自己省吃俭用，宁愿自己少吃几顿饭、少看几次病，也要把剩下来的钱拿给孩子上学、生活用。调查的数据表明：有六成以上的中国家庭，前20年所有的辛劳所得，也只够一个孩子上学用；有超过1/3的中国大学生因为上大学，而要用掉家里面几乎所有的积蓄。没有几个父母算不清这笔账，但是他们还是咬着牙坚持了下来，这不能不说是一种伟大的牺牲。有太多的爹娘，他们为儿女操劳了一辈子，辛苦了一辈子，最后自己却落下一身伤病，积劳才成疾啊！都以为孩子学业有成的时候会是一个结束，可是在他们的眼里却永远没有结束的时候。他们还想着能多攒些钱，留给在城市生活的子女结婚买房子的时候用，他们带大了我们，将来还要为我们带孩子，一辈子无怨无悔，这就是一种牺牲。

可是今天，有多少做儿女的，上了中学甚至上了大学，却从来都没有看到过爹娘这样的牺牲。准确地讲，他们从来都没有注意过，有几个孩子去摸过爸爸那满是老茧的双手，有几个孩子仔细地去发现过妈妈那已经开始有点弯曲的脊背。甚至在一些孩子的眼里，向父母伸手要钱似乎是天经地义的事，这是一种悲哀啊！

有两篇网络上流行很久的真实的故事，拿来和大家一起品味，共同去感受父爱、感受母爱……

我和我的哑巴父亲

辽宁北部有一个中等城市——铁岭，在铁岭工人街街头，几乎每天清晨或傍晚，你都可以看到一个老头儿推着豆腐车慢慢走着，车上的蓄电池喇叭发出清脆的女声："卖豆腐，正宗的卤水豆腐！豆腐咧——"那声音是我的。那个老头儿是我的父亲。父亲是个哑巴。直到长到二十几岁的今天，我才有勇气把自己的声音放到父亲的豆腐车上，替换下他手里的摇了几十年的铜铃铛。

两三岁时我就懂得了有一个哑巴父亲是多么的屈辱，因此我从小就恨他。当我看到有的小孩被大人使唤过来买豆腐，不给钱就跑，父亲伸直脖子也喊不出声的时候，我不会像大哥一样追上那孩子揍两拳。我伤心地看着那情景，不吱一声，我不恨那个孩子，只恨父亲是个哑巴。尽管我的两个哥哥每次帮我梳头都痛得我龇牙咧嘴，我也还是坚持不再让父亲给我扎小辫了。我一直冷冷地拒绝着我的父亲。妈妈去世的时候没有留下大幅遗像，只有她出嫁前和邻居阿姨的一张合影，黑白的两寸照片。父亲被我冷淡的时候就翻过支架方镜的背面看妈妈的照片，直看到必须做活儿了，才默默地离开。

我要好好念书，上大学，离开这个人人都知道我父亲是个哑巴的小村子！这是当时我最大的愿望。我不知道哥哥们是如何相继成了家，不知道父亲的豆腐坊里又换了几根磨杆，不知道冬来夏至那个磨得没了沿缝的铜铃铛响过多少村村寨寨……只知道仇恨般地对待自己，发疯般地读书。

我终于考上了大学，父亲特地穿上了一件新缝制的蓝褂子，坐在傍晚的灯下，表情喜悦而郑重地把一堆还残留着豆腐渣味儿的钞票送到我的手上，嘴里"哇啦哇啦"的不停地"说"着。我茫然地听着他的热切和骄傲，茫然地看他带着满足的笑容去"通知"亲戚、邻居。当我看到他领着二叔和哥哥们把他精心饲养了两年的大肥猪拉出来宰杀掉，请遍父老乡亲庆贺我上大学的时候，不知道是什么碰到了我坚硬的心弦，我哭了。吃饭的时候，我当着大伙儿的面给爸爸夹上几块猪肉，我流着眼泪叫着："爸，爸，您吃肉。"父亲听不到，但他知道了我的意思，眼睛里放出从未有过的光亮。泪水和着高粱酒大口地喝下，我的父亲，他是真的醉了，他的脸那么红,腰杆儿那么直,手语打得那么潇洒!要知道,18年啊,他没见过几次我对着他喊"爸爸"的口型!

父亲继续辛苦地做着豆腐,用带着淡淡豆腐味儿的钞票供我读完大学。1996年我毕业分配回到了距我乡下老家20公里的铁岭。安顿好一切以后,我去接一直单独生活的父亲来城里享受女儿迟来的亲情,可就在我坐着出租车回乡的途中,我遭遇了车祸。

出事后的一切是大嫂告诉我的:

过路的人中有人认出我是老徐家的三丫头,于是腿脚麻利的大哥二哥大嫂二嫂都来了,看着浑身是血不省人事的我哭成一团,乱了阵脚。最后赶来的父亲拨开人群,抱起已被人们断定必死无疑的我,拦住路旁一辆大汽车,他用肩扛着我的身体,腾出手来从衣袋里摸出一大把卖豆腐的零钱塞到司机手里,然后不停地画着十字,请求司机把我送到医院抢救。嫂子说,她从来没见过懦弱的父亲那样坚强而有力量!

在认真清理完伤口之后,医生让我转院,并暗示大哥二哥,准备后事吧,因为当时的我,几乎量不到血压,脑袋被撞得像个瘪葫芦。

父亲扯碎了大哥绝望之间为我买来的寿衣,指着自己的眼睛,伸出大拇指,比画着自己的太阳穴,又伸出两手指指着我,再伸出大拇指,摇摇手,闭闭眼。大哥终于忍不住哭了,父亲的意思是:"你们不要哭,我没有哭,你们更不要哭。你妹妹不会死的,她才20多岁,她一定行的,我们一定能救活她!"

医生仍然表示无能为力,他让大哥对父亲"说":"这姑娘没救了,即使要救,也要花很多钱,就算花了很多的钱,也不一定能行。"

父亲一下子跪在地上,又马上站起来,指指我,高高扬扬手,再做着种地、喂猪、割草、推磨杆的姿势，然后掏出已经掏空的衣袋，再伸出两只手反反正正地比画着，那意思是说："求求你们了，救救我女儿。我女儿有出息，了不起，你们一定要救她。我会挣钱交医药费的，我会喂猪、种地、做豆腐。我有钱，我现在就有4000块钱。"

医生握住他的手，摇摇头，表示这4000块钱是远远不够的。父亲急了，他指指哥哥嫂嫂，紧紧握起拳头，表示："我还有他们，我们一起努力，我们能做到。"见医生不语，他又指指屋顶，低头踩踩脚，把双手合起放在头右侧，闭上眼，表示："我有房子，可以卖，我可以睡在地上。就算是倾家荡产，我也要我女儿活过来。"又指指医生的心口，把双手放平，表示："医生，请您放心，我们不会赖账的。钱，我们会想办法的。"

大哥用手语哭着翻译给医生，不等译完，看惯了生生死死的医生已是潸然泪下！

伟大的父爱，不仅支撑着我的生命，也支撑起医生抢救我的信心和决心。我被推上了手术台。父亲守在手术室外，他不安地在走廊里来回走动，竟然磨穿了鞋底！他没有掉一滴眼泪，却在守候的十几个小时里起了满嘴的大泡！他不停地混乱地做出拜佛、祈求天主的动作，恳求上苍给女儿生命！

天地动容，我活了下来。但半个月的时间里，我昏迷着，对父亲的爱没有任何感应。面对已成"植物人"的我，人们都已失去信心，只有父亲，他守在我的床边，坚定地等我醒来！他粗糙的手小心地为我按摩着，他不会说话的嗓子一个劲儿地对着我"哇啦哇啦"地呼唤着，他是在叫："云丫头，你醒醒。云丫头，爸爸在等你喝新磨的豆浆！"

为了让医生护士们对我好，他趁哥哥换他陪床的空当，做了一大盘热腾腾的水豆腐，几乎送遍了外科所有的医护人员。尽管医院有规定不准收病人的东西，但面对如此质朴而真诚的表达和请求，他们轻轻接过去。父亲便满足了，便更有信心了。他对他们比画着说："你们是大好人，我相信你们一定能治好我的女儿！"

这期间，为了筹齐医疗费，父亲走遍了他卖过豆腐的每一个村子，他用他半生的忠厚和善良赢得了足以让他的女儿穿过生死线的支持。乡亲们纷纷拿出钱来，而父亲也毫不马虎，用记豆腐账的铅笔歪歪扭扭却认认真真地记下来：张三柱，20元；李刚，100元；王大嫂，65元……

半个月后的一个清晨，我终于睁开眼睛，我看到一个瘦得脱了形的老头儿，他张大嘴巴，因为看到我醒来而惊喜地"哇啦哇啦"大声叫着，满头白发很快被激动的汗水濡湿。父亲，我那半个月前还黑着头发的父亲，半个月，好像老去20年！

我剃光的头发慢慢长出来了，父亲抚摩着我的头，慈祥地笑着，曾经，这种抚摩对他而言是多么奢侈的享受啊。等到半年后我的头发勉勉强强能扎成小辫子的时候，我牵过父亲的手，让他为我梳头。父亲变得笨拙了，他一丝一缕地梳着，却半天也梳不出他满意的样子来。我就扎着乱乱的小辫子坐上父亲的豆腐车改成的小推车上街去。有一次父亲停下来，转到我面前做出抱我的姿势，又做个抛的动作，然后捻手指表示在点钱，原来他要把我当豆腐卖喽！我故意捂住脸哭，父亲就无声地笑起来，隔着手指缝儿看他，他笑得蹲在地上。这个游戏，一直玩到我能够站起来走路为止。

现在，除了偶尔的头痛外，我看上去十分健康。父亲因此得意不已！我们一起努力还完了欠债，父亲也搬到城里和我一起住了，只是他勤劳了一生，实在闲不下来，我就在附近为他租了一间小棚屋做豆腐坊。父亲做的豆腐，香香嫩嫩的，块儿又大，大家都愿意吃。我给他的豆腐车装上了蓄电池的喇叭，尽管父亲听不到我清脆的叫卖声，但他一定是知道的，因为每当他按下按钮，他就会昂起头来，露出满脸的幸福和满足。

父爱是永恒的，不论父亲是个健康的人，还是一个身有残疾的人。父亲要忍受着每天在街上叫卖时别人冷漠的眼神，要忍受着女儿的不理解，但是他依然乐观地面对生活，苦心经营着那个小小的豆腐坊，那是对儿女的爱，那是一个父亲的承诺。

"不知道父亲的豆腐坊里又换了几根磨杆，不知道冬来夏至那个磨得没了沿缝的铜铃铛响过多少村村寨寨……"时光如梭，可是父亲的爱却依然如故，纯净、厚实。其实，何止是故事当中的父亲如此，在我们的生活当中，父亲往往是家里的顶梁柱，哪一位父亲不是辛辛苦苦。他可能并不善于表达；他可能整天忙于工作不能陪在我们身边；他可能没有太多的文化，不懂电脑，不懂英文。可是他把对我们的爱凝聚在回家为我们做的每一顿饭，凝聚在建筑工地上搬起的每一块砖，凝聚在出租车上、自家的店里面对顾客的刁难勉强挤出的笑脸，凝聚在工作被上司训斥时还要强做出的欢颜。

我想，恐怕有很多同学都曾经有过这样的困扰，每一次家长会都不想和自己的爸爸妈妈一起出现，总觉得他们穿得不够体面，总觉得他们没有别人的父母好，自己没面子。可是又有几个同学真正地反思过，为什么我们自己没能拿到一个好成绩而让爸爸在别人的父母面前面对赞叹和羡慕而觉得风光体面。可是每一次面对儿女的抱怨，他总会难过得低下头来，无语，可他的心在流泪，又有几个儿女能听得见。

在父母之爱中，母爱犹如水泥浆砂石，而父爱犹如水泥板中的钢筋。人人都说没有水泥和砂石盖不了房子,可忘了钢筋在里面的价值。母爱犹如蜜糖,一放入嘴中就能品尝到它的甜芳;父爱犹如广柑,只有吃完了之后,才能感受到一股浓郁的清香。很多时候,我们总是习惯于在自己拥有的时候不懂得珍惜,在错过以后才知道珍贵。我们总觉得孝敬父亲还有的是机会、还有的是时间,有很多人,他们不知道在父亲生前多陪陪他,只是在他离去的时候表达无尽的悔恨和遗憾。珍惜一切美好的东西,不要等到无法弥补的时候才想起补偿,多关心一下我们的父亲吧,莫让习惯了孤独沉默的灵魂遭受生命的凄凉!

我终于读懂了母亲的"凶与狠"

我清楚地记得,在我九岁以前,爸爸、妈妈都把我视若掌上明珠,我的生活无忧无虑,充满了欢乐。但自从母亲和父亲去了一趟武汉的某医院后,我的生活就大不如前了。

父母回来的时候是在晚上。说实在的,在我幼小的心灵中,我最喜欢的是我的妈妈。每次妈妈从外地回来,我都会撒娇地跑上去,张开双臂扑到她怀里要她抱,即使我九岁了,依然如此。

然而这次妈妈不仅没像以前那样揽我到怀里,抚摸和亲吻我,反而板着一张脸,像没看见我似的,她借着我奔过去的力量,用手将我扒拉开,把我扒到爸爸的腿跟前,她却径直往房里去了。我顿时傻了眼。打这以后的几天里,无论我上学回来,还是在家吃饭,妈妈见到我总是阴沉着脸,即使她在和别人说笑的时候,我挤到她跟前,她脸上的笑容也立刻就像肥皂泡一样消失了。

妈妈第一次打我,是在她回来的十多天后。那天中午我放学回来,妈妈竟然没有做饭,我以为她不在家,便大声地喊妈妈。这时妈妈披散着凌乱的头发从房里走了出来,恶声恶气地骂我,并掐着我的胳膊把我拖进屋里，要我自己烧饭。我望着一脸凶相的妈妈，嘤嘤地啜泣起来。哪知妈妈竟然拿起锅铲打我的屁股，还恶狠狠地说："不会烧，我教你！"她见我不动，又扬起锅铲把儿打了我一下，这时我发现她已气喘吁吁，好像要倒下去的样子。我开始有点自责了，也许是我把她气成这样的呢，忙按照她的吩咐，淘米、洗菜、打开煤气罐……

这样，在她的"命令"下，我第一次做熟了饭。更使我不理解的是，她还挑唆爸爸少给我钱。以前我每天早餐是一元钱，中餐是一元钱，从那一天起，她将我的早餐减为五角钱，中午一分钱也不给。我说我早晨吃不饱，每天早晨我起码要吃两个馒头。她说原来她读书的时候，早餐只有两角钱。她还说饿了中午回来吃得才饱些，吃得才有滋味儿些，以后只给五角钱，叫我别再痴心妄想要一元钱。至于中午那一元钱，更不应该要，要去完全是吃零食，是浪费。这样，我每天只能得到五角钱了。特别是中午，别的小朋友都买点糖呀、瓜子呀什么的，而我只能远远地站在一边咽口水。

打这起，我恨起了我的妈妈，是她把我的经济来源掐断了，是她把我和小朋友们隔开了。我的苦难远不止于此。由于我的爸爸在外地工作，我只能和我的妈妈在一起。有好几次，我哭着要跟爸爸一起走，爸爸抚摸着我的头安慰我，他说他正在跑调动，还有一个月，他就能调回来了。不能跟爸爸走，在家只得受妈妈的摆布了。又过了一段时间，妈妈她竟连菜也不做了。我哭着说我做不好菜，她又拿起锅铲打我，还骂我：你托生干什么，这不会做，那不会做，还不如当个猪狗畜生。在她的"指导"下，我又学会了调味，学会了放油盐酱醋，还有味精。我的爸爸只用很短的时间就把调动跑好了。那天他一回来就催促我的妈妈住进了医院，他也向单位请了长假。

妈妈住进医院的第一个星期天我去探望她。她住在县人民医院的传染病区。到病房后我看到妈妈正在输液。已经睡着了。爸爸轻轻走上前去,附在她的耳边说我来看她了。她马上睁开了眼睛,并要爸爸把她扶起来坐好。开始时她的脸上还有一丝笑意,继而脸变得乌黑并用手指着我:"你给我滚,你快给我滚!"我本来就恨她,霎时,我想起了她对我的种种苛刻,马上头一扭,气冲冲地跑下了楼。我发誓今生再不要这个妈妈。三个月后妈妈死于肝癌。葬礼上,我没有流一滴泪。接灵的时候,要不是我的爸爸把我强按着跪在地上,我是不会下跪的。

三年后,我有了继母。尽管我的继母平时不大搭理我,但我总觉得她比我的亲生母亲好。关于我的早餐问题,那天我偷听到继母和我爸爸的谈话。我爸爸坚持每天给我一元钱的早餐费,可继母说孩子大了,正是长身体的时候,每天给他两元钱的早餐费吧。第二天,我在拿钱的地方果然拿到了两元钱。

我开始喜欢我的继母了,除了她增加了我的早餐费这一层原因外,还有另一层原因:我每天放学回家,不用烧火做饭了。有时我的继母因工作忙,提前上班去了,她总给我留下饭和菜。有时尽管是剩菜,但我一点怨气也没有,比起我的亲生母亲在世时,那种冷锅冷灶的景象不知要强多少倍。

我讨继母的欢心是在她一次得了感冒时。那天她烧得不轻,我去给她找了医生,看过病输过液后,她精神略显好转。之后,她强撑着下地做饭。我阻拦了她,并亲自动了手。这天,我拿出亲生母亲教给我的招式,给她熬了一碗鱼汤,随后做了两碗她喜欢吃的菜,乐得她笑眯眯的。晚上,当我上完晚自习回家,我的继母在我的爸爸面前赞扬我是一个聪明乖巧的孩子。

转眼我已15岁了。1998年的7月，在中考中，我有幸考上了县里的名牌中学。我的爸爸高兴，我的继母也高兴。但我爸爸犯了愁，因为手头的钱有限。但我的继母却说，没有钱先挪挪，哪家没有个事儿，伢儿只要能读上书，要多少钱我来想办法。继母说着话的时候，我爸爸突然拍拍脑门儿，说他记起了一件事。他马上进屋去，从箱子里拿出一个两寸见方的铝盒，铝盒上着锁。他对我的继母说，这是前妻生前留下的。他马上把我喊来跟我说："你妈妈临终前有叮嘱，这个铝盒非要等你上高中才打开，否则她到阴间也不能饶恕我。"我摇摇头，转身便走，哪知我的爸爸用命令的语气叫我回来。他说你妈生前抚养了你一场，一把屎一把尿多不容易？无论你多么恨她，你都应该看一看。

这时我的继母也发了话，说我爸爸说的对。无奈，我接过了铝盒，走进自己的房间。开锁的钥匙我妈妈死前丢弃了，她要我砸开或撬开它。我找来一把钳子，不费吹灰之力就扭开了那把锁。铝盒内有写满字的纸，纸下是一张储蓄存折。我展开纸，熟悉的笔迹跳入了眼帘：

儿：当你读到这份遗书的时候，妈已经长眠地下六个年头了。如果妈妈果真有灵魂存在，那就算是妈妈亲口对你讲了。孩子，你还记得吧，当我和你爸从武汉回来的那天，你撒娇地向我扑来，我觉得我的儿太可爱了。我正想把你抱起来好好亲亲，但一想起那天在医院检查的结果，妈妈的心颤抖了。妈得了绝症啊。在武汉时，你爸非要我住院，我首先想到的就是你，我的儿子还小啊！所以我没住。妈将不久离世，可你的路才刚开始。我以前太溺爱你了，儿子你想要什么，妈就给什么。我担心如果我死后，孩子你不会过日子，会拿妈和继母相比较，那就坏事了。

因此，在武汉我就拿定主意，我要想办法让你恨妈妈，越恨我越好。妈怎舍得打自己的儿子哟！儿是娘心头的一块肉，你长到九岁，妈没有用指头弹过你一下。可为了让我儿自己会做饭、自己会过日子，妈抄起锅铲打了你。可当你去淘米的时候，妈进屋流了长长的泪水……我知道我在世的时日不多了，为了多看一眼我儿，我每天半夜起来服药的时候，就在你睡的床边坐上几个小时，摸你的头、手脚，直到摸遍全身……特别是有两次我打了我儿的屁股，我半夜起来特地看了打的位置，虽然没有青紫，但我还是摸了一遍又一遍。

孩子啊，我死前你的外婆筹集到 5000 元钱，送来给我治病。我想现在读书费钱，特别是读高中、大学，所以我就托人偷偷地把这笔钱存下了。你的外婆几次催我买药、买好药治病，我都推托了，有时还违心地说已经买了新药。现在，这笔钱包括利息在内能不能交够读高中、大学的学费？要是交不够，孩子你也大了，可以打工挣钱了。

孩子！妈妈是爱你的！永远都是！

读完妈妈的遗书，泪水模糊了我的双眼，我终于明白了妈妈的冷眼、打骂、无情，那全是为了我日后的自强自立啊！我痛哭失声，冲出家门，爸爸、继母尾随我而来。我边跑边哭边喊——我的好妈妈呀！一直喊到我妈妈的墓旁。

在妈妈的墓前，我长跪不起……

印象中的母亲都是那样的温柔慈祥，唯恐我们受到一点点伤害。但是有时候，母亲也会狠狠教训我们一顿，因为她希望自己的孩子能够早一点长大，我们总不能一直躲在妈妈的庇护下生活一辈子。母爱会有很多种表现形式，当然，大多表现出来的都是母亲对我们细心的呵护和无微不至的关怀。也许真的是我们习惯了这样的生活，一旦有所变化就不知所措,习惯了被爱和温暖包围着的我们,往往可能用了更加令人痛心的方式去回应母亲的责备。那一刻,无论多么善意的希望都被我们抛之脑后,大概世界上也只有母亲能这样一次又一次地原谅我们的冲动吧!其实哪个母亲不是望子成龙、望女成凤,正所谓"爱之深,责之切",有时候严厉一点,这难道真的能成为我们怨恨她的理由吗?

父亲也好,母亲也好,他们给了我们生命,那是对我们最大的爱。既然是爱,就会有付出、有牺牲,我们需要问自己的是,对于父母,我们该做些什么呢?

理解父母

有一次外出演讲,那天是初夏时节,约定时间是下午三点。中午12点多,我们用完餐之后,来到学校做提前的准备。当车队开到学校门口的时候,一个很特别的场景映入眼帘:在学校旁边的树荫下,商场门口的阶梯上,很多家长一手托着饭盒,一手拿着本杂志轻轻地给孩子扇着,满眼期待的眼神看着吃得津津有味的孩子,似乎有说不完的幸福。我下了车,走进那一片人群,悄悄地坐在台阶上,可是令我意外的是,传入耳中的竟是不止一个孩子的抱怨,"今天的菜怎么这么少啊?""今天怎么又是面条啊!"……面对这样的话,旁边来送饭的妈妈虽然还是那惯有的微笑,但在那满是汗珠的脸上,我分明看到了更复杂的表情,是惭愧?失望?难过?可是坐在旁边的孩子却全然不觉,"对不起,儿子,妈今天太忙了,没来得及,你想吃什么,妈明天一定给你做。"在人群中坐了将近20分钟,竟然没有听到一声"谢谢"。我带着沉重的心情走进学校,校园超市里依然挤满了学生,旁边的巨大横幅上赫然写着"全市中学升学率第一"。

　　这样的场景,恐怕对于每一个在校园里生活的人来说,都不会陌生,这难道不值得我们去好好地反思一下吗？这些年,因为国民收入的提高和计划生育政策的实施,中国的这一代学生真是不得了,整天像个"小皇帝"一样。"小皇帝"这个词早在 10 年前就已经出现了,虽然一直受人关注,但是到了今天,情况却变得越发的严重,"我学习不好是我爸爸的错,他没有给我请家教;我学习不好是我妈妈的错,她给我的零花钱太少了;我学习不好也是爷爷奶奶的错,他们照顾我的生活不够理想……",不否认这其中有原因得于家人的宠爱,但是更为重要的原因是我们这一代学生缺乏理解,任何事情都只考虑到自己的利益,从来不肯换位思考,学着体谅别人。

　　真正的理解要从学会承担责任开始,我们不能觉得一切都是理所当然的事。理解有很多层含义,但是在我看来,理解父母的辛苦是最重要的,这是一切的基础。理解源于认识,当我们每一次在家拿起筷子却抱怨饭菜不好的时候,想想这是谁做的饭,这顿饭我吃的是什么,而我不在家的日子,父母吃的是什么;每天,当自己坐在明亮的教室里想去偷懒的时候,问问自己爸爸妈妈此时此刻在做什么,问问自己能坐在这里是他们付出了多少年才换来的;当我们埋怨他们不能陪在自己身边的时候,想一想难道他们在远方真的没有牵挂吗？难道他们不想一家人能团聚在一起吗？这一切,又是为了谁？一定会有同学觉得自己的家庭条件不错,有豪华的别墅和高级的汽车,父母不会很辛苦。可是我认识了这么多的企业家,我深深地知道没有一个人的成就不是拿自己的身体和青春拼来的,没有人可以随随便便地做成事业,他们绝对不会对自己的儿女提起曾经被客户灌酒直到吐得胃出血的事,他们从来都很少说起创业时的艰辛和疲惫。他们到今天还在拼命地努力,最大的目的就是想为自己的儿女创造更好的条件,这是每一个做父母的心愿。

我们需要反思自己究竟在做什么，永远不要再一味地只懂得索取，想想我们该给予父母一些什么，难道就是我们整天不停的抱怨吗？

有很多同学曾经告诉我，"爸爸妈妈太唠叨了，我想自由一点，真受不了他们"。我想告诉大家的是，生活时间相隔了 20 年的两代人，在思想和认识上一定会出现一些差别。长辈经历的事情多，有经验，但同时也会偏于保守；年轻人有活力，有激情，做事情敢于冒险。这是生活在不同年代的人之间必然存在的差异。但是既然生活在了一起，就应该学会彼此包容，相互信任，特别对于咱们学生而言，不论是上了初中、高中，甚至是大学，心理上和能力上都还没有完全成熟起来，父母的意见和说教是最有价值的行为参考准则。

当然，父母亲也是普通人，正如我们在学校遇到一些不顺心的事情时会发点脾气一样，父母也会在家里家外遇到不顺心的事，也会因为疲劳过度心情烦躁。如此说来，要求父母永远说有道理的话，永远做有道理的事，是不是也不太现实呢？更何况任何关系都需要细心地培养才能健康良好地发展。每一个家庭都会有属于自己的生命周期，我们一天天地长大，进入青春期，和父母的关系从未成年人与成年人逐渐转变为成年人与成年人。可能一时间父母还没能适应这种发生了质变的关系，他们依然习惯于帮助我们做决定，帮助我们打理生活学习中的一切事情，他们更愿意这样做是觉得这是对我们应有的关心。

父母反对我们独立，也可能是出于对我们的不放心，因为他们还不知道，在这段时间里，我们比以前成熟了许多。我们需要平时多找点时间与他们谈谈心，让他们及时了解我们的成长和进步。那样，独立的要求就不会使父母感到意外了。另外，哪怕只是短暂的交谈，也能让我们之间建立彼此的信任和尊重，这是相互理解的基础。

更多的时候，我们需要用自己的行动，而不是用口舌向父母证明自己的成熟。仔细想想,父母对我们不放心难道就没有道理吗？如果我们平时做事总是马马虎虎、丢三落四、虎头蛇尾,在家里很少承担责任,父母有什么理由相信你有独立自主的能力呢？

多给父母一些信任你的理由,不妨从日常生活中的小事做起。在家里主动分担一些家务,保证做得又快又好;尽可能多地照顾好自己的饮食起居,减轻父母的负担……如果父母发现,每一次我们都能很好地完成他们交给我们的任务,那么,他们不但愿意多给我们一些自己做决定的机会,而且还会对我们的能力大加赞赏。只有你用自己的行动证明你有责任心,你有独立能力,你才会赢得父母对你的信任。

但是我们必须知道,即使信任我们的独立能力,父母也会因我们要求独立而伤心。好像我们的翅膀硬了,不再需要他们了,他们觉得在我们的眼里变得不那么重要了。一种隐隐约约被遗弃的痛楚时时袭上心头。他们在感情上实在舍不得我们在精神上"远走高飞",我们应该体谅他们的心情,遇事别忘了征求父母的意见。

理解儿女

这一节是写给父母亲的。

初谈这个话题,也许会让不少的朋友倍感意外,因为这和感恩似乎没有什么关系。其实不然,每一个孩子都是爱的结晶,是他们的到来才让这个家庭有了与众不同的活力,感谢生命中有你;做父母的同样要感谢儿女,是他们让这个家庭变得更加完整。

理解同样是一种爱的体现,同时这种爱也需要更加理性。下面这封书信是载自著名亲子教育专家周正老师的训练营中一个女孩儿写给自己母亲的,我们读一读,值得做父母的去思考一下。

写给妈妈的一封信
——妈妈，请对我微笑

妈妈：

　　我知道你很爱我，但是我觉得或许你对待我的方式并不适合我。一直以来因为这种我不喜欢的方式，让我很痛苦，直到来到了特训营中，我才发现我有很多话想要告诉你——

　　首先我想要说的是：

　　1. 我们之间似乎从来没有找到一种合适的相处方式，你总是很啰唆地用很多大道理来压我，压得我喘不过气来，你讲的这些道理我都懂。

　　2. 这两年你教育我的方式似乎稍有改善，不过有些我还是不能接受。妈妈，你在别人面前总是对我表示不满，你从来没有在别人面前说过自己女儿的优点，总说我不爱干活，学习不好，不求上进，脾气不好。但是你有没有想过为什么我的脾气会不好？为什么我对同学们和老师们的态度比对你的态度要好？我以前从来没有考虑过这个问题，但是这次在夏令营中我知道了原因，这是我以前十分不愿意去探究的。今天，我身上种种被你所不能接受的缺点，有很大一部分原因是因为你的缘故。因为你对我的态度不好，从小你对我的态度就很粗暴，久而久之我也学会了你的粗暴。这就像是借东西，有借总要有还。我从你这里得到的是粗暴，那么我还给你的也只会是粗暴。妈妈，虽然这句话让你听了很难受，但这是我的真心话。我更喜欢独处，喜欢独自一个人的感觉，而不喜欢和你在一起就是因为你在别人面前总在议论我不好的地方,我的自尊和自信都没有了,而每个孩子都是需要适当的鼓励的,你给予我的从来就只有前者而没有后者。妈妈,我有我自己的生活方式,希望你能够尊重我的意愿,以后不要再在别人面前议论我不好的地方,我也希望在别人面前有尊严。

3.在生活方面我希望自己能够独立自主,因为还有两年的时间我就要上高中了,那时就是真正考验我独立自主能力的时候。但是现在你时时刻刻都苛责我,说我这做不好,那做不好,让我无法做到独立自主。夏令营的老师要求我们自己做所有的事情,我做得很好,每一位老师都说我做得很好,彼得老师还让我去帮助其他人。这证明我的生活能力还是比较高的。可是你总是否定我的一切努力,你难道想让我对一切都失去信心吗?我希望你能向夏令营中的老师们学习学习。说实话,我有时候真的很希望能有一个很欣赏我的妈妈,一个不管我做对做错都能对我很好、都能对我微笑的妈妈,不过我不知道这是不是一种奢望。但是我真的想要一个这样的妈妈。妈妈,你能成为这样的妈妈吗?

4.在阅读书籍方面我希望可以自己选择喜欢的书籍。因为我现在已经不是小孩子了,我已经知道什么是我应该学习的,什么又是对我没有益处的。在看小说方面,也希望你不要再干涉我的兴趣了,因为我曾经告诉过你,并不是所有的小说都是有益的,有的小说对我也会有负面影响,并不是你喜欢的小说就是我也喜欢的小说。妈妈,我真的希望你可以变成一个懂我、理解我、欣赏我的妈妈。

女儿　枫枫

(本文来自周正管理心理网)

想一想,孩子的要求有错吗,去实现她这样小小的要求真的很难吗？答案显然是否定的。其实在这样一个问题上并没有谁对谁错，只是方法和形式上的问题而已，但是这样一封短短的书信却实实在在地凸显出家长与孩子关系的微妙之处和孩子期待理解的迫切需求。

亲子教育界有一句名言，没有不合格的孩子，只有不合格的父母，仔细品味这句话也不无道理。其实每一个孩子的心理都有上进的欲望，都想用自己的成绩和表现去证明自己的优秀。可既然是竞争，就会有前有后，每一年中考和高考的前夕，都会有很多学生告诉我"爸妈的期望很高，自己的压力特别的大，怕让父母失望"，"爸爸妈妈每天都会问起自己学习的情况，可是自己的成绩就是提高不上去，心里特别地着急"，我坦白地讲，学生有这样的心情是一定会影响复习考试的。每个孩子都想自己学习上能有所进步，但这绝不是一朝一夕的事，做父母的应该多去理解，这样的事情着急不得。对于有这样想法的同学，我总是告诉他们，"父母更希望看到的是你一直都在努力，而不见得是多么好的成绩，放松一点，尽力就行了"。当然，我也希望父母能够真正做得到。

同样，真正的理解，源于对儿女的关注。关注点不同，我们得到的结论就会不同，言语之间传达给孩子的信息就会不同，这直接影响到彼此之间的关系。

举例来讲，假如一个孩子这一次考试名次落后了，而其原来最擅长的科目也只拿了个中等的成绩，对于一般的父母而言，恐怕只是一时只顾着生气和教训孩子，却忘了去关注问题背后的原因，更别提自己去分析理解了。我有一个做大学老师的朋友，他就给我讲起过自己的这样一段经历：儿子初三那一年，在距离中考还有三个月时的一次考试中，在班里面成绩一向是名列前茅的儿子竟然落到了第十一名。开家长会的时候，数学老师找到他，告诉他儿子这次数学考得很差，要知道儿子参加全市数学竞赛可是拿了奖的啊。这一下，做父亲的可真生气了,虽然以往很少冲儿子发火,但还是气冲冲地等在家里,准备好好地问问情况。就在做好饭等儿子回家的时候,他想起来是不是自己可以找找原因呢?于是就拿出儿子以往的成绩单,这一对比可是让他吃惊不小。最近的几次考试中,原本儿子最弱的科目——英语,成绩每一次都在进步,特别是这一次,竟然破天荒上了 90 分,而如果数学能保持以往成绩的话,第一名就非儿子莫属了。这下什么都明白了,做爸爸的暗自庆幸,还好是提前发现,没有冲儿子发脾气。接着他立刻跑进厨房,又烧了一道儿子爱吃的菜,等妻子和儿子回家吃饭的时候,爸爸高声表扬儿子英语成绩的进步,并且多做一道菜作为奖励,妈妈也是非常地高兴。但是名次落后和数学成绩的事却一句没提,准备晚上找儿子单独谈谈。可谁知儿子倒是先开口了:"爸,最近一段时间我都没怎么复习数学,几乎把所有复习数学的时间都用来补英语了。因为我对自己的数学底子很自信,虽然这次没有考好,但是英语成绩上来了。下一次一定没问题,你放心吧。"他告诉我听儿子这么一说不知道自己有多高兴,因为儿子真的是长大了。果然不出所料,儿子的中考成绩全班第一,顺利进入重点高中。

想一想,上述的经历如果换作是其他的人,做父亲的别说给儿子多加一道菜了,说不定饭都没心情做了。等儿子一回家就是一顿责问,那个时候孩子的解释怎么能听得进去,更有的甚至动手打骂,想想这会是什么后果,做儿女的该有多伤心,认为自己的付出和进步别人没看到没关系,可是连父亲都没看到、都不理解,努力还有什么意义?干脆放弃了之,这是很多同学从小学习不好的根源性问题。

当一个人总是关注别人缺点的时候,这个人一身都是缺点;当一个人只关注别人优点的时候,这个人一身都是优点。因为人的关注在哪里,成就就会在哪里。这句话对教育儿女同样的重要,假如您是一位家长,我想请求您立刻说出您的孩子的十项优势,据我的了解,第一次能够很快说出来的人并不多。一味地去关注孩子做错的事,只有批评少有鼓励的话,孩子怎能健康成长呢?

另一方面,孩子要经历青春期,性格叛逆,想追求时尚,家长的做法往往是单纯地反对,这其实并不可取。曾经有一个家长找到我,说自己家的孩子和以前越来越不一样了,现在虽然学习上还可以,但就是不愿意和父母讲话,两周回家一次就把自己关在卧室,甚至有时候不回家,生活费让邻居同学带给自己,让父母很是苦恼。经过了解我才知道,儿子从小在镇上长大,高中考上了市里面的重点学校,上学不久,原本只留了个平头的孩子把头发留长了些,做了个比较时尚的发型,都在镇上学校工作的父母哪能允许?虽然儿子说班上的同学都是这样,他不想搞得太土,可父母还是不依不饶,就是不让。这样的事情还有好多,最后的结果就是一年半之后儿子不愿再和父母沟通,面对父母亲的不理解,他最终选择了逃避。孩子没有影响自己的学习,追求一点时尚的东西,好让自己不和身边的同学有太大的差距,这本无可厚非,只要把握一个适量的度,做父母的应该给予理解,至少能坐下来好好地沟通一下,而不是一味地强硬反对。有时候我们做父母的也要让自己多去接受,多去欣赏,毕竟社会是在变化的。

其实对孩子的反对更多的是反对他们追求独立的心。随着孩子年龄的增长,我们做家长的应该要转换自己的角色了,要从以前孩子的决策者转变成孩子决策的参谋者,给他们能够自由发挥的空间,家长只掌控大方向不错就好了。其实给孩子的自由多一些,他们反而会更加的珍惜,做事情更加的小心,这对他们以后的成长也是非常有利的。

下面是著名亲子教育专家周正老师对教育子女的几点忠告,值得家长朋友借鉴一下。

1.少一些责备,多一些宽容。

在孩子失误和成绩不理想时,父母这时候不要立即指责孩子。如果孩子在成长过程中总是被责备的话,很难体会到成功的喜悦,久而久之孩子会觉得自己什么都做不好,"我就是不行"的心理会让孩子什么都不再尝试了。所以允许孩子失误,是每一个父母都应该做到的宽容。

2.少一些包办,多一些引导。

如果父母总是帮孩子去处理一些问题,那么孩子无法发挥自己的能力,也就不能体会独立完成事情的成就感。所以,放手让孩子去做,家庭里的事情让孩子力所能及地承担一些,家庭里需要决策的事情让孩子参与其中,家中的每一件小事都能让孩子建立自信。比如说洗一件小衣服、养一个小动物、栽培一棵花,或者是和小朋友之间的玩耍、交往都是能够消除自卑感的。

3.少一些灰心,多一些欣赏。

每一个孩子都不是天生自卑的,自卑是后天的影响造成的一种情绪,如果父母遇到一些挫折时,说:"我不行",那孩子就会模仿父母。所以,父母应该在孩子的面前表现自己努力克服、不怕失败的这种自信。孩子也会像你一样自信。

4.少一些比较,多一些鼓励。

人们常说"人比人,气死人",因此不要老去比较。父母不能常对孩子说:"你看看人家谁谁谁,人家都考全班第一,你才考全班第二呢,你就比他笨吗?"千万不要说你的孩子笨,那样他会真的变笨的。让我们父母善于用赏识的目光去教育孩子,在这个过程中,让我们对孩子多一些鼓励和掌声吧。

行孝不能等

我不止一次地听到很多同学说过,等我长大以后,一定会好好地报答父母。可是我想问的是，什么时候才算是长大了呢？其实在父母的眼里，我们永远都是个孩子。

曾经有一个高中二年级的同学打电话给我，他告诉我，他的母亲去世得早，从小是爸爸拉扯他和姐姐长大的，可是他一直都读寄宿学校，常常一个月才和父亲见上一面。渐渐地，他发现自己很难和父亲沟通，平常宁愿打电话给姐姐都不愿意给爸爸打个电话，因为不知道该说些什么。他很苦恼，同样也想报答父亲，可有些话就是不知道该怎么去说，让我帮他想想办法。

其实有不少同学都面临着这样的问题，可悲的是有很多人竟然都没有意识到。那天，给了那个同学两条建议。第一，每周一定要抽出固定的时间给爸爸打一个电话，如果没有什么共同可以聊的话题，那就告诉爸爸自己在学校很好，告诉他自己用心地学习了，虽然成绩还不是很理想，但是自己一定会尽力的。然后问问爸爸工作累不累，每一次都记得叮嘱"爸爸，上班一定要注意安全"，天热就多关心一句"爸爸，记得多喝水"，特别是爸爸生日的那一天，不一定要买什么礼物，但是一定要打个电话给他。其实很简单的几句话，一共只需要几分钟的时间，但我要求每一句话都要用心去说。第二，每个月回家的那一天，一定为爸爸做一顿饭，再简单都没有关系，然后一定等爸爸回来陪他一起吃饭。

后来这个同学告诉我，当他第一次给爸爸打电话说出这几句话的时候，他哭了，他发现自己长这么大从来没有给过爸爸这样的关心和问候，他突然觉得爸爸好辛苦。一个男孩子流下了泪水，有悔恨，也有幸福。

《论语》中有这样一句话，"入则孝，出则悌，谨而信，泛爱众以亲仁，行有余力则以学文"。两千多年前，孔子就曾告诫人们，要先学会孝敬父母、学会尊重兄长、懂得爱之后，才能去学习文化知识。孝为首,可见其重要性,因为行孝不能等啊!

有一次,《机会》杂志社的一位记者采访当时的世界首富比尔·盖茨,他问:"盖茨先生,您觉得人世间最不能等的事情是什么?"没想到,比尔·盖茨的回答不是时机,也不是什么商机,他说:"世界上最不能等的事情莫过于孝敬父母。"而我们还要说等到什么时候再去孝敬父母吗?

有一对读到很高学位的姐弟俩,两年都没有回家了。当他们回到家里的时候,看到的是他们从来都不曾想到的一幕,母亲去世了,父亲一个人生活,家里面很长时间都没有人收拾,乱得像一个仓库。趁着周末,儿女两个人把家里收拾了一遍,就在收拾东西的时候,在父亲的写字台上看到了要寄出可还没有投出去的一封信:

孩子,当我们都老的时候,不再是原来的我们。请你们做儿女的理解我们,对我们要有一点耐心,不要嫌我们唠唠叨叨,前言不搭后语。常言道,不听老人言,吃亏在眼前。当我们吃饭漏嘴的时候,千万不要责怪我们,请你们想想当初我们是如何把着手,给你们喂饭的;当我们大小便失禁的时候,弄脏了衣服,不要埋怨我们迟钝,请你们想一想,你们小的时候,我们是如何为你们擦屎擦尿的;当我们说话忘了主题,请给我们一点回想的时间,让我们想一想再说。其实谈什么并不重要,只要有你们在旁边,我们就心满意足了。孝敬并不一定是物质和金钱不可,在力所能及的范围内,时常牵挂着我们就行。饭后给我们老两口端杯热茶;阳光灿烂的日子,陪我们出去散散心,陪邻居聊聊天;等你们结了婚,生了孩子,带回家常让我们看看就开心。当看着我们渐渐变老,直到弯腰驼背,老眼昏花的时候,不要悲伤,这是自然规律使然,要理解我们、支持我们。当初,我们引领你们走上了成功的道路;

如今,也请你们陪伴我们走完最后的路。多给我们一点爱心吧,我们会回馈你们感激的微笑,这微笑中凝聚着我们对你无限的爱。老猫尿房,辈辈往下传,这句谚语可否改一下,辈辈往上传一点。

看看,老人家的要求不高啊,孝敬绝不是以后工作了给父母亲几个钱的事。现在对父母都没有一点耐心,将来他们年龄大了,行动不方便的时候,你能会有耐心照顾他们吗?孝敬其实有很多的含义,有时候只要让他们知道我们爱他们就很好了。每一个民族,每一个人其实都有自己独特的表达爱的语言和接受爱的语言。比如,我们对父母的爱,大概很少会像西方人一样,用我们认为有些夸张甚至见外的感谢来表达。我们也许会多吃几口饭,常打一个电话,常和他们聊聊天,哪怕只是在吃饭的时候,可能并不会说谢谢。但无论通过什么方式,我们要让父母感受到我们的感激。说到每个人的不同,一位寡言少语的中国的父亲,可能一辈子也不会说一个"爱"字。他的爱的语言,也许就是站在院子门口,看着过完节的你坐在出租车里远去;也许是把你用过的牙刷小心地放在柜子里等你下次回来……这些爱,渐渐成熟的我们要用心去感激、去接受、去回报。

其实,对于我们学生来讲,爱自己就是一种对父母的回报,父母亲含辛茹苦把我们抚养长大,可是最放心不下的还是我们。上学放学的时候多注意安全,住在学校照顾好自己,远离网吧和不良嗜好,尽最大努力去学习,这就是孝敬。

第二节 起立！老师好（感恩老师）

老师 请珍重

终于还是要说再见了，在这个苍茫的夏天。

天很高，很蓝，栀子花的香气在风中飘散。

我们在黄昏的小路上最后一次相携走过，

听到斜阳里有人在唱着您曾经教我们唱过的歌。

我们相视而笑。

这样的歌声让我们想起了那不再回来的从前，

想起了从前的日子里，

曾经看到的无数次别离。

我们也曾经在那些别离之外唱歌，

但今天轮到了我们。

我们在夏天的风里握别，说一声珍重，再见。

为了这次道别，我们用了整个的青春作为铺垫。

我们什么都准备好了，

这一生将再也不会有如此豪华而隆重的道别，

但泪水还是从我们的心底奔涌而出，

就像那些逝去了就再也不肯回来的年轻岁月。

您对我说，不要再流泪，

过去的一切我们将永不忘怀，我们相信这世上还有永远。

但是为什么呢，抬起头的时候，我看见您的眼里也有泪光。

那就让我们痛痛快快地哭一次吧。

在这个夏天的风中，握着您的手，

让我们再想起在一起走过的日子，

想起那些不再回来的梦想，

让所有的一切在心中再一次地走过。

这可能是我们年轻岁月中最后的，

也是最温柔的夏天。

在这个夏天之后我们还将面对很多个四季，

很多次别离。

但不能再有这样的夏天了，不会再有这样的道别。

我们会把这个夏天一次次地想起，

想起所有的欢笑和眼泪，想起所有的清醒和沉醉，

也想起您对我们所有的恩情。

多年以后，我们会在某个相似的夏夜，

翻开那本泛了黄的纪念册。

所有的字迹都将模糊，

只有那朵被我们夹进本子的栀子花，

仍然保留着属于这个夏天的最后一缕香气。

　　每一年的夏天都是离别的季节，总会有一些人离开熟悉的校园，告别几年的同窗，带着老师的嘱托，来到新的地方。可能是更高一级的学校，也可能是残酷的社会，但是无论走到哪里，总会有一个印象深深地烙在我心底，这个印象就是老师。还记得是谁教会你加减乘除，还记得是谁教你写的第一篇作文，还记得是谁拿着挂图给你讲解字里的奥秘？也许我们并不能记住他们讲的每一堂课，但是一

定会记得那个他站了很多年的讲台,和那个总是充满期待的慈祥的眼神。很多人、很多事已经慢慢地在我们的记忆中淡去了,不是因为遗忘,而是我们从来都不知道他们是多么的重。每一年过春节的时候,有多少同学会给自己的朋友打电话祝福、会给同学打电话问候,但是却往往忘记教育了自己一年的老师。有的同学上网聊天能和陌生人聊上几个小时,却从来不曾想起面对自己的老师去真诚地沟通一次。当我们都懂得去追求幸福与爱的时候,往往没有关注过,其实,爱就在我们身边。

老师是一种精神

从小我们就学过很多赞美老师的文章,或把他们比作园丁,为祖国培养花朵;或把他们比作蜡烛,燃烧了自己,却照亮了别人。但是在我看来,老师更是一种精神,一种奉献的精神。请大家仔细地想一想教师这个职业,不夸张地讲,完全可以用特殊和辛苦来形容。想一想,他们不能像政府的行政人员一样,每天工作朝九晚五,周六周日双休,他们需要早起陪同学们早读,有时晚上还要陪同学们上晚自习,周六要给孩子们补课,他们甚至都比不了那些一天工作八个小时的工厂工人,然而他们的待遇却还比不上一些企事业单位。但是他们坚持了下来,日复一日,年复一年,三尺高的讲台就是他们人生的舞台,他们要在这个舞台上,用一生的时间去演绎生命的精彩。为什么? 是爱! 是对每一个他教育的孩子的爱,是对教育者这个职业的爱。

有这样一位老师,她用自己的青春诠释了一名老师的伟大。

2003 年,34 岁的成都女教师谢晓君带着三岁的女儿,到四川省甘孜藏族自治州康定县塔公乡的西康福利学校支教。2006 年

8月，一座位置更偏远、条件更艰苦、康定县第一所寄宿制学校——木雅祖庆学校创办了。谢晓君主动前往当起了藏族娃娃们的老师、家长甚至保姆。2007年2月，她把工作关系转到康定县，并表示"要一辈子待在这儿"。

到雪山脚下去

"是这里的纯净吸引了我。天永远这么蓝，孩子是那么尊敬老师，对知识的渴望是那么强烈……我爱上了这个地方，爱上了这里的孩子。"

康定县塔公乡多饶干目村，距成都约500公里，海拔4100米。在终年积雪的雅姆雪山的怀抱中，在一个山势平坦的山坡上，四排活动房屋和一顶白色帐篷依山而建，这就是木雅祖庆学校简单的校舍。

时针指向清晨六点，牧民家的牦牛都还在睡觉，最下边一排房子窄窄的窗户里已经透出了灯光。女教师寝室的门刚一开，夹着雪花的寒风就一股脑儿地钻了进去。

草原冬季的风吹得皮肤生疼。屋子里的五位女教师本想刷牙，可凉水在昨晚又被冻成了冰疙瘩，只得作罢。她们逐一走出门来，谢晓君不得不缩紧了脖子，下意识地用手扯住红色羽绒服的衣领，这让身高不过1.60米的她显得更加瘦小。

吃过馒头和稀饭，谢晓君径直朝最上排的活动房走去。零下十七八摄氏度的低温，冰霜早就将浅草地裹得坚硬滑溜，每一次下脚都得很小心。

六点半，早自习的课铃刚响过，谢晓君就站在了教室里。三(1)班和特殊班的七十多个孩子是她的学生。"格拉！格拉！

（藏语：老师好）"娃娃们走过她身边，都轻声地问候。当山坡下早起的牧民打开牦牛圈的栅栏时，木雅祖庆教室里的琅琅读书声，已被大风带出好远了。

2006年8月1日，作为康定县第一所寄宿制学校，为贫困失学娃娃而创办的木雅祖庆学校诞生在这山坳里。一年多过去了，它已经成为康定县最大的寄宿制学校，600个7岁到20岁的牧民子女在这里学习小学课程。塔公草原地广人稀，像城里孩子那样每天上下学是根本不可能的，与其说是学校，不如说木雅祖庆是一个家，娃娃们的吃喝拉撒睡，老师们都得照料。谢晓君和62位教职员工是老师，是家长，更是保姆。

学校的老师里，谢晓君是最特殊的。1991年她从家乡大竹考入四川音乐学院，1995年毕业后分到成都石室联中任音乐老师。2003年，她带着年仅三岁的女儿来到塔公的西康福利学校支教，当起了孤儿们的老师。2006年，谢晓君又主动来到了条件更为艰苦的木雅祖庆学校。

三（1）班和特殊班的好多孩子都还不知道，与自己朝夕相处的谢老师其实是学音乐出身。从联中到西康福利学校，再到木雅祖庆学校，谢晓君前后担任过生物老师、数学老师、图书管理员和生活老师。每一次变动，谢晓君都得从头学起。

从成都到塔公，谢晓君不知多少次被人问起，为什么放弃成都的一切到雪山来。"是这里的纯净吸引了我。天永远这么蓝，孩子是那么尊敬老师，对知识的渴望是那么强烈……我爱上了这个地方，爱上了这里的孩子。"

最初让她来到塔公的不是别人，正是自己的丈夫——西康福利学校的负责人胡忠。

福利学校修建在清澈的塔公河边，学校占地五十多亩，包括一个操场、一个篮球场和一个钢架阳光棚。这里是甘孜州13个县的汉、藏、彝、羌四个民族143名孤儿的校园,也是他们完全意义上的家。一日三餐,老师和孤儿都是在一起吃的,饭菜没有任何差别。吃完饭,孩子们会自觉地将碗筷清洗干净。

西康福利学校是甘孜州第一所全免费、寄宿制的民办福利学校。早在1997年学校创办之前,胡忠就了解到塔公教育资源极其匮乏的情况,"当时就有了想到塔公当一名志愿者的念头"。

辞去化学教师一职,胡忠以志愿者身份到西康福利学校当了名数学老师,三百多元生活补助是他每月的报酬。临别那天,谢晓君一路流着泪把丈夫送到康定折多山口。

谢晓君家住九里堤,胡忠离开后,她常常在晚上十一二点长途话费便宜的时候,跑到附近的公用电话亭给丈夫打电话。所有的假期,谢晓君都会去塔公。跟福利学校的孤儿们接触越来越多,谢晓君产生了无比强烈的愿望:到塔公去!

从头再来——音乐老师教汉语

"城市里的物质、人事,很多复杂的事情就像蚕茧一样束缚着我,而塔公完全不同,在这里心灵可以被释放。"

谢晓君弹得一手好钢琴,可学校最需要的不是音乐老师。生物老师、数学老师、图书管理员和生活老师,三年时间里,谢晓君尝试了四种角色,顶替离开了的支教老师。她说:"这里没有孩子来适应你,只有老师适应孩子,只要对孩子有用,我就去学。"

2006年8月1日,木雅祖庆学校在比塔公乡海拔还高200米的多饶干目村成立,没有一丁点儿犹豫,谢晓君报了名。学校实行藏语为主汉语为辅的双语教学。"学校很缺汉语老师,我又不是一个专业的语文老师,必须重新学。"谢晓君托母亲从成都买来很多语文教案自学,把小学语文课程学了好几遍。

牧民的孩子们大多听不懂汉语,年龄差异也很大。37个超龄的孩子被编成"特殊班",和三(1)班的四十多个娃娃一起成了谢晓君的学生。学生们听不懂她的话,谢晓君就用手比画,好不容易教会了拼音,汉字、词语又成了障碍。谢晓君想尽一切办法用孩子们熟悉的事物组词造句,草原、雪山、牦牛、帐篷、酥油……接着是反复诵读、记忆。课堂上,谢晓君必须不停地说话来制造"语境",一堂课下来她能喝下整整一暖壶水。

四个月的时间里,这些特殊的学生学完了两本教材,谢晓君一周的课时也达到了36节。令她欣慰的是,特殊班的孩子现在也能背诵唐诗了。

"这样的快乐不是钱能够带来的"

木雅祖庆学校没有围墙,从活动房教室的任何一个窗口,都可以看到不远处巍峨的雅姆雪山。不少教室的窗户关不上,寒风一个劲儿地朝教室里灌,尽管身上穿着学校统一发放的羽绒服,在最冷的清晨和傍晚,有的孩子还是冻得瑟瑟发抖。

"一年级的新生以为只要睡醒了就要上课,经常有七八岁的娃娃凌晨三四点醒了,就直接跑到教室等老师。"好多娃娃因此而被冻感冒。谢晓君很是感慨:"他们有着太多的优秀品质,尽管条件这么艰苦,但他们真的拥有一笔很宝贵的财富——纯净。"

这里的娃娃们身上没有一分零花钱,也没有零食吃,学校发的衣服和老师亲手修剪的发型都是一样的,没有任何东西可攀比。他们之间不会吵架更不会打架,年长的孩子很自然地照顾着比自己小的同学,同学之间的关系更像兄弟姐妹。

　　每年六月、七月、八月是当地天气最好的时节,太阳和月亮时常同时悬挂于天际,多饶干目到处是绿得就快要顺着山坡流下来的草地,雪山积雪融化而成的溪水朝下游的藏寨欢快地流淌而去。这般如画景致就在眼前,没有人能坐得住,老师们会带着娃娃把课堂移到草地上,娃娃们或坐或趴,围成一圈儿,拿着课本大声朗诵着课文。当然,他们都得很小心,要是不小心一屁股坐上湿牛粪堆儿,就够让生活老师忙活好一阵子了,孩子自己也就没裤子穿没衣裳换了。

　　孩子们习惯用最简单的方式表达对老师的崇敬:听老师的话。"布置的作业,交代的事情,孩子们都会不折不扣地完成,包括改变好多生活习惯。"不少孩子初入学时没有上厕所的习惯,谢晓君和同事们一个个地教,现在即便是在零下二十摄氏度的寒冬深夜,这些娃娃们也会穿上拖鞋和秋裤,朝60米外的厕所跑。

　　自然条件虽严酷,但对孩子们威胁最大的是塔公大草原的狼,它们就生活在雅姆雪山的雪线附近,从那里步行到木雅祖庆学校不过两个多小时。

　　尽管环境如此恶劣,谢晓君却觉得与天真无邪的娃娃们待在一起很快乐,她说:"课程很多,上课是我现在全部的生活,但我很快乐,这样的快乐不是钱能够带来的。"

　　"明年,学校还将招收600名新生,教学楼工程也将动工,未来会越来越好,更多的草原孩子可以上学了……我会在这里待一辈子。"说这话时,谢晓君就像身后巍峨的雅姆雪山,高大雄伟,庄严圣洁。

看完这样一篇报道,我对教师这个职业肃然起敬,他们要为每一个渴求知识的孩子付出自己的青春和爱心。每一位老师都有自己的家庭,也会为人父母,同样为人儿女,但是他们却不得不比其他人付出得更多,牺牲得更多。恐怕每一位中学老师都会有这样的经历,作为一个年轻的爸爸或者年轻的妈妈,当他们每天早晨早早地起床来到教室陪同学们读书的时候,那个可爱的孩子还在睡梦中,每天,他们都要带着一丝不舍轻手轻脚地离开家门。我有一次在湖北的一所中学演讲,车队很早就来到学校准备。操场上,初三的学生在为了体育考试积极地做准备,班主任老师都在旁边监督指导,我看到操场的旁边,一个小学生模样的女孩儿,盖着衣服,倚在台阶上睡着了,陪同我的老师看到之后,立刻跑过去把孩子抱到办公室。他告诉我,这孩子的母亲是一位初三的班主任,因为爱人在外地工作,早上六点钟就要来到学校,没办法,只好把孩子带在身边,到了学生吃饭的半个小时才能抽出时间把孩子送到学校。为了不耽误给学生上课,平常女孩都会到妈妈的办公室睡觉,谁知道今天在外面就睡着了。我顺着他的手指向操场上看过去,突然觉得那个手里拿着秒表、抱着好多件衣服的身影是那样的高大。还有很多老师,因为学校离家很远,自己住在学校,孩子不在身边,有时候一周能见上一面,有时候甚至一个学期才能和孩子见上一面。他们也想送孩子去上学,也想能在孩子放学的时候陪着在公园玩耍,可是他们告诉自己,有更多的孩子在等着,这往往就成了很多老师一生的遗憾。

有一位高中的老师告诉过我,她带的第一个班快要高三的那一年自己生下了宝宝。因为实在是放心不下就要面对高考的学生们,她几乎没有歇产假就回到了学校,丈夫把孩子带回老家。半年之后,当她再回家的时候,女儿说什么都不让她抱,因为她还不认识妈妈,老师告诉我的那一刻她哭了。我知道那泪水中带着心疼,带着无奈,还带着无悔,因为那一年,她的班有 11 个同学考上了重点大学,其中还包括全校唯一一个考上清华的学生。可就是这 11 位同学，有很多人直到大学毕业的时候，也没曾想起回来看看自己的老师。他们哪里知道，为了他们的学业，老师牺牲了多少。这样的例子我不用多讲，每个同学身边都会有，我不能不说，这的确是一种精神，奉献的精神。

年轻的心

我的小学语文老师，今年六十多岁了，可是每天还会到楼下的公园陪孩子们跳舞玩耍，好像还是教我们读书的时候一样年轻、有活力。她告诉我们，自己一辈子都和孩子们在一起，虽然退休不教书了，可是离开孩子们都不知道自己该怎么生活了，她爱她的学生胜过了一切。其实每一位老师都有一颗年轻的心，因为他们每天都要和自己的学生生活在一起，因为他们深爱着每一个自己班的孩子。

老师的爱往往很特别，我们把这种爱叫作师生情，这也许是世界上最严肃的情了吧！从咿呀学语的孩童到蒙学初开的小学生，从求知若渴的少年到展翅翱翔的社会栋梁，老师的爱伴随着我们成长的每一个足迹。他们的爱也许远没有父母的爱那样的柔情，但同样令人感动。老师的爱大多只是几句关心的话，一次热情的表扬或者是一次严厉的批评，而且往往后者居多。但是，这样一种情意也往往来得最真诚、最无私，因为老师永远没有回报可图，他们只是用自己的心送走了一批又一批的学生。有一位老师曾经说过这样一句话："我们不需要太多的荣誉和赞美，我们只喜欢'老师'这两个字，每天能听到孩子们的这一句称呼，我们就非常满足了……"我想这质朴的语言往往是教师们共同的心声，是他们内心世界真实感情的流露。想一想，当我们犯错误受惩罚的时候，给我们谆谆教导的是老师；当我们遇到难题疑惑不解的时候，给我们耐心讲解的是老师。一个赞许的眼神就会让我们万分开心,一句温暖的问候就会使我们倍感亲切,对我们来讲,这就是第二种亲情。

有这样一位女老师,因患脑瘤,七年中历经开颅手术,却依然坚持讲课,我们无法解释这是何等的毅力,但是我相信,是爱让她坚持了下来。

她叫郭玉梅,1976年生,是丰润区岔河镇中学的一位普通教师。因为患上脑瘤,七年内经历了五次开颅,但她每次手术后,总是要重新站上三尺讲台。郭玉梅说:"和孩子们在一起的时候,才是我最幸福的时候。"

26岁女教师身患脑瘤

丰润区岔河镇中学是所初中,位于岔河镇中心。学校占地面积虽然不大,但附近村镇的五百余名适龄学生每天都要到这里上学。这里就是郭玉梅工作了11年的地方。刚进校门时,郭玉梅教的是生物课,正好与她学的专业对口,教得得心应手。后来,学校缺少政治课老师,领导让她来教,她也愉快地服从了安排。眼下,郭玉梅除了担任八(3)班班主任,还教八年级其他四个班的政治课。她的丈夫也是岔河镇中学的教师,教生物。

有乖巧的学生、体贴的丈夫、可爱的孩子,郭玉梅感到很幸福。但是2002年,郭玉梅突然病了。从未有过的头痛,让她备受煎熬,只有用手按压头顶才能缓解。经诊断,郭玉梅患上了血管外皮细胞瘤,必须手术。那一年她刚刚26岁,儿子还不到三周岁。

开颅前先进考场　五次开颅不曾妨碍教书

得知身患重病,需要手术,平时爱说爱笑非常开朗的郭玉梅也沉默了。但是她很快镇定了下来,她相信一定能战胜病魔。

2002年10月,郭玉梅接受了第一次手术。因脑瘤复发,2003年9月,郭玉梅再次接受手术。但就在2002年,郭玉梅不顾病痛,开始了本科自学考试之路的奋力拼搏。她考的汉语言文学专业,有两次考试赶上手术不久,头上还缠着绷带,她戴上毛线帽子就去考试了。

2005年4月,脑瘤复发的郭玉梅再次住进了医院,准备接受第三次开颅手术。这一次,医生告诉她,手术成功几率很小。郭玉梅决定先考试,再手术。"我本科是非师范专业,如果要教育系统承认学历,就一定要参加考试。"郭玉梅说,"当时医生说了,如果不手术,只能活一个月。如果手术,可能下不了手术台。我想拼一下,万一奇迹发生,我又能讲课了,错过考试就太遗憾了。"

幸运的是,郭玉梅赢了。既拿到了考试合格证,又成功战胜了病魔。

由于郭玉梅的病有很强复发性,所以从2002年至2008年的七年里,她五次被推进手术室,接受开颅手术。甚至前一次刀口还没完全长好,新一次手术又开始了。

生病前,郭玉梅很少请假。生病后,她更是每天都盼望着能够早日回到课堂。每次手术后不久,她已戴上假发套站在教室门口。

"每次手术,她都希望能够在寒暑假进行,为的是不影响她给孩子们上课。每次检查,也都是在周末。"岔河镇中学校长张斌利

我一定要上大学

WOYIDINGYAOSHANGDAXUE

说，"这种精神特别让我们感动。"

学校领导照顾她，少给她安排点工作，让她负责学校的图书馆。但是她看到学校教师较少，主动要求教政治课。而且她还要求自己每周也要完成12课时教学任务，她还主动要求兼任校图书室的管理员。每天上课后，她还要负责图书室的图书整理，各个班级的杂志征订等工作。

课堂上的微笑天使从不因病痛流泪

说起郭老师，八(3)班的学生深有体会。"上学期，郭老师带着我们一个年级四个班的政治课，还是我们八(3)班的班主任。"张琳琳同学说，同学们都特别喜欢上郭老师的课，"郭老师把政治课讲得有滋有味，一点都没有枯燥的感觉。"

张琳琳说，郭老师讲课特别活，语言幽默，每堂课一开始，她都会让几个同学先讲故事，锻炼学生们的表达能力。在课上，她会根据书本内容，结合实例，让同学们用小品等方式演绎出来。

"有一次她正在上课，突然就走出教室，不一会儿又回来了。后来才听说郭老师是因身体不舒服，出去吐了。"郑宇威说，即使身患重病，郭老师上课依然面带笑容，乐观开朗是她留给学生们最深刻的印象。

在学校里，数学老师王淑玲和物理老师尹子敏是郭玉梅的好朋友，她们说，郭老师的热情和积极乐观的精神深深感染着她们。

"在学校，我们见到的都是她的笑容，病痛袭来时，她都是自己克服。"尹老师说，上物理课之前，她都要准备实验用的器材，有时一个人忙不过来，郭玉梅总是帮忙，"她办事特别细心。"

前一阵陈老师病了，郭玉梅立即让爱人骑着摩托车，带着钱和慰问品前去探望。"她就是这么一个人，别人的事她都热心帮忙，自己的事却不放在心上。"尹老师说。

面对病魔，郭玉梅十分坚强，从没有因为病痛在别人面前流泪。但因为感动，郭老师却两次落泪。

尹老师介绍说，第一次是情人节那天，尹老师到医院看望她，回忆起手术当天全校老师和领导到医院慰问，郭老师潸然泪下，"她说她已不在乎生死，只是想到不能回报大家，心中有愧。当时听到玉梅这样说我就想哭，但我强忍着，因为不能让玉梅伤心。"

第二次是郭玉梅出院后来学校。听说郭老师回来了，同学们都从教室跑出来看她，整个楼道都被挤满了，"这次我又见到玉梅流泪了。她说被这么多人关心着太幸福了，病好后一定还要站讲台上为学生们上课。"

"住院最挂念孩子们"

2008年2月6日，郭玉梅接受了第五次开颅手术。就在那天清晨，岔河镇中学的三十多位老师一同来到医院，为她加油鼓劲。这次手术清醒后，郭玉梅跟同事打听的第一件事，也是学校的课是如何安排，生怕因为她住院课程安排不开。

"住院时，郭玉梅非常挂念学校的孩子。她丈夫在医院陪床时，她一个劲儿轰他，让丈夫回去上课。"张斌利说。

郭玉梅记挂着学生的同时，学生们也记挂着她。自从她第五次手术住院后，每周末都会有学生去看她。"每次都来好几个人，有时候去十几个人，把病房里都站满了。"郭玉梅说，"我们学校交通不方便，学生们要先骑车到丰南，之后坐公交车看我。我一再说不要来了，太麻烦，路上也容易出危险，可孩子们还是坚持来。"

正因为这些可爱的孩子，郭玉梅每次手术后只要身体允许，都要尽快去学校。"我觉得面对学生，我挺惭愧的。上课一直断断续续，没办法好好教他们。"郭玉梅说，"我和他们约好了，这次手术后，我一定还回去教他们，一定把他们送到好高中。"

梦想再次踏上讲台

采访中，郭玉梅对于自家情况说得很少，话里话外一直在说教学、上课和那些可爱的孩子。因为病痛，郭玉梅的左眼一旦使用过度，会一阵阵抽痛。但为了能尽快回到学校，她还是坚持将新发下来的教材通读了一遍。"和过去的基本上一样，我还有印象，能马上接手。"郭玉梅兴奋地说，她和校长已经谈好了，等到她病好得差不多了，就回学校上班。"至于干点啥，就听从组织安排了。但是只要在学校，和孩子们在一起，我就很开心。"郭玉梅说。

家里的困难她不在意，最担心的是身体可能撑不了多长时间，别人对她的好，她不能报答。"我希望我还能站上讲台，尽我最后的力量，报答老师和学生们。"

直到今天，老师还在说要去报答学生的爱，其实她付出的，何尝不是爱呢？2009年6月7日，高考的第一天，在沈阳九中考点门前的人群中，有一位特别的老师，她的名字叫曹美星，因为她挺着大肚子来为自己的学生加油。对她来说，肚子里已经七个半月的婴儿是她的孩子，这些就要走入高考考场的学生也是她的孩子。后来我们知道曹美星老师是沈阳二中高三(8)班的班主任，那一天早上7点30分，她就拎着手提袋来到考点门前。手提袋里装的是她为考生准备的爱心链，上面印着"相信自己"的印章。每有一个学生来到考点，曹老师都把爱心链送过去。有的学生想直接戴在身上,她就挺着肚子帮学生系在衣服上。早上的天气很凉,曹老师穿了双凉鞋,在外面站久了,她就要抚着肚子,歇会儿。好多学生跟家长看着很心疼,"曹老师,你回家休息吧,我们会考好的。""曹老师,你别太操劳了。"不管学生和家长怎么劝她,她都坚持陪着学生。早九时,考生们都开始在考场里答卷了,曹老师还没有离开,就坐在校园的树荫下看教案,她一直陪到学生们考完走出考场,看到他们笑呵呵地冲她打招呼才放心。短短的报道让我感动得流下泪水,这也是一种母爱。

如何与老师相处

对于很多人来讲,老师几乎成了严厉、偏心、为人刻薄的代名词。一提起来先想到的不是怎样去沟通而是如何才能躲得远一点,尽量不要进办公室,因为老师好像只喜欢那些成绩好的同学,而成绩落后的则似乎永远地挤在教室的角落里用来被人遗忘。每每见到这样的同学,我总觉得很是可惜,其实往往不是别人遗忘了他们,而是他们自己遗忘了自己。当一个人习惯了不被别人关注,习惯了隐藏自己的心情,往往也就习惯了自暴自弃。其实老师也是普通的人,只不过所做的工作不普通罢了。既然是普通人,就会有喜怒哀乐,就会有自己的判断,当然也有能力的极限。

有很多同学都会为自己不太好的成绩找上一个冠冕堂皇的理由——我的老师不好。我们把这句话仔细地回味一下,有很多地方很值得我们思考,同时也要去提出疑问。两个从小学到中学都在一个班的同学,接受着同样的教育,而成绩却是天壤之别,这样的例子比比皆是。有同学找出理由说那是因为老师只对那些学习好的同学好,对我们这些所谓的差生就是会训斥和批评。但是想一想,我们每一个同学都会挑剔地认为哪个老师好、哪个老师不好,喜欢哪个同学或者讨厌哪个同学,都会用自己的价值观念去评价自己身边的人,从而对自己的行为作出判断,难道老师就不能吗?别忘了他们也是普通人。但是每一位老师的心里面都有一杆秤,他们用自己的良心去平衡秤砣与秤盘。对他们来讲,每一个同学都是重要的,只不过是有时候教育的方式不同而已。这些年做教育培训工作,我认识了很多老师,通过和他们交流与相互的学习,我完全可以很负责任地说,每一位老师都希望自己的学生能做得更好。希望成绩好的同学能再接再厉,更上一层楼;希望成绩不那么好的同学能每天都有些进步,或者在其他方面能有些成就。我想我们首先需要理解的就是,老师做的每一件事都是为了自己的学生好,没有哪个老师想害自己的学生。他们毫无保留地把知道的一切都告诉了我们,只希望我们能在人生的道路上走得更加顺利,至少在我的眼里,永远都只有"学生"这个概念,没有好学生与坏学生之分,我同样相信,你身边绝大多数的老师也都是如此。

上高中的时候,我也一度觉得自己的班主任老师太偏心,好像总是给那几个学习好的同学讲题,上了大学才突然明白,原来真正的原因是自己根本没有张口去问。所以,在同老师交往的过程中,我们往往强调一个原则——主动,其实老师的心里很想能关照到每一个同学,可是每一个班都有几十个同学,老师还要带几个班的课,上百位同学,哪有足够的精力照顾到每一个人。所以老师也常常面对这样的窘境,能和学生单独交流的机会要么是学习上进的同学来问问题,要么就是所谓的"问题学生"搞出点风波,老师不得不批评教育,那么我们为什么不能做前一种学生呢?抓住一切机会主动地和老师交流,毕竟他们是"过来人",有一些求学的经历,学习和生活方面的经验甚至是教训都很值得我们借鉴。但是这些东西多半没有时间在课堂上讲,只有课下的交流才能获取。课间的时候帮老师倒一杯水,上课前帮老师拿一拿教具和作业,都是很好的机会。其实老师的严肃往往都是表面的现象,严厉批评的背后往往是"恨铁不成钢"的无奈之举,恐惧都是想象出来的,试一试也许就没有想象中的那么难了。据心理学分析,和老师的关系往往会影响一个同学的成绩,那就让我们看看,影响师生关系,或者说大多数同学不喜欢老师的原因都有哪些:

第一类,因为外形、口音、习惯性动作、邋遢、体臭、生理缺陷等。有时候讨厌一个人或喜欢一个人真的没有什么理由,如果非要找点理由的话,外在的东西和第一印象往往起着非常重要的作用。有时候是由于这位老师不拘小节造成的,有些是由于他本身无法弥补的。难道只因为他脸色发黑就让你讨厌他代表的学科,这就太幼稚和无聊了。所以啊,如果遇到这类情况,你可以对自己说:这是一个机会,一个如何学会宽容和让你学会爱的机会。

很多同学都有这样的体会,当我们对教某一门功课的老师有了不好的看法的时候,往往这门课学起来特不舒服。有个同学从小就不喜欢学语文,他妈妈问为什么? 他的理由很简单,是因为第一个语文老师长得太丑了。就拿我来说,我上学的时候就常有这样的偏见,就是不喜欢用方言讲课的老师。因为听这样的课实在是费劲。但是一位老师却完全改变了我的看法,记得上大学的时候,我们有一门功课叫作《工程力学》,任课老师就是方言很重的一个人。不过,他只用了一分钟就完全改变了我对他的看法。

在上第一堂课的时候,当他用浓重的口音介绍自己时,我已心生厌倦,本来这样的课就已经被列入辅修课目,心里就瞧不上的,再加上老师其貌不扬,口音甚重的表现,我就开始准备搞点别的活动了。可这位老师接下来的话让我是那么诧异和感动,让我一辈子都难以忘却。他继续讲道:同学们,很抱歉,我的方言很重,让你们听着吃力了,我尽量会说得慢点。

对我来说，听懂他这段话虽然也比较难，但我依然觉得非常美妙。那一刻，我直为自己刚才 30 秒前的看法感到羞愧。因为在这之前，还从来没有听到过一个老师向学生说对不起。我感觉到很稀罕，更关键的是，我认为这个老师值得我尊重。我不由得挺直了身体，虽然我当时并不喜欢这门课，而且我知道许多同学对这个老师和他的课程并不领情。但为了向我所尊敬的老师有所表示和回馈，我要求自己至少做出一副非常认真听讲的样子。我想让这位老师知道，在他的课堂上，至少还有一个学生在认真听他的课。后来，这位六十多岁的老教授用他浓重的方言教授晦涩难懂的力学课竟也成了我们大学时代的一段美好的回忆。许多同学对老师都有自己的评判标准，尤其认为老师不应该有私心和偏心，这点也是大多数学生所不喜欢的。他一上课，你就来气，他越开心，你就越生气。哪有什么心思学好啊。

可也是，当我们面对一个不喜欢的老师在面前侃侃而谈的时候，学习的心劲真是很难受的。有许多同学可以找到很多理由不喜欢老师，以此作为可以不学或不学好这门课的理由，这实在是太愚笨了。但如果只是因为这个原因就不喜欢他的课程，那么最大的输家一定是自己。这样的问题随着年级的增长而增多。为什么不能做一些调整呢？当然，我们这里的前提是你至少认为学习对你是必要的。

第二类，因为教学以外的事情处理不公，或者听说过对那位老师不利的传言，或者你认为他虚伪、做作等，造成你对他人格的极度蔑视和反感。只是因为传言和感觉，即使是真的不需要得到你亲自证实，就能断定这个老师有这样或那样的问题，我想也没有什么理由可以让你逃避。因为他个人只代表他自己，而他的课是代表一门学科，这两者之间没有关系。所以啊，需要你学会客观地对待。无疑，这是一个让你获得智慧的机会。另外，我想传言大多不会是特别准确的事情，老师，这个对学生来讲很敏感的人物，或许他一个小小的失误就会被很多同学放大很多倍来看,说不定他也有自己的苦衷,为什么不能设身处地地替他想一想,像原谅自己的朋友一样原谅他,不也是一件很好的事情吗?

第三类,因为他对你忽视、小看或者曾经严厉地批评过你,或者由于误解而错误地处理过你,使你对他心怀不满。亲爱的同学,我们也曾无悔过父母的打骂、朋友善意的指责啊,老师也难免犯错,难免有看走眼的时候,为此我们就去憎恨他,难道他真的是对我们缺乏尊重吗?事实上往往不见得;他没有重视我们,是因为至少我们做得不够好。我们所需要做的就是,做出最好的自己来。憎恨绝对不可能成为获得别人尊重的方式,引起老师的关注也许并不需要多么好的成绩,我们能比别人多努力一点、多用心一点,老师就一定能看得到,可能还没有到把它完全表达出来的时候。所以啊,需要我们学会应对挫折,这是一个学会做强者的机会。

第四类,因为老师年轻缺乏经验,或者古板,总之他的教学水平不太强,让你无法对他讲授的课程发生兴趣。这可是一个好机会,你可以学会自学了,反正现在的教学资源非常通畅和丰富。呵呵,差老师带出的好学生往往是最厉害的学生,恭喜你啊!乐观一点去面对,往往就会有不一样的结果。年轻未尝不是件好事情,年轻的老师容易亲近,没有架子,和他们交流往往是最容易。想一想,当我们大学毕业的时候,谁不想身边的人都能包容自己这个没有经验的年轻人呢?我有一个朋友,他是个公交车司机,我们的认识还颇有些意外。他第一次离开师傅开车上路,因为紧张,要进站台的时候,我已经让了很宽的道,可还是擦到了我的车。他红着脸下了车,一个劲儿地赔礼道歉,我看了一下,并不是很严重。更重要的是我的堂弟在北京打工,也是给别人当司机,我真想他因为紧张不小心碰到别人的时候,能有人真诚地原谅他、帮助他。看着和我年龄相仿的公交车司机,我立刻原谅了他。就这样我们认识了,现在是很好的朋友。这件事也让我突然感觉到,能有人理解是件多么令人幸福的事情,看看你身边的年轻老师,他们同样需要理解和包容。

第五类,这个借口恐怕是最糟糕的了,因为你没有学好,但你找不到很好的理由说明的时候,你会拿这个老师让人讨厌作为借口。不仅如此,还往往强调有多少同学也和你一样不喜欢这个老师。当然,这种情况不仅巧妙地蒙蔽了家长,也把自己强烈地欺骗了。到最后,你真会觉得这是你没有学好的原因。当然,这样的借口对你不会有任何帮助。说到底,即使是最好的老师也往往会被你戴上莫须有的帽子和罪名,你做得不好也别找老师的不是啊!

我们稍作分析,你会发现,对老师不和谐,你的功课受委屈。因为,退一万步讲,你就算不太喜欢这位老师,你也完全没有必要让你的功课去受伤、去遭罪啊。老师再不可爱,他教的功课是无辜的啊。在这里,我要替那些由于类似原因遭冷落的学科,喊冤叫屈,而且最后受伤的只有你自己。考试是靠综合实力的,一门功课的失利会让整个考试前功尽弃。你说损失大不大?

各位同学,虽然给大家提出的这几种心理调整的方法不一定能真正解决你的问题,但我希望这样的说明能对你有点启发。不是所有的老师都能像我们期待的一样,当我们对老师有了不良情绪的时候,多从自己身上找原因,多从自己这里找出路。因为老师也是人,我们应该容许人家有不足。而且老师是恩人,不管你承认不承认,也不管他喜欢不喜欢你,他在课堂上给你的不比别人少。我总觉得,在我们这个世界上,任何两个人都是可以和睦友好相处的。就算两个人的观念、思想有多么的不同,也可以友好相对。周恩来总理就提出过"求同存异"的观念!人是需要沟通的,有沟通才会有相互了解。人们常说,人心隔肚皮,这是说人的心思难以猜测。从某种意义上讲,这句话也凸显出另一层含义：既然人心隔着肚皮，不能直接看到别人的内心世界，是不是更需要交流和沟通呢！事实上，每个老师都是可爱、可敬的。他肯定有你学习的地方，至少在他讲授的那门功课上，是值得你学习的。

怎样和老师和谐相处？其实很简单。那就是戴着赞美、欣赏的眼镜去寻找老师的优点。当你这样去做时，你会发现原来老师是那么的可爱。我们不能苛求完美，老师也只是我们普通大众中的一员，绝非圣人。你用完美苛刻的要求去对待你的老师，是不是有些过分了？而最终结果自己成了受害者。这又何苦？

当然，我们前面说的是你不喜欢老师的情况，但如果这个老师是你喜欢的，那么就没有什么问题了，你会为这份尊重去努力，并会得到回报的。

老师是不是也要改变

这一节我们来谈谈，作为老师，我们所需要改变的一些行为习惯。对于这样一个崇高的职业，我们赞美、尊重，但是我想感性之后，我们需要用更加理性的头脑去看待这个特殊的职业。也只有这样，我们做老师的才能在不断的反思、学习的过程中，行为得到改进、思想得到升华。

有人说教师是直面生命的职业，我觉得这样的形容十分贴切。教育学上讲，生命是教育的价值主体，教育的全部意义在于通过教化去提升人的主体精神，使人成为自由而和谐的社会公民。这样来说，老师的工作不是教育一代人而是影响一代人，因为对人的教化不仅仅是知识上的传播，更多的是行为、思想和意识的感染。常常有一些习惯，我们不以为然。然而，作为教师，这些细小的习惯往往超出了个人的意义,有可能就会在不经意间,直接或间接地对学生造成不良的影响或伤害,这些事有可能会影响一个学生的一生,所以,值得去思索和拷问。

有很多时候,一些被我们习以为常的东西可能未必就是正确的。比如说老师的一些行为习惯,因为有太多的老师都在这么做,有太多的学生一直看着身边的老师如此,所以就很少有人再去思考这样是不是合理的,甚至是不是应该的。而恰恰是这些细枝末节之处,折射并体现着教师的学识、涵养、品格乃至价值理念。随着社会的发展,人民的教育事业也经历着发展和变革,但是让我们不得不去关注的是,在这些变革的同时,老师虐待、体罚学生,高考舞弊,学校校长因为贪污受贿而被"双规"等这样的消息也越来越多地充斥在我们的耳边。我们做老师的需要静下心来思考,这究竟是为什么? 一些没有暴露出来的问题会不会就出现在我们的身上。

随着社会的发展,教育事业已经逐渐走上了商业化的道路,与此相应,教育的功利性则赋予教师职业更多的威仪。天地君亲师,不仅教师中心主义大行其道,而且教师幻化为真理的化身,学生在教师面前始终处于不对等的被支配地位。在这样一种社会环境下,教师与学生关系的不平等、不对称仿佛自然天成。因为这种文化基因,为师者往往嘴上讲以人为本,但思想行为上却忽视了学生主体人格的存在。一些教师经常在学生面前居高临下,颐指气使。比如,有的教师其口头禅就是"你给我如何如何……"以及"你给我站起来"、"你给我每个字抄一行"、"你给我重做一遍"、"你给我滚出去",等等,都是上级对下级的命令或者规定,学生之于教师毫无平等可言。再比如,师生对话,老师安然地坐着,学生则站得毕恭毕敬;学校集会,老师谆谆教导学生不要讲小话,而自己却在后面交头接耳。还有如,教师坐着讲课,上课接听手机,上班时间穿拖鞋,当着学生的面吸烟……凡此种种,不一而足。这些令人汗颜却又司空见惯的教育特写并非教师学养不济或品行不端，一切皆缘于师道尊严的遗训。经年往复，古人的训示慢慢融入教师的血液，自然而然，积习成俗。

我们常常讲为人师表，言传身教，在任何一所师范大学中，我们都会看到这样的标语，学高为师，德高为范。我相信每一位老师都会在心里面铭记这些作为老师起码的职业操守，但是具体怎样把这个工作做到最好，则需要更多的学习和思考。时代变了，老师，我们的好多观念是不是也要变一变？

想一想，学生作业本上的大红"×"能不能变一变了。

曾经，诗人赋予了它很美妙动听的名字和篇章。说它是花园中园丁手里的剪刀，剪去枝蔓，修正错误；又如一盏明灯，引导学生从黑暗和懵懂走向光明与未来。可是，如果今天，老师，你有点心烦了，所以你的"×"打得太大了，今天的作业刚巧又有点太难了，满篇的大红"×"，那该是多么触目惊心的呀！恐怕，当咱们的学生翻开作业的一刹那，就算是我们的"×"里饱蘸十二万分的爱意，学生也会一下子蒙了，什么自尊、什么上进心，在这一刻大概都会统统坍塌、粉碎。如果我们的学生真的很优秀，对于错误，不妨就用红"×"，甚至是大红"×"，毫不客气地将其剪切掉，警醒其错误，提防其自满。如果我们的学生还是小孩子，还需要不断发展提高，还不是个个优秀，那最好就舍弃红"×"，换上"?"如何。"?"发人深省，不否定成绩；"?"不一棒子打死，允许重新改正；"?"不以对错论英雄，只在探究之间寻真理。"?"是一个饱蘸爱意、充满期许的代号，再加上老师的博爱之心，我相信，学生一定会投桃报李，实现自己的光荣与梦想。

想一想，打电话的方式是不是可以变一变了。

一直以来我们都习惯于在学生犯错的时候给家长打电话，婉转地或直接地数落孩子的不是，让望子成龙、望女成凤的家长和我们配合。

孩子是我们的,更是家长的。我们都是在给祖国的未来培养人才。孩子们一点点的进步,在注视中我们都露出了欣喜的笑容。但这种方式,有时只是一种出力不讨好的事情。要么家长不耐烦听说完,就急急地插话,让我们前言忘了后语,或者发生不愉快的争执,面对护短的家长,你也生气,家长也烦。结果只有一个,没有功劳,也没有苦劳。当然,大部分时候,家长都会热情洋溢地、毕恭毕敬地听我们老师的嘱托,对孩子们进行谆谆的教诲。农村的家长有文化、有修养的不是太多,能婉转、得体地教导孩子的,不过就像大海里的一滴水。我们指望家长怎样来教育我们的徒弟呢?城里的家长又如何呢?还是给社会减少一些家长虐待儿童、儿童离家出走的悲剧吧!这样的电话我认为还是少打一点。除非学生在我们的眼皮底下动刀子了、吸毒了、失踪了,可别忘了在第一时间打给他们的家长,这样,我们可减少一点刑拘的机会,也省一点电话费。毕竟一个月就8元或14元的班主任费!

换个方式怎么样呢?今天,孩子做好事了!回答问题勇敢了!作业规范干净了!比赛得奖了!兴趣特长又有长进了!衣着整洁、小脸干净了!床铺洗刷用品条理分明了⋯⋯赶快打给学生家长吧!别等到事情忙乱了头,给忘了。老师没有告状,老师把"奖状"发给"我"的家长了。他乐,家长乐;你乐,大家乐,何乐而不为?最乐的是谁呢?我想是我们做教师的。用进步激励进步,我想就是最好的教育方法,这进步也是最有价值的进步!

我们用表扬的方式来期许孩子们更大的进步。"好学者不如乐学者",给孩子们创造更多的快乐,在课堂上、在课外活动中、在伙食上、在寝室生活中,哪怕是在打电话的小事上。学校生活中,还有更多这样的小事。只要我们用心,只要我们肯反思,只要我们是一心向着学生的,学生就是我们最好的天使、最大的快乐。世界上最远的距离,不是高山,也不是海洋,而是心与心间的距离。只要心贴近了,教与学就是洒满阳光的生活。

这些不过是两个个例,有心的老师会有更富价值的发现。每一个行为、每一种习惯都有它赖以生存的基础,其背后都有它潜在的价值倾向。存在于教师身上的种种"无意识状态"下的不良行为,与其说是教师职业操守的缺失,或许更可以说是对人的生命自由本性的漠视。我不止一次看到有些老师叼着烟在校园里"横行",不止一次看到有些老师拖着醉醺醺的酒气走进课堂,我想他们可能觉得这样并没有什么不妥,毕竟自己只是一个知识的传播者,而往往忘记了自己还是个道德的教育者。教育需要有权威,有所谓的秩序的和教育者应有的威严,当然在这中间,更重要的是尊重,是对学生学习和受教育的过程完全地悦纳和接受,而不论他的基础好坏、结果如何,教育意味着不是有知者带动无知者,而应该是两者思想和灵魂相互碰撞的过程。教师的一言一行、一笑一颦都是出自内心的真实感受,没有矫揉造作,没有盛气凌人,有的是自然、温馨与和谐,这种深层次的互动与共享,是构架良好师生关系的基础,更是教育充满生命活力的前提。只有这样的教育,才会给人温暖、幸福、自由和安宁的享受,才会激扬理性的生命,真正提升生命的质量。

教育是最具生命的事业。生命是完整的,是自由的,是独特的,致力于生命全面而和谐、自由而灵动、独特而创造的发展是教育的根本使命。因此,以批判的眼光去审视那些习以为常、熟视无睹的教育现象和问题就显得尤为重要。反思教育习惯,关注的是细节,改变的是方法,提升的是观念,触动的将是影响教育健康发展的文化基因。

老师,您还有多少习惯需要改变呢?

网络上流传的现代老师需要注意的十个不良习惯,拿来看一看,不失有借鉴的意义。

一、凭自我感觉和经验教学信息时代，知识更新如此之快，因循守旧、故步自封，有碍于自身成长，更损于学生的可持续发展。

二、不想学习、不会学习，学习型教师是时代之所需。养成带着问题去读书、有选择地读书、经常上网学习的习惯。

三、重教轻德。小成成于智，大成成于德。基础教育要为学生打好人生底色。

四、教与研分开。"教而不研则浅，研而不教则空"。努力改变苦教、苦学、苦考的习惯。把先进的教学理念转变成自己的行为。

五、加班加点。教师要回归课堂主阵地，向每节课要质量。每位教师要切实上好"家常课"，要从"实"字入手，关注学生的知识积累。课堂上发生的教学状况、教学目标的达成情况以及相关的教学细节等，要追求高效益教学，要把家常课当成优质课，尽全力上好。

六、任意拖堂。总是喋喋不休，学生会风趣地叫你"唐老鸭"。

七、随意批评学生。学困生、心困生、调皮生犯错是常事。如何有效教育，切莫采取一味责怪的方式来对待。对犯错的学生老师要批评教育，要做到批评像春雨，润叶不伤根。

八、衣着不得体。言行不可拘，教师不注意小节，不注意自己的教态美，就会对学生产生潜移默化的负面影响。

九、随意接打手机、发短信。如果把教师上课时间接打手机视为教学事故处理，可能就没有此现象发生了。

十、在学生面前吸烟自己身体受害，被动吸烟者身体健康也严重受损。

第三节　寂寞的时候总会想起你(感恩朋友)

世界上有一种人

知道你一些不为人知的小秘密

考试的时候

他给你传过纸条

犯错的时候

他帮你找理由

暗恋一个人的时候

他帮你传话

和爱人吵架的时候

你会哭着跑去找他

或者拉着他出来喝酒一直到醉

你很抱歉的是你总是麻烦来了才会想起他

但你很庆幸生命中出现了这么好的一个人

也许你们在一起的日子

走得比情人还要远

这种人叫作朋友

　　这是个很特别的称呼,每个人都需要但是并不是每个人都拥有。"朋友",我们从来都不觉得陌生的词语,但是,大概没有太多的人能给这个词语作出非常准确的定义,因为我们往往只懂得去享受这种拥有,而忘记了问问自己为什么会拥有,或者从来没有珍惜过。

很小的时候，我们读历史书就知道管仲与鲍叔牙是好朋友，知道高山流水的故事（伯牙善鼓琴，钟子期善听。伯牙鼓琴志在高山，钟子期曰：善哉，峨峨兮若泰山。志在流水，钟子期曰：善哉，洋洋兮若江河。伯牙所念，钟子期必得之。子期死，伯牙为世再无知音，乃破琴绝弦，终身不复鼓。）上中学时我们学过《伟大的友谊》，知道思想家马克思和恩格斯的友谊天长地久。每个人都期待自己能够拥有几个知心的朋友，可是这些年来，想一想是不是只记得向自己的朋友索取，却从来没想过能为自己的朋友做些什么，也许这就是朋友的本质吧！

究竟谁才是朋友

有朋友的人是幸福的，但究竟什么样的人才是朋友？我们身边有那么多人，谁才是朋友？有人说我们从小一起玩到大，就是朋友；有人说我们是一个班的同学，三年来一起上学、一起放学，是朋友；有人说我们一起工作了很多年，彼此都非常地熟悉，应该是朋友。每一个人的结果不一而论，但是我想，是不是朋友，应该有一些必要的原则。

朋友是你前进中给你指明方向的人，朋友是为你解决困难的人，朋友是与你知心的人，朋友是关爱你的人，朋友是与你朝夕相处的人，但是不会因为你存在着一些微不足道的缺点，而到处乱讲的人。

真正的朋友不会人云亦云，不会在你受伤的伤口上再撒上一把盐；朋友不会因为小人对你的栽赃，而远离你，而是在这个时候，伸出援助的手来关心你、关怀你；真正的朋友不会见利忘义，不会随风倒，不会对有用的人就阿谀奉承，对无用的人就一脚踢开；真正的朋友不会因为一点私利，就把朋友的情谊抛开在一边。

真正的朋友是不会有私心的，他会在你需要帮助的时候，不顾一切地对你呵护，他是一直对你最忠诚的人，会承诺记得你们以前的一言一行,不会因为你暂时的不顺利,而把你忘掉。

真正的朋友是有道德的,在你有困难的时候,他不会对你施加任何的压力;真正的朋友会是理智的,会是有头脑的,看到你此时的不顺,他们不会袖手旁观。

有这样一个人,他用自己遵守了22年的承诺,诠释了一个朋友的价值。

战前约定照顾好牺牲战友的父母

1984年5月,一列开往我国南方边境的军列上,周奇林对马盈安说:"这一去还不知道能不能回来啊!"马盈安认真地看着周奇林说:"不会的,即使真有那么一天,只要我俩有一位还活着,就把对方的亲人当自己的亲人来照顾……"

听到马盈安这样说,周奇林也默默地点了点头。

周奇林是该县水坪镇黄龙村人,1982年1月入伍。马盈安则是该县城关镇红光村人,1981年10月入伍。他们被分在同一部队,周奇林在侦察连,马盈安在警卫连。三年的部队生涯,使他们结下了深厚的兄弟友情。

1984年,者阴山的自卫还击战打响了,周奇林、马盈安参战了。当年10月28日7时30分,周奇林一跃而起,抓住一个俘虏。在返回途中,俘虏突然拉响了身上的手雷。马盈安见状冲下山,背起周奇林往后方医院跑,但他再也没有醒来。

为兑现承诺放弃上军校的机会

1985年3月,马盈安第二次荣立二等功,师里让他上军校,但一想到与周奇林的承诺,他便放弃了上军校的机会,亲朋好友都替他感到惋惜。

当年12月,马盈安退伍回到了竹溪老家,组织上安置他到县福利院工作。而21岁的周奇林,被追认为革命烈士,荣记一等功,长眠者阴山。

马盈安回到家乡的第一件事,就是马上赶到周奇林家去看望他的父母,当走到周家门口时,他再也忍不住难过,失声痛哭起来。

周奇林的母亲秦明秀看到马盈安,也抱着马盈安放声大哭。马盈安哽咽着说:"秦妈妈,您别哭坏了身子骨,以后我就是您的儿子。"秦明秀老人大呼:"我的儿啊!"

当天,马盈安就留在周家,给老人讲周奇林生前的故事,劝慰两位老人直到深夜。

默默坚守　22年不变的孝心

此后,马盈安常"回家看看",逢年过节和老人的生日,马盈安更不会错过,他总要买些老人喜欢吃的东西,上门热闹一番。

周爸爸喜欢喝当地产的包谷酒,秦妈妈喜欢吃点甜食。马盈安每次去看望二老,总要打上几斤苞谷酒,买些点心。每年春节来临,他都会提前把年货送到周家。渐渐地,马盈安融入了这个新的家庭。

在马盈安精心照顾和无微不至的关怀下,两位老人的心情也慢慢变得开朗多了。

1991年,73岁的周爸爸因病去世。接连的丧子丧夫之痛,让秦妈妈哭断肝肠。为此,马盈安往周家跑得更勤了,经常开导老人，帮助她逐渐恢复了正常的生活。

1999年，马盈安从县福利院调到县光荣院任副院长，这里离秦妈妈的家不到两公里，马盈安上门看望就更频繁了。

秦明秀患有冠心病，马盈安和妻子隔三差五地前来看望照料她。2005年秋季，秦妈妈在家不慎把腿摔骨折了，在外办事的马盈安火速赶回，把老人送到医院，并抱上扶下、床前床后照顾了一个多星期。

2007年6月11日，80岁高龄的秦明秀老人因病去世。马盈安夫妻为老人披麻戴孝守灵。周奇林的哥哥周奇成说："马盈安对待我父母亲就像是亲生父母。"

去年，当年的战友邀请马盈安到河南参加战友联谊会，马盈安照顾周奇林父母的事迹感动了大家，此事得以传开。

周奇成说，虽然二老不在了，但马盈安又千方百计地帮助他家发家致富，不仅经常上门给他提供科技致富信息，还隔三差五给予接济，真不知怎么感谢马盈安。马盈安则笑着说："一家人不说两家话。"

一个生者对死者的承诺，只是良心的自我约束，但是他却为此坚守22年；放弃了梦想、幸福和骨肉亲情，只是为了朋友的情深。无论在哪个年代，坚守承诺始终是支撑人性的基石，对朋友如此，甚至对一个民族都是如此。

其实朋友并不是一个狭隘的定义，朋友取决于我们从他们那里收获了多少的关心，收获了多少的幸福，而自己又愿意为此作出多少的付出。有的时候，敌人和竞争对手未尝不是另一种朋友。《羊皮卷》中有这样一句话值得我们深思，"我赞美敌人，敌人于是成为朋友；我鼓励朋友，朋友于是成为手足"。在工作和学习的过程中，我们会遇到很多的竞争对手,一起学习的同学,一起工作的同事,很多人往往把之间关系敌对起来,甚至想着要把对方当作敌人一样去消灭。为什么不把他们当作朋友一样来对待呢?其实,生命当中,我们同样不能缺少他们的帮助,没有竞争,就没有动力。正是身边的这些竞争者,才给了我们前进的动力,我们应该感谢,是他们让我们的生命更加的精彩!在这样一个过程中,不论是赢还是输,都是生命价值的体现。所以,敌人也是不可或缺的朋友。

究竟谁才是真正的朋友,其实更应该问问自己,我们是一个合格的朋友吗?想一想,小学一起上学、一起玩耍的朋友,到今天为止,我们已经有多长时间没有联系过了?我们也曾经承诺过要做一辈子的朋友,而现在又给了他们多少的关心和问候?我们常说感谢生命中有你,可是我们真的学会感谢了吗?

朋友是个值得依靠的肩膀

就像开篇的那首诗一样,"你很抱歉的是你总是麻烦来了才会想起他"。但我想,朋友总会是最温馨的依靠,无论什么时候你我想起他来,困难的时候还是富贵的时候,他都会用最灿烂的微笑来迎接,因为我们是朋友。

友情的基础是互惠,商人之间友情的基础是利益上的互惠,而挚友之间友情的基础是心灵上的互惠。朋友其实就是精神上的寄托,当寂寞的时候,生气的时候,伤心的时候,还能想到一些人可以痛诉心肠,那样的感觉必定是无比的幸福。从心理学的角度来讲,有朋友可以倾诉,人就会很安心,不容易浮躁。相反,如果生活当中,我们只能默默地躲在角落孤独地咀嚼心中的伤楚,那感觉该是多么的痛苦啊!

有个经典的故事可能大家都不止一次地听过,但是,今天我依然要把它讲出来,因为它要我们认真地去思考,我们该如何相信自己的朋友,而又能给自己的朋友什么样的依靠?这是一个在我看来可能是真实的,也可能是虚构的故事,但我宁愿相信,这是真的!

　　故事发生在越南的一个孤儿院里,由于飞机的狂轰滥炸,一颗炸弹被扔进了这个孤儿院,几个孩子和一位工作人员被炸死了。还有几个孩子受了伤。其中有一个小姑娘流了许多血,伤得很重!

　　幸运的是,不久后一个医疗小组来到了这里,小组只有两个人,一个医生,一个护士。

　　医生很快进行了急救,但在那个小姑娘那里出了一点问题,因为她流了很多血,需要输血,但是她们带来的不多的医疗用品中没有可供使用的血浆。于是,医生决定就地取材,她给在场的所有的人验了血,终于发现有几个孩子的血型和这个小姑娘是一样的。可是,问题又出现了,因为那个医生和护士都只会说一点点的越南语和英语,而在场的孤儿院的工作人员和孩子们只听得懂越南语。

　　于是,医生尽量用自己会的越南语加上一大堆的手势告诉那几个孩子:"你们的朋友伤得很重,她需要血,需要你们给她输血!"终于,孩子们点了点头,好像听懂了,但眼里却藏着一丝恐惧!

　　孩子们没有人吭声,没有人举手表示自己愿意献血!医生没有料到会是这样的结局!一下子愣住了,为什么他们不肯献血来救自己的朋友呢?难道刚才对他们说的话他们没有听懂吗?

　　忽然,一只小手慢慢地举了起来,但是刚刚举到一半却又放下了，好一会儿又举了起来，再也没有放下！

医生很高兴，马上把那个小孩子带到临时的手术室，让他躺在床上。那孩子僵直地躺在床上，看着针管慢慢地插入自己细小的胳膊，看着自己的血液一点点被抽走！眼泪不知不觉地就顺着脸颊流了下来。医生紧张地问是不是针管弄痛了他，他摇了摇头，但是眼泪还是没有止住。医生开始有一点慌了，因为她总觉得有什么地方肯定弄错了，但是到底错在哪里呢？针管是不可能弄伤这个孩子的呀！

关键时候，一个越南的护士赶到了这个孤儿院。女医生把情况告诉了越南护士。越南护士忙低下身子，和床上的孩子交谈了一下，不久后，孩子竟然破涕为笑。

原来，那些孩子都误解了女医生的话，以为她要抽光一个人的血去救那个小姑娘。一想到不久以后就要死了，所以小孩子才哭了出来！医生终于明白为什么刚才没有人自愿出来献血了！但是她又有一件事不明白了，"既然以为献过血之后就要死了，为什么他还自愿出来献血呢？"医生问越南护士。

于是越南护士用越南语问了一下小孩子，小孩子回答得很快，不假思索就回答了。回答很简单，只有几个字，但却感动了在场所有的人。

他说："因为她是我最好的朋友！"

我不知道该用怎样的言语去描绘看完这个故事后带给我的感动。我也不知道再用怎样的言语去描绘什么是真正的友情。但我相信，再也没有人会比这个孩子更懂得友情的含义了。

每个人一生当中，都会有很多人从身边悄然而过。有的人最终悄然地离开，什么都没有留下来；有的人会在记忆的长河中短暂地停留，擦出点点生命的火花；而有的人则会在我们的心中一直地驻足，留下的则是永久的回忆。

有时候，朋友也是有阶段性的，一生当中每个阶段都会有不同的人走进我们的生活，成为同学，成为同事，成为朋友，或者依然是陌生人。在我最好的几个朋友中，有两个是我高中的同学，阿杰和开明。军训的第一天，我们认识了。开学之后，阿杰是班长，我和开明都是班委。班里有什么工作，我们齐心协力去完成；学校里有什么活动，我们一起讨论对策；一起写作业，一起打篮球，渐渐地彼此之间就有了属于朋友的默契。关于哪一段时间是最幸福的回忆，就是周末的时候，我们三个人坐在球场上或者空荡荡的教室里高谈阔论，谈往事，谈人生，谈未来。可是高中的第一个学期结束之后，开明随爸爸工作调动搬家到了另外一座城市。离别的那一天我们并没有眼泪，因为我们总觉得，似乎距离并没有那么的远。可是分开之后才突然发现，球场上少了那个高大的身影，周末空荡荡的教室里只剩下了两人的声音，原来无论谁打一通电话我们都会骑着车跑来见面，而今天只能用长长的书信诉说着身边的人和事，但是我们仍旧觉得，我们离得并没有那么的远。后来上了大学，我们三个人分到了三个城市，虽然联系少了很多，但是彼此的挂念却一直在心间。我的同学到开明的那座城市，我打个电话，他一定会帮我热情地招待；阿杰生活缺钱需要帮忙的时候，他会毫不犹豫地打电话给我。每一年春节当我们相聚的时候，依然还要坐在一起，谈学习上的苦恼，谈未来的打算，倾吐各自的烦心事，我们相互依靠、相互支持，今年如此，明年如此，当我们 60 岁、80 岁的时候，我相信依然如此。因为无论距离有多远，心的距离永远都是那么的近。也许正如诗人王勃所言"海内存知己，天涯若比邻"。

我们之间的友谊看上去大概远没有越南的那个小男孩那般的壮烈，但是，平淡之中却蕴藏着深深的感情，这就是朋友，就是值得依靠的肩膀。

朋友是一种相助

风雨人生路

朋友可以为你挡风寒

为你分忧愁

为你解除痛苦和困难

朋友时时会伸出友谊之手

是你登高时的一把扶梯

是你受伤时的一剂良药

是你饥渴时的一碗白水

是你过河时的一叶扁舟

是金钱买不来,命令下不到的

只有真心才能够换来的最可贵的依靠

朋友的心,你要听听

我们常常讲,朋友之间需要包容和理解。我想,包容的不是朋友的无礼而是要包容他们的真诚。

阿拉伯传说中有两个朋友在沙漠中旅行,在旅途中的某地他们吵架了,一人还给了另外一人一记耳光。被打的觉得受辱了,一言不语,在沙子上写下:"今天我的好朋友打了我一巴掌。"

他们继续往前走。直到到了沃野,他们就决定停下。被打巴掌的那位差点淹死,幸好被朋友救起来了。被救起后,他拿了一把小剑在石头上刻道:"今天我的好朋友救了我一命。"

一旁好奇的朋友问道："为什么我打了你以后你要写在沙子上，而现在要刻在石头上呢？"

另一个笑着回答说："当被一个朋友伤害时，要写在易忘的地方，风会负责抹去它；相反的如果被帮助，我们要把它刻在心里的深处，那里任何风都不能磨灭它。"

这同样是一段很古老的故事，它在作文题目中出现过，它在很多的文章中被提起，因为它寓意深刻，也许我们看到的时候往往是一带而过，忘记了反省和思索。我听过很多人讲"我没有朋友，我不相信有朋友，他们总是背叛我"。要想有好朋友，首先自己要成为别人的好朋友，富兰克林曾经说过："把自己的缺点告诉你的朋友是莫大的信任，把你朋友的缺点告诉他则是更大的信任。"

在这样一个商品经济充斥着人们头脑的社会中，有很多人都会用一副厚重的盔甲把自己紧紧地包住，不愿意同身边的人真心地去沟通，甚至把自己的心情都用多边的表情所掩盖着，然后是满嘴虚假的赞美和承诺。我相信只有校园中才不会有这些，只不过会有很多的同学往往生活在自己的世界里。并不是所有的人都愿意说出自己的真心话，他们也在担心，因为实话往往不那么中听。但是朋友不会如此，我就有这样的体会，假如在生活中，我发现自己的朋友有什么做错的话，如果没有给他指出来，我会一直都觉得不舒服。但是如果换作是其他人，我很难有这样的冲动。其实从心理学的角度来说，一般每个人当别人指出缺点和不足的时候，都会觉得心里有些难以接受。但是朋友和其他人不一样的地方就是他们从来都不怀疑对方的意图，即使心中再不痛快都愿意说一声谢谢，事后会好好地反思，有则改之、无则加勉。其他人可能就会想他是不是在针对自己，然后就怀疑，然后就……

朋友间相处,伤害往往是无心的,就像他可能会毫不留情地讲出你的缺点和过错,看似伤我们的心,可那才是真正的朋友。但他们的帮助一定是真心的,就像故事中讲的一样,忘记那些无心的伤害,铭记那些对你真心的帮助,你会发现这世界上你有很多真心的朋友。

在日常生活中,就算最要好的朋友也会有摩擦,你们也许会因这些摩擦而分开。每当夜深人静时,我们望向星空,总会看到过去的美好回忆。不知为何,一些琐碎的回忆,却会为你寂寞的心灵带来无限的震撼!

想一想,今天,你有没有抱怨过自己的朋友,觉得他不够讲义气,觉得他没有把自己放在心里,觉得他不够朋友。可是我觉得,我们更应该好好地想一想,我们有没有真正地去理解、去包容、去感谢。我想你会得到不一样的结果。茫茫人海,我们能够有机会走到一起,成为知音,是多么的不易,难道不应该去珍惜、去感激吗?

第四节　操场上属于那些年代的笑声(感恩同学)

还记得那柳絮飘飞的校园吗

还记得那总是书声琅琅的教室吗

还记得那被玩得掉了油漆的双杠吗

还记得操场上那最纯真的笑声吗

虽然都已经是记忆中的往事

可年少的我们却把那深深的情谊

印在矮矮的桌椅上

融在欢快的笑声中

可在校园的每一个角落

这就是浓浓的同学情

我们曾经一起踢球打破教室的窗户

我们曾在学校的运动会上一起为集体争得荣誉

我们曾经一起探讨作业中的难题

我们曾经在课间的时候追逐嬉戏

我们曾经一起欢笑、一起哭泣

我们曾经是同窗

我们拥有一生的回忆

提到"同学"这个词语,大家都不会觉得陌生,一说到自己的同学,我们似乎总有讲不完的故事。毕业之后每一次同学聚会,我们在一起似乎总有说不完的话语。同学之间,也许不一定非常的熟悉,却有着一生都难以磨灭的印象。可能大多数时候,同学都是出现在回忆的日子里,一起上学的时候。我们往往没有特别地去在意身边的每一位同学,直到毕业几年后,偶尔翻开毕业时的照片,当我们看到哪个同学一时记不起名字的时候,才会在感慨万千中发现,生命中曾经有你经历的风风雨雨,却是那样的温馨和美丽。感谢生命中有你,我的同学,感谢我们曾经一起学习的每一天,感谢我们曾经一起玩耍淘气的岁月,感谢你带给我年少时——最美好的回忆。

同学是最单纯的伙伴

相对于复杂竞争的社会来讲,校园算得上是一片净土了。在校园中,同学之间不会相互地猜忌,不会钩心斗角,没有彼此的怀疑,没有利益的抗争,所以同学才是最单纯的伙伴。然而,时间虽然能够改变一切，但是它却冲不淡同窗好友之间浓浓的情谊；空间虽然能够隔断一切，但是它却拉不开我们紧握的双手，因为我们曾经有着共同奋斗的目标，我们有着一致的信念，有着美好的希望。

对于我们这一代学生来讲，恐怕没有人会不记得在小学教室里，一抬头就能看到的标语——"好好学习，天天向上"；没有人会不记得同学之间争吵起来，一生气就是那句"我不和你一起玩了"。还记得两小无猜，青梅竹马。虽有同桌的你，课桌中间画起"三八线"，偶尔也会吵吵闹闹；虽有竞争对手，暗自较劲，可一旦毕业第一次分别，女同学眼泪汪汪，男同学一夜长大，惜别，纯净了最初的同学情。

之后上了中学，初中高中，从豆蔻年华到花季雨季，恰同学少年，一同飞扬青春的旋律，经历成长的烦恼，承受考试的压力，走过叛逆的日子。做人的基石深深埋下，友谊的种子悄悄萌芽，还有慢慢长大的滋味共同品尝。一起参加的 18 岁成人仪式，成了同学们告别幼稚、走向成熟、扬起风帆、破浪前行的集体经典，像一杯清醇的酒，历久弥香。会记得骑着自行车和同学一起在人群中穿梭，看看手表还有几分钟就要上课；会记得第一次期中考试后，面对落后的排名，在看着其他同学时，心里那莫名的失落；会记得第一次晚自习后，一起送怕黑的女同学回家；会记得面对高考，同学间相互加油时信任的眼神；会记得金榜题名时彼此真诚的祝福。难忘那些无忧无虑的中学时光，难忘那些成长的日子，更难忘那些永远带着微笑的中学同学。

大学和研究生同窗，更是有缘千里来相会，上铺下铺，朝夕相处，共同走过如歌岁月。四年、七年，上千个日日夜夜，谈理想，忆人生，钻专业，找工作，留下多少故事，如泣如诉，如歌如咏。多少学子演出过为同学捐款的人间真爱。当从清贫的兜里捐出零钱，当友爱的双手折成五彩缤纷的千纸鹤时，同学情的清纯，怎不感天动地？多少次在实验室里，我们苦心研究，当计算机显示出正确的数据，当我们为新的成功深情相拥,同学情的质朴,怎能不永远铭记?大学几年建立起来的友谊已经更理性、更成熟,当一个个走进社会,我们生活上相互帮助,事业上相互照顾,精神上相互支持,这样的情谊将会是我们一生的财富。

款款的同学情,蕴涵了太多的意义,它需要我们用三年、四年的时间去创造,却需要我们用一生的时间去珍惜、去体味、去感慨。

那是因为,同学情难舍难分。像风筝舞天,似藕断丝连,让理想放飞,将真情挂牵。毕业分手时唱过"再过 20 年我们来相会",然而毕业典礼上,离别的心痛开始在心中久久地蔓延,思念的种子开始萌生并渐渐生长于岁岁年年;牵挂,那风筝绷直的丝线,拴住了全班同学的心,随岁月逝去而越贴越近……

毕业后 10 年、20 年、30 年、40 年,同学聚会成了人生的盛宴。什么都可推辞,就是同学聚会不能不参加。乍一看,人世沧桑刻在脸上,三分钟过后尽开颜。不叫官职,无论长幼,直呼其名。还是学童时的模样,还是那时的倔脾气。回首望去,人间冷暖,世态炎凉,官场风云,商海沉浮,酸甜苦辣,悲欢离合,但是让人最感觉踏实的、难以割舍的,还是浓浓的同学情。

有一句话叫作"一辈子同学三辈子亲",就像同学的子女就是自己的孩子。帮助同学的子女责无旁贷,郑州大学七八级一位同学英年早逝,同学们自发捐款,为他的女儿建立了教育基金。老同学的纯洁友情,让他的女儿上学无忧,让他九泉之下瞑目,让他的亲人感动得潸然泪下。

那是因为,同学情催人奋进。像高山流水,似鹰击长空,让知音相勉,让壮志凌云。聚在校园,同学立志"为中华崛起而读书";散在四方,同学互相打气"有志者事竟成",海阔天高,鹏程万里。

人生岂能尽如人意?逆境中,同学是一把火,燃烧你的激情,教你屡败屡战，永不放弃；顺境里，同学是一块冰，劝你头脑别发热，宠辱不惊；风雨中，同学是相携相扶的臂膀，是遮风挡雨的那把伞；阳光里，同学是蓝天上飘荡的白云，是雨后的那道彩虹。

取得成绩了，最想与同学分享，最想汇报给母校；遇到挫折了，最想倾诉给同学，最想得到安慰于同学。能因你喜而笑的是同学，能因你悲而忧的也是同学。

相逢，原就是一种缘分！为了一个共同的信念，我们一起走进了同一个班。寄予了所有的希冀与幻想，我们在这方净土上尽情地挥洒自己的汗水。没有寂寞，没有失落，只有那深深的足印，似一艘远航的船，在你我的生命之湖漂荡；没有惊慌，没有悔怨，只有那执著的歌声，像一张坚定的帆，鼓动着远航的船！相聚，原就是一种美丽！为了一个共同的心愿，我们在一起生活、学习，渗透着几多的温馨和甜蜜；我们在这方沃土上成长、嬉戏，留下了多少难忘的青春回忆。相识，原就是一种信任，为了一个共同的追求，我们在一起相互鼓励，共同面对所有的风雨和打击。也许，为了一道题，你我争得面红耳赤；也许，为了几句知心话语，你我谈天说地，彻夜不眠；也许，为了班级的集体荣誉，你我同心协力；也许，为了个人的得失名利，你我暗中较劲，不遗余力……欢乐几许，悲伤几许，所有的体会，都已深深地烙印在你我的心底！

相知，原就是一种奇迹！为了走向不同的人生之旅，我们又要分离，没有迷惘，没有叹息，天下没有不散的筵席，别离是为了更有意义的重逢和重聚。外面的世界很精彩，外面的世界很无奈，重要的是你我都要活得更自在。带着梦的遐想，带着心的渴望，让成长的足迹，深深地走过自己！

几年的相聚，回忆片片；几年的相知，情意绵绵。往事，总有一些痕迹，无法磨灭——是因为我们珍藏着一份深深的同窗情；祝福，总有

几许依恋,无法释去——是因为我们满怀一份沉甸甸的期盼:

今日同窗分手时,道一声:珍重!

明朝校友重逢时,贺一句:成功!

常言道:"百年修得同船渡,千年修得共枕眠",现在再加上一句:"五世修得同窗读。"让我们在读的、毕业的,都珍惜同学情吧! 这是除爱情、亲情、友情、战友情外,人生又一种美好的、不可或缺的、值得终生回味的纯真感情……

生命中的贵人

也许用"贵人"这个词语来形容自己的同学多少有些夸张,但是不容否认的是,对于任何一个从小学到中学,甚至到大学这样一路求学过来的人来讲,同学是我们在思想和行为逐渐成形的这一个重要的阶段中,给我们帮助最多的人,特别对于中学生而言,同学圈几乎就是自己的生活圈。我们属于这个群体,也是在这个群体中一点一点地长大,慢慢地成熟,同学之间的帮助无私而真诚,同学之间相互的影响在我们身心发展的过程中同样起着潜移默化的作用。

想一想,学习的时候,帮我们解决问题最多的其实不是老师而是我们的同学;想一想,生活中给我们关心最多的也许就是自己的同桌,因为他往往是每天陪自己时间最长的人;想一想,躺在病床上的时候,除了父母,最先来看自己的往往是拎着水果、带着祝福的同学。

我曾经看到过这样一篇报道,很是感动,它让我们看到了同学情谊的至深和伟大,他让那些从来都不愿意帮助身边的同学,甚至连一个班的同学都喊不出名字的人汗颜。

古今中外,朋友间有许多动人的佳话,但多发生在成人之间。今天,在青县一所乡村中学校园里,有这样的一道风景:一个同学背着另一个下肢残疾的同学，形影不离，他们已经走过了八年的时光。而这八年间发生的故事，只因当年一句"阿姨你放心吧，我来帮助他"的诺言。而基于各自学习优秀的现实，两个同学还约定：考同一所高中、同一所大学，然后到一个单位工作，人生路一起走。

一个孩子的诺言　阿姨我来帮助他

故事发生在青县曹寺中学初二(10)班的两个学生身上。略显稚气的同学叫吕希庆，今年15岁；他背上的同学叫刘晓，今年17岁。

八年前，来自前吕召村七岁的吕希庆和后吕召村九岁的刘晓成为小学一年级同学。一入学，残疾的刘晓就引起了吕希庆的深深同情：这个小朋友的腿怎么这样啊？因为患有先天性脊柱裂，刘晓双下肢残疾（当时他的腿还能艰难地挪动，几年后病情越来越重，渐渐失去行走能力了）。下课了，同学们都小鸟一样到校园里撒欢，而他却只能孤单地呆坐在教室里。天性善良的吕希庆就主动凑过来陪刘晓说话，两个原本陌生的孩子很快就熟起来了。刘晓要挪动着上厕所，吕希庆说："我扶着你去。"

刘晓第一次有了开心的微笑。有了吕希庆的帮助和陪伴，他的性格慢慢开朗起来。

刘晓每天上学、放学都要靠妈妈接送。一天，学校提前下课，而刘晓妈妈还没来，天又下起了雨。班里的同学都走光了，吕希庆没有回家，他陪伴着刘晓。看刘晓焦急的样子，吕希庆说："要不我背你回家吧。"

因为要绕过一道沟，到刘晓家有几里路，吕希庆背着比他大两岁、重许多的刘晓艰难地在雨中泥泞的土路上行走……正准备到学校去接孩子的刘晓父母,在家门口见吕希庆背回了刘晓感动得直掉泪,非要留吕希庆吃饭。怕家里大人担心自己,懂事的吕希庆摆了摆手,打着伞跑回家了。

因为劳累,出了一身汗,又遭了雨淋,吕希庆患了重感冒,发高烧,怕父母担心,他什么也没说。

后来,刘晓腿的病情加重,几次大的手术也没有好转,连慢慢挪动也不能了。从此,吕希庆成了刘晓的"腿",刘晓想去哪里,吕希庆就背他到哪里。他对刘晓的妈妈说:"阿姨你放心吧,学校里我来帮助他。"

令人感动的细节　什么都想着刘晓

刘晓比吕希庆大两岁,也比吕希庆高大、沉重。开始,单薄的吕希庆背起刘晓很费劲,摔跤是常有的事。但吕希庆为了保护刘晓,常常不顾自己,胳膊、腿常被碰得青一块紫一块。

每天早上,吕希庆早早来到学校等刘晓,刘晓的妈妈把儿子送到学校,吕希庆就接过来,背着刘晓去上课。从小学到初中,他们两个一直是同桌,每次升了级他们也会要求坐在一起。吕希庆每天要帮刘晓做好多事:交作业、打水、爬楼梯上二楼多媒体教室。下课的时候,背他上厕所,或者背着他到校园里与同学们一起活动。

吕希庆的心很细,每一个细节他都想着刘晓。一次期中考试,要到二楼去考,吕希庆背着刘晓爬楼梯,走到半路已经很累了,但他咬牙坚持,努力控制着呼吸平稳。到了楼上的教室,把刘晓放下,他转身出教室,"呼哧、呼哧"大口地喘气。同学问他怎么了,他说没事。其实他是怕刘晓看到他喘不上气来心里不安,影响了考试。

中午吃饭的时候,吕希庆飞快地打回两个人的饭,让刘晓先吃,自己又飞快地去打热水,常常打水回来饭都凉了。同学们说,吕希庆打饭比谁都快,手拿饭盒,来回飞奔,他是怕饿着刘晓。一次他跑着回来,与别人撞了个满怀,饭都撒了,回去重打,但饭快没了,打回的饭仅够一个人吃。于是,他推说一点也不饿、不想吃饭,都让刘晓吃了,自己饿了半天肚子。

有一段时间,刘晓因为生病,有时一节课要去三次厕所,一天要去十几次,吕希庆就背着他一次次来来回回。多年来,两人已非常默契,不用说话,一个微小的动作、一个眼神,吕希庆就知道刘晓需要什么帮助,马上放下书本帮他去办。

就这样,吕希庆背了刘晓八年。

一个家庭的义举　姐姐辍学支持弟弟

吕希庆的妈妈彭清珍说,开始几年,家里对希庆帮助刘晓的事并不知情,他一直瞒着家里人。吕家与刘家是两个村的,也没有任何亲戚关系,此前并无来往。吕希庆上学早出晚归,家里人已习惯,他常常身上有磕碰的伤,回家都说是不小心造成的。

四五年前的一天,吕希庆郑重地对妈妈说:"妈妈,我在外边做好事帮助人呢。"彭清珍高兴地说:"好啊,我们支持你。"但听希庆说他每天背一个比他大的孩子,背了好几年了,彭清珍心疼地掉了泪。

爸爸知道了消息,半天没说话,奶奶爷爷知道了,一夜没睡觉。几个大人都心疼孩子,但谁也没有阻拦他。

秘密"公开"后,吕希庆就更起劲儿地帮助刘晓。

两个孩子的父母都是农民，家里都是靠种地和父亲当建筑工维持生计。刘晓每年要花一两万元治疗费用。吕希庆的妈妈也有病，家里的日子一直也很拮据，连农村里已很普及的电话都舍不得装。妈妈常常内疚地对希庆说："你和刘晓这么要好，但咱家日子也紧，他治疗手术的费用咱家也帮不上忙。"

吕希庆还有一个姐姐，家里供两个学生很吃力。姐姐上高中后，知道考上了大学费用家里也掏不起，就选择了辍学，去打工。她的理由是："要保证弟弟能继续念书，因为他要一直帮助刘晓。"

两个孩子的约定　人生路一起走

班主任马丽老师介绍说，两个同学的表现都非常好，吕希庆非常热心，除了帮助刘晓，还经常帮助别的同学，班里的脏活、累活，他总抢着干。刘晓虽然残疾，但性格很阳光，读了许多书，学习一直很优秀，经常给同学们讲题，下课的时候，同学们都喜欢围着他，听他说话。汶川大地震，两个家境都不很好的孩子带头从不多的生活费里各自挤出 10 元钱捐款；村里捐款时，吕希庆又特别要求父母为他代捐 10 元，村里人都夸这孩子仁义。

刘晓的学习成绩一直在年级名列前茅，吕希庆也一直是班里前 10 名。刘晓学习好一些，就经常用帮助吕希庆学习的方式来回报他。刘晓自信地说，我要带着他考上大学。

刘晓爱好文学，已写了三部中篇小说，他希望能当一个作家。两个人约定，考同一所高中、同一所大学，然后到同一个单位工作，永远在一起。

吕希庆说，其实刘晓一直也在帮助着我，他刻苦、勤奋、聪明，我很佩服他。

刘晓的妈妈说，一家人非常感激吕希庆的大恩，他的帮助使原本因残疾而孤僻内向的刘晓变得开朗、乐观。

吕希庆也在影响着身边的人们，同学们开始以为他们是亲戚，知道了真相后都很感动、敬佩，都抢着帮刘晓。他们所在的班级多次被评为"先进班集体"，吕希庆年年被评为"校园雷锋"，去年还获得"校长特别奖"，学校号召全校向吕希庆学习。"做四面镜，汇聚阳光，发射光芒，温暖身旁。"这是吕希庆写在本子上的格言。他说，想想过去自己帮助刘晓走过的道路，心中总是充满了快乐。

只为内心的一个想法，只为帮助同学的一份热情，面对朝夕相处的同学，也面对自己的心灵，希庆用自己的行动兑现了八年前的承诺，一个一生的承诺。感动之余，我们不难发现，真正的感情其实就是从同学之间一次小小的帮忙开始培养，同学之间的付出从来不求回报，却是诚挚感情最好的体现。

请你相信，当你最需要帮助的时候，最愿意也最先行动的一定是你的同学。也许很多时候我们太多的只注意关注和自己关系最好的朋友，而忘记了身边的众多同学。每个班级至少也要有几十个人，可是有多少同学，三年的相处中和一些性格内向的同学甚至都没有说过几句话，这实在是一件令人可悲的事情。有的人不但给旁边的同学起外号，嘲笑别人的缺陷，还利用自己的条件千方百计地欺负老实的同学，在我看来，这简直就是对自己纯洁人格的玷污。有一个女孩名叫张春玲，一个普通的小学生，一个残疾的小学生，也曾经面对过别人的嘲笑甚至是打击，但是她坚强乐观地生活着，用自己的付出谱写了感人肺腑的同学情。

张春玲是绵阳市平武县南坝镇石坎小学六年级的学生。三岁时一场灾难降临在她头上，美丽的脸庞被烧毁，左手被截肢，右手的每个手指都只剩下两根关节，可是，她身残志坚，凭借坚强的毅力早早地学会洗衣做饭、写字画画。上了小学之后，班里面有一些同学嘲笑她，有的女生嫌弃她是残疾人，不愿意跟她玩。虽然遭受着这样那样种种不公平的待遇，但是她坚强乐观，用自己的真情化解同学之间的不解和矛盾。在汶川大地震中，勇敢的小春玲奋不顾身几次冲向危楼和废墟，用残缺的右手救出三名同学，获救的同学哽咽地称赞她是"美丽的小天使"。

地震发生时，正在宿舍里午休的张春玲和同学们被剧烈的摇晃惊醒，"地震了，大家快跑！"一声喊叫让宿舍炸开了锅，大家慌忙跳下床向外冲去。由于房间就在一楼，张春玲很快跑到了200米外的麦田里。这时，刚刚站稳脚跟的她突然听到一声巨响，宿舍楼第三层重重地垮塌下来，烟尘顿时弥漫了校园上空。

"救命啊，救命啊……"喘息未定的张春玲循声望去，发现同学苏小琴正被砖石压住，动弹不得。没有犹豫，张春玲踩着晃动的大地，趔趄着向苏小琴奔去。对于右手只剩下两根关节的张春玲来说，压在伙伴身上的石块像有千斤重，倔强的小春玲就跪在地上用肩头顶开石块。随后，张春玲又咬紧牙关背起脚被砸断的苏小琴，跑回空旷的麦田。

救人心切的张春玲安顿好苏小琴后，冒着生命危险再次向垮塌的楼房冲去。一个被乱石砸伤的小男孩正在那里挣扎，当张春玲精疲力竭地把小男孩背到安全地带时，同班的杜艳梅又在废墟中向她呼救。

这时的宿舍楼已岌岌可危，随时有整体坍塌的危险。冲进去，等待张春玲的就是生死未卜的命运。在险境面前，被钢筋瓦砾无数次划伤的张春玲再次迈开脚步,为救同伴她要豁出性命搏上一搏。在遍地狼藉的危楼内,张春玲顺着杜艳梅的哭声找到了她。张春玲一边安慰杜艳梅,一边和赶来的老师一起将挤在两块预制板中间的杜艳梅抬出。

晚上,同学们被转移到教学楼后面的空地上,其中的二十多个受伤同学急需照料。老师人手不够用,懂事的张春玲就主动组织了十多个年纪大些的同学,和乡上赶来的赤脚医生一起给同学们喂药、喂水,细心的她还从学校食堂的废墟里挖出粮食,并找来一口锅为同学们熬起了稀饭。看到有的同学哭泣,13岁的张春玲像大人一样安慰起他们。同学们的情绪渐渐稳定下来,重新燃起了生的希望。第三天,当救援部队翻山越岭徒步来到南坝镇石坎乡时,又累又饿的救人小英雄张春玲终于支撑不住昏倒在地。

在南坝镇垭头坪村的"帐篷学校"里,张春玲告诉记者,虽然受过不公平的对待,也曾经被别人嘲笑欺负,但是都原谅了他们。地震来了,我没事,我就要救他们,我得帮他们,因为我们是一个班的同学。

这就是同学,在你最需要帮助的时候能站出来的人,能够包容你的不是,能够原谅你的过失,怎能不去珍惜、怎能不去感谢?

怎样和同学相处

这是一个我们在求学的每个阶段都不得不去思考和面对的问题:有的人会因为同学之间的一次争吵而导致两个人一两年都不说话,有的人会因为同学之间的一次误会而反目成仇,但有的同学却能因为同学之间的一次帮助而成为一生的好朋友。与同学相处实在是一门艺术,同学之间是需要用广阔的胸襟和气度来换取真正的情谊的。我们是在感情最真挚、最纯真的时候认识的,我们之间的情谊往往没有太多的杂质,走到社会上,同学可以成为事业上合作的伙伴,可以成为生活中的密友。能够和自己的同学相处好,就是获得了一生的财富。

同学关系也是一种人际关系,同学之间相处同样需要遵循一些处理人际关系的基本准则,也有一些关键的"决定性因素"在里面。

距离因素:同在一间教室里上课,每个人都有属于自己的座位,这样每个人就有了属于自己的空间,空间交融的能力是非常有限的,大多数情况下我们都只和离自己很近的同学有一些交流,远一点的就少有说话的机会,甚至几年都没有说过几句话。能不能真正搞好同学关系,首先要看交往水平,交往水平越高,人际关系才能越密切。

互惠因素:心理学上讲,任何人之间的关系,都会有一定的互惠(酬)性,这里所说的惠不仅包括了物质方面的内容,而且还包括了情绪、情感,相互地学习等心理方面的内容。当然对于学生而言,后者占绝大多数。互惠其实并不代表同学关系的利益化,并非说只有相互地利用才能建立关系。而重点是在"互",相互地帮助、相互地支持才能让彼此都有收益。如果对同学的需求漠不关心,别人会觉得我们冷淡无情;如果在交往的过程中,别人既得不到精神上的支持,又得不到感情上的温暖,甚至学习上也不能有所帮助,那么关系的疏远自然是情理之中的事情了。

真诚因素:朋友也好,普通的同学也好,自古以来都是只有真心才能换来真情。如果是为了获取什么才千方百计地和一些同学搞好关系,而得到之后态度就是爱理不理,这种同学的人际关系圈总是新的,但是一定在一点点地萎缩,最终的结果就是没有人再愿意和他来往,因为谁都不愿意第二次受骗。有的人与同学交往的时候当面一套、背后一套,对别人的评价不真诚或者从来都不讲心里话,这样的人也很难有良好的同学关系。

气度因素：每个人之间都会有差距，性格上、态度上、生活习惯上，等等；所以交往的过程中一定会产生冲突与矛盾。是否有足够的气度去包容别人，也会影响人际关系的协调，如果遇事不能容人，"只能人让他，不能他让人"，这样是很难与人相处好的。而且同学之间的交往常常会有两极分化，成绩好的同学常在一起，成绩差的同学常在一起，这是同学之间关系最忌讳的一点。成绩好的同学要能放下架子，成绩差的同学要能不嫉妒也不自卑，谦虚地向别人请教，这都是一个人气度的体现，它在很大程度上决定着我们同学关系的好坏。

那么究竟怎样才能建立良好的同学关系呢？我觉得以下几点建议值得我们借鉴。

1. 低下你高傲的头。

与人交往很忌讳一方高高在上，而另一方却显得卑微无能，这样的话根本不可能有高品质的沟通。同学之间同样如此，要想能建立良好的同学关系，首先自己要能够谦虚，对他人能够平等尊重。

在与人相处的过程中，很多人都希望自己能占上风，能占有主动的地位，觉得是能力的体现。其实这是个误区，能力是无法掩盖的，但是态度却可以改变，社会上最受人尊重和爱戴的是那些能力很强但是为人谦逊的人。我的一个朋友是做食品加工的，现在公司已经颇具规模，一次聊天的时候他给我讲了一个自己的亲身经历让我受益匪浅。他初入食品行业的时候，因为实干的精神被大家认可，有一次受邀参加业界一个比较高档的宴会，当时还很年轻的他觉得都有些受宠若惊，于是非常精心地准备了一套非常昂贵的礼服，决心好好表现一番，再树立些威信。席间，他谨慎小心，生怕有什么地方做得不好，宴会后的舞会上，他时常看到一个穿着很朴素的白发老者，很整洁但是有些旧的晚礼服，一双农村常见的黑色布鞋，这老者常给旁边的客人倒酒，偶尔还会帮服务生端一下水果和点心，与人聊天的时候一直带着微笑，和蔼可亲。他原本以为是来帮忙的服务员，就没有太在意，更没有上前打招呼，后来经人介绍才知道，那老者是他们行业中最大公司的董事长，身价十几个亿，但是很少在公众面前出现。初听这个故事，我很是惊讶，实在是为这位老者的胸襟和气度所折服。我想，他能把自己的企业经营得那么好，和他这样的性格一定是有关系的。

作为学生，上面那个真实的故事应该给我们很多的启示，在我们相互交往的过程中，很多同学往往迫不及待地拿出自己的成就炫耀一番，以为这样可以"震"住对方，以赢得他人的尊重，事实上这往往会适得其反，最终被别人嘲笑的还是自己。我有一个高中同学，学习特别的好，是全班公认的 NO.1，而且她的人际关系也特别的好，不仅是我们班的同学，其他班的同学也特别愿意和她交往，不论男生还是女生，都特别喜欢她。当时我就很不明白，因为在我们的印象中，"好学生"的关系圈应该是很小的才对，应该平常只和为数不多的另外几个"好学生"探讨一下问题而已。后来认识久了我就发现了原因，有些地方她和其他人的确不同。我发现每一次有人问她问题时，当她耐心地讲解完之后，总会说："这只是我自己的方法，虽然也对，但不一定是最简单的，你可以去问问××同学，他用的那个方法也特别的好。"这句话看似没什么，但仔细品味，却是让人感动，难怪整天都有那么多人找她问问题。我想这就是榜样，谦虚的人往往会让人觉得真实可信。体育好的同学在球场上就应该和大家打成一片，成绩好的同学遇到自己不会的题也能拿去问问成绩不如自己的同学，声乐好的同学听别人唱歌也真诚地赞美几句。每个人都有自己的优势和特长，如果大家都能在自己擅长的领域谦虚谨慎，在自己不擅长的地方虚心好学，那么，我们的生活也将会变得更加精彩，班级自然和谐团结。

2.关心和理解。

心理学研究表明,希望得到别人的关心是每个人基本的心理需求,与同学处理不好关系的人之所以常感觉孤独、苦恼,归根结底的原因是满足不了被别人关心的需求。

学会关心别人虽然的确需要一些技巧和方法,但是最重要的是要发自内心,只要是从心底真诚的意愿出发,即使弄巧成拙也同样会被别人感激。关心他人其实是一种心理成长的境界,懂得关心身边的人是一个人走出孤立的世界、开始融入团体生活的象征。随着我们国家的发展,和人民生活水平的提高,独生子女越来越多,生活环境越来越趋于封闭,我们与人交流的机会变得越来越少,让我们很容易就变得只生活在自己的世界里而忽略了其他人,就更别提在学校里去关心和理解身边的同学了,这样一来,怎能有良好的人际关系?

关心别人要从生活中的一点一滴开始做起,这可不是一个可以在短时间内就能学会的能力,而是源自内心的一种意愿。一个在家里都不知道体贴父母的同学是很难知道去关心其他同学的,一个在季节变化的时候自己都不注意添减衣服的同学恐怕很难能记得提醒身边其他的人。这看似只是少给其他人一些关心,而同时也丢掉了很多给别人留下深刻印象、建立良好人际关系的机会。

俗话讲,处处留心皆学问,要想做到时常关心他人,自己首先要慢慢成为一个有心人。举例来讲,上中学的时候,每一门任课老师都要求每个同学有两个作业本,有时候会因为一些原因,课代表需要把全班所有同学的两个作业本都一起抱去办公室或者抱回教室。假如一个班有 60 个同学的话,要抱着 120 个本子在走廊上跑来跑去的确很不方便,这个时候,我们能不能主动帮忙分担一下呢?再比如,一到学校就发现有个同学今天脸色不太好,还总是趴在桌子上,这个时候,为什么不上前问候一下呢?至少也要问一下要不要帮忙请个假,需不需要去买点药,晚饭的时候主动把买饭的活儿给揽下来。有的同学会说,男生和女生之间这样会被别人误会,但是我觉得不做亏心事、就不怕鬼敲门。我觉得至少看到这本书的男生要开始学着像绅士一样关心身边的每一个人,特别是女同学,而女生在生活方面也应该细心起来,该"出手"时就出手,把自己的爱,带给身边的每一个同学。

也许说到这里,很多人还是不明白究竟该怎样关心别人。我举几个自己上中学时的例子,或许能对大家有所启发。刚上高中的时候,我被分到一(7)班,当时很多人都特别羡慕我们班,因为在班主任夏老师的带领下,全班五十多个同学团结得像块钢铁一样,有什么活动,有什么荣誉,全班同学一定会一起参与、一起争取。凡是有什么比赛,全班人一定会拼命努力,从来都不输给其他班。这其中自然有很多的原因,但是我觉得最重要的原因是同学之间、同学和老师之间维持着非常融洽和谐的关系,大家会相互关心、共同进步。譬如说老师上课的时候常常会带着笔记本电脑或者绘图用的小黑板,每堂课结束的时候,一定会有同学抢着给老师帮忙,而且还了解下一节课老师还要不要用,好提前去办公室拿;饮水机有时候会被放在教室的最后面,两节课连着上的时候,课间老师往往会坐在班里面休息,一定会有最后一排的同学跑到前排,拿老师的水杯帮忙倒水;班里有同学打球受伤住进了医院,没等班主任开口,班长就组织学生到医院看望。我的同桌小胡家离学校很远,中午多半是留在学校休息,下午我到学校比较早,常看到她趴在桌子上睡着了。每一次天冷的时候,我会记得脱下外套帮她盖上,而每一次我生病的时候,她都会记得早上多带一杯牛奶给我。还记得有一次美术课,我坐在第一排,那天因为一些事情心情不太好,上课的时候,辰辰和卓亚在最后排聊天,老师说了也没听。因为那个时候我是纪律委员,一着急,我站了起来,从前排把笔摔在了后排的墙上,还当着全班同学的面说了他们两个。课后我找到辰辰道歉,可她给我的却是个灿烂的微笑,然后告诉我,对于我这么过分的态度,她并没有生气,这件事让我终生难忘。我终于相信了理解和包容的力量,我相信这就是我们一(7)班比别的班更强的原因。

关心永远都是相互的,不要总是等待别人的关怀;我们越能去关心别人,就越能提高自己在生活中的重要性。同时,同学之间一旦能够彼此关心理解,之间的关系一定就会更加的紧密。有些人表面上很热情,而实际上则是"拔一毛而利天下不为",他们关心别人,目的是"放长线,钓大鱼",是为了从别人那里捞到更大的好处。这样自私的人可以赢得别人一时的好感,但是很少能有人与他患难与共,当然就不可能建立起良好的人际关系。

3. 让自己充满魅力。

说完了同学之间一些相互的作用,我们再来谈谈个人的修养在同学交往过程中的作用。我们常说,别人不会给我们第二次机会来建立第一印象。能给身边的同学留下一个什么样的印象,对以后相互地交流起着非常关键的作用。如果一个同学被别人认为是个邋遢、不讲卫生或者是个粗鲁不诚实的人,恐怕刚一和别人交流就会让别人产生抵触的情绪,纵然是才华横溢,恐怕也很难在短时间内被大家接受了。所以,良好的个人形象是能够尽快获得他人认可的通行证,如果把同学之间的交往比作是天平的话,那么个人魅力这一项就是平衡天平所不可或缺的砝码。个人的魅力包括了很多的内容,外表形象、穿着搭配、言谈举止,等等,生活学习的各个方面都会有所涉及,需要我们潜心培养。

先来谈谈外表形象,学生时代是人生当中一段很特别的经历,特别是我们中学生,单纯又有些叛逆,拥有既成的传统又想追求时尚与个性,这绝无对错之分,只不过需要一个度和形式的把握。行走在大街小巷,我们常能看到打扮得个性十足的青年男女,酷酷的发型,甚至是斑斓的发色,浓妆艳抹,戴着夸张的项链耳坠。没错,过分张扬的外表的确能吸引不少人的眼光。但是，就我对中国中学生的了解和认识，可以肯定地说，这样打扮自己的学生，绝不是大多数中学生所想交往和认识的对象。不论思想怎样地开放，同学之间选择自己信任交往的对象还是趋于稳重、青春、阳光，绝对不是过分的个性与时尚。那到底该怎样才能把握住这个度，才能让自己显得青春有活力而又不失个性，而且还不会影响同学之间的交往？关于这个问题，我曾经和很多的同学、老师探讨过，大家的观点不一而论，总结一下，我得出了几个相对理性的结论：无论男生还是女生，强烈建议不要染发。染发不仅毁坏了自己的头发，而且无意间也丢掉了我们黄皮肤黑头发的中国人所应有的特质，实在是件不划算的事。另外，建议在中学学习的男生女生，在校园里面尽量不要佩戴金银的项链、耳钉或者耳坠等饰品，上了大学之后才是应该打扮自己的年龄。男生的头发不宜太长，如果蓄发的话会让人觉得过于成熟而不易亲近，但是发型可以偶尔换一下，时常理发可以给自己调整心情的机会；女生尽可能地不要化妆，用淡淡的粉底遮掩一下脸上的小痘痘或者在同学 Party 的时候涂一点口红还是可以理解的……我想说明的是，这些并非强制性的建议，仅仅是对中学生。离开校园或者走进大学之后，每个人都会有追求自己个性的权利，可毕竟中学时代还是我们纯真地追求知识的时候，留个好印象，一群真诚对自己的同学，几个知心的朋友，才是中学完美的结束。

再来说说穿着搭配，很多同学喜欢韩国风格的服装，一身古怪的韩装在校园里面恐怕还真有些煞风景。我的一个高中同学在韩国留学，同学聚会的时候他告诉我，其实韩国年轻人的服装远没有在国内所见到的这般夸张，在韩国，中学生上学的时候是一定要穿校服的，即使是上了大学，穿着上也很谨慎，只有在舞会、宴会或者其他同学聚会的时候才会穿上较为成熟或者时尚一些的服装。我们中学生对于穿着上过分地追求，往往会不经意间就陷入了相互攀比的误区。每个同学都来自不同的家庭,拥有不同的生活背景,无论穷还是富,同学之间物质条件的攀比会立刻拉开彼此心灵的距离,结果到毕业的时候才发现自己身边就只剩下几个熟悉的伙伴了,那时再去后悔可就来不及了,很多东西是财富和奢侈不能换取的。客观地讲,我认为中学生的穿着还是不宜过分张扬、整洁大方为上,攀比最终的结果是有害无利,既得不到别人的赞扬,又难以维持良好的同学关系。

最后我们说一说,一个人的言谈举止对于建立良好同学关系的影响。沟通是产生关系最重要、最直接的方式,语言很重要,它可以反映出一个同学的素质,同样也能表现出尊重和友善的态度。就在平时的学习生活中我们就不难发现,有的同学说起话来侃侃而谈,无论历史还是文学,天文或是地理,道出来如数家珍,这样的同学如再有谦虚的态度,就会赢得极佳的口碑和良好的同学关系。而有的同学则是满口的污言秽语,身边的同学唯恐避之不及,愿意围在他们身边的就只剩下几个谈吐相同的人了。久而久之,这些同学就会变得孤立无援,学习上没有人愿意帮助他们,生活上没有人愿意和他们相互照应,有可能一生的前途就毁在了这个小小的坏习惯上了。古人讲,"良言一句三春暖,恶语伤人六月寒",实在是很有道理。友好的语言让人快乐,快乐就能带来积极的情绪,而每个人都有自己的磁场,这种积极的情绪就会吸引身边的人和自己一起快乐,快乐能融化人际关系中的冰峰,就会让同学关系变得融洽、和睦。之前我曾经讲过男生要变得像绅士一样,意思就是指从学生开始,我们的言谈举止就要变得有礼貌、有风度。作为男生,坐电梯的时候,你是否知道要先进电梯间询问一下,再帮助身边的人按下电梯层数,是否知道到达后要让女生先出而自己后出,你是否知道在和女生争论的时候一定要面带微笑,知不知道要把"谢谢"这样谦虚的话常挂在嘴边。作为女生,你有没有想过,无论自己心情好不好,无论别人觉得自己美与丑,和同学在一起的时候,一定要随时随地展现自己最自信的微笑,不要总是带给身边的人消极伤感的情绪。是否知道要尽量少做"一手豆浆,一手面包在路上边走边吃",或者"总把买来的饭菜带到自己座位上享用"这些看上去并不雅观的事情? 细节往往是成败的关键,注意自己细小的行为,总是精神焕发或是彬彬有礼的形象往往能博得大家的好感和认同,这样的同学去营造良好的人际关系,自然会有别人难以企及的优势。

以上讲得这么多能让自己充满魅力所需要注意的问题,可能已经超出了同学之间交往的需要,但是我相信,只要多加留心,对人际关系和个人形象的转变都会有积极的作用。

4. 提升自己的格局。

这是同学交往中一个更高的境界,成功一定有方法,失败一定有原因。成功者之所以能成功,人际关系好的同学大家之所以都愿意和他们来往,一定是他们有和别人不同的地方;他们的格局,他们的心态一定有值得我们借鉴的地方。

曾经有个同学向心理老师咨询,她说:"最近几天我很为与人相处的事而烦恼,总觉得周围的同学没有几个能让我喜欢的。不管学习成绩怎么样,大部分同学不是傲气、矫情、霸道、自以为是,就是懦弱、委琐、俗气,所以平时和大家只是淡淡而交,难以相处。"我想很多同学都曾面对过这样的困惑,也许只是没有这么严重而已。旁边的妈妈告诉她:"如果你的同学都觉得周围的人一无是处,不值得深交,那你也在其中,你会怎么想? 如果往好处想,大多数同学都会变得很可爱的。"我觉得这位妈妈的话是很有道理的。我们初一的时候就学过《论语》中的"三人行必有我师",从小我们就知道"金无足赤,人无完人"这样的古训。既然每个人都有优点,也都有缺点,那么为什么不能真心地接纳别人呢? 如果我们整天都只关注别人的缺点,那将来我们必定浑身上下都是缺点,因为人的注意力在哪里,成就就在哪里,这是心理学的基本理念。

其实,如果我们能够换个角度去看待问题,则完全可能就是另一番景象。如果我们每天都去关注别人的优点,或者别人做事情做得好的地方,不断思考自己的不足,那么我们每天都会在进步中度过,量的积累自然会带来质的飞跃,这就是成长和成功的过程。更何况我觉得每个人的缺点不一定就是不好的地方,比如说我们觉得一个人很固执,其实他只不过是做事情特别地执著,什么事情总是要坚持到底,只不过是缺少在原则条件下的灵活,就成了所谓的固执。坚持和固执不过是天平的两端,就看我们是怎么去看待这个问题了。少花时间去苛责别人,多花时间来完善自己。如果我们每天都觉得身边的同学都是那么的可爱,那么值得我们学习和请教,想建立良好的同学关系还真的有那么难吗?

要想提升自己的格局,同样要能够放开自己的胸襟,能够有气度原谅别人的错误,包容别人的个性。中学时代,身边的人都是十几岁的年轻人,大家朝夕相处,难免会有矛盾,难免会有分歧,切记不可在这些事情上斤斤计较,要能看到大局,不要为了这些小事情而影响了自己的大局观念。能做到就事论事是一个学生心态成熟的标志,千万不要轻易给任何一个同学作出结论性的评价,路遥知马力,日久见人心。上大学的时候,我和同寝室的同学恒辉在一些问题上有很大的分歧,甚至都有过很激烈的争吵,但是在定班长的时候,他依然抛开了我们两个人的纷争,推荐了我。当然我们后来依然争吵并维持着很好的关系,可是这件事情给我的教育让我一直牢记。

讲了这么多和同学能友好相处的建议,其实,归根结底,与同学相处不仅仅是掌握一些技巧和方法就能做到的,更重要的是改变我们的心态,提高自己的修养。能力是练出来的,知识是学出来的,人的道德品性是修出来的。提升格局,调整心态,真心沟通,良好的同学关系就一定能在我们的身边扎下根来。

　　同学是我们生活中的财富，更是我们精神上的寄托，留给未来的是最纯真、最美好的回忆。感谢生命中有你，感谢曾经遇到的每一位同学，不要等到分别的时候才知道这份感情的珍贵，不要等到要各奔东西的时候才后悔没有珍惜。

我们一路走来

我们的欢声笑语在校园里回荡

曾经的我们

哭过

笑过

也收获过

把泪拭去

抬起头，

我们重新努力、拼搏

爱过

幸福过

二十年前

我们从不舍中分别

多少次在陌生的环境中

多少次跌倒了

又多少次站起来了

是你——同学

让我回想当年我们的誓言：永不言败的承诺！

相信二十年后的今天

那份纯真的同学情

会让我们重新聚首在一起
分享我们的经历、我们的快乐！
恋恋同学情
相知到永久！

第五节　一面之"缘"（感恩身边的陌生人）

这是很特别的一节，我想很多人刚看到这个题目都不太明白这"一面之'缘'"到底说的是什么，我来解释一下。我们每个人都是社会的一分子，我们一天到晚都在和身边的人打交道，有熟悉的人，有仅仅是认识的人，还有陌生人，而这其中，最多的应该就是陌生人了。之所以称为"一面之'缘'"，是因为在生命的长河中，有很多给过我们帮助、给了我们鼓励的人，往往和自己只有一面之交，这一面之后，可能一辈子都不再见面，或者再见面彼此也不认识。当时也可能会因为这一次相见而让彼此成为一生的好朋友，也有很多给过我们感动、给过我们启发的人，可能一直都是素未谋面，但是他们在我们的生命中出现过，或者是曾经在我们平静的心灵中掀起过小小的波澜。我想这应该就是一种感动吧，也就在这个时候，生命的五彩缤纷悄然呈现，因为我们不再是生活在自己的那个小圈子里，我们的世界开始和身边每一个人的世界摩擦、融合，最终汇成了这个和谐的社会。如果生活中每一个人都珍惜这一面之缘，可能马路上就少了许多激烈的争吵，原本死气沉沉的火车上可能就多了些欢声与微笑。

为什么要感谢生命中的陌生人？

我想会有很多同学提出这样的质疑，为什么要感谢那些陌生人，他们跟我们又没有什么关系，对我们也没什么影响，甚至有的人会很直白地讲，他们什么也给不了我们。其实这是很不负责任的想法，因为我们缺少一颗真正懂得感恩的心，缺少一双能够发现的眼睛。

的确，我们身边有太多的陌生人，见过面的，没见过面的，无以计数。看上去我们之间似乎没有任何的关系，但是既然生在这个社会中，我们时时刻刻都在相互地影响着。每个人都像一块特制的磁铁，整天来来往往，忙忙碌碌，行走在街道上，不是吸引着别人，就是在被别人吸引，要么就是在相互地排斥，而且离得越近，作用力就越强，怎么能说没有影响呢？有时候你发现我们人类很奇怪，别人一个令人生厌的动作，或者一个善意的微笑，无心的一句话语，随手的一次帮助，可能就左右了我们一整天的心情。举例来说，上学或者上班的路上，你看到旁边一个看上去文质彬彬的女士随心地吐了一口痰，你会有什么样的感受，估计谁看到这一幕的时候心里都不太舒服，这样的事情在现实生活中我们常常能见到，可我觉得是不是也应该感谢她呢？至少这个不太文明的举动给了我们警示和提醒，同时，是不是也给了我们进步的机会呢？因为工作的原因，我们常开车在外奔波，有时候难免会因为赶时间，开车的王新老师会把车开得快一点。遇到车流拥堵的时候会迫不得已地强行超车占位，旁边车上的驾驶员即使再不情愿也不得不向一边避让，每一次这个时候，王新老师都会摇下车窗，给对方的驾驶员一个很真诚的微笑，同时做出一个 OK 的手势，意思是说"不好意思，谢谢了"。我坐在副驾驶的位置上，分明地看到对方的驾驶员把一脸的怒气转变成了理解的微笑。我相信，作为他眼里的陌生人，我们一个小小的感谢的举动，带给他的是行车途中的一份好心情。所以为什么我们不能用一颗感恩的心去面对这些陌生人呢？

　　之所以说我们缺少一双善于发现的眼睛，是因为平淡的生活让我们忽略了太多太多原本应该感激的人和事。常说处处留心皆学问，我想是否也可以改一下，处处留心常感动。有很多事情，当我们习惯了之后，就不再去关注，不再去感激，好像麻木了一样，觉得一切都是理所应当的。大学一年级的时候，我们住的是学校的旧寝室楼，每一层楼有两个公共的洗手间，洗手间外面是可以供大家洗漱、洗衣服的水房。我们每天都会进出洗手间，会常常在水房洗衣服，可是我们从来都没有在意过，洗手间一直都是干干净净的，几乎没有什么异味。我们寝室离其中一个洗手间最近，可大家从来没受过什么影响。可是有一次突然觉得洗手间脏了起来，外面水房的池子也因为堵塞积了不少的水，如厕简直都成了一件极为痛苦的事情，这样的状况持续了三天之后，洗手间又恢复了原来的整洁。我仔细地回忆才想起来，原来洗手间每天都有人清扫。后来每一次在水房见到那个同学，我都会和他打个招呼，有时候还能聊上几句，带着发自内心的一份感激。渐渐地，以往的陌生人就这样熟悉了起来。后来我知道这位同学不是我们系的，因为家庭条件不好，他为了减轻爸妈的负担，申请了勤工俭学，被分到了宿管部门，每天抽时间清扫这个洗手间，这样每个月就能得到一些生活上的补助。那几天之所以洗手间变得那么的乱，是因为他因病请了三天的假。生活中的一些触动和发现往往起因于习惯和固有的思维方式被打破了，而我们应该问问自己，为什么不能主动地去观察和发现呢？有太多看似和自己没有关系的陌生人，他们在承担着自己的工作和责任的同时，也默默地给了我们支持和帮助。生命当中，我们多一分细心的发现，就会多一份真诚的感动。

来自陌生人的爱

　　我想我不得不说到 2008 年的汶川地震,在这样的一个天灾面前,我们每个人都显得那么的渺小和无助。但是中国人没有倒下,我们挺起了不屈的脊梁,灾后社会各界的捐助,灾区的重建,有数不清的人带着坚定的眼神,勇敢地伸出了也许并不强大的双手。那一个个陌生人的面孔传递的是坚强、信心,传递的是人性的真与善。可以说那些日子里的感动和泪水,都是陌生人所给予的。那是一种精神,一种生的精神,一种活的精神,它更是一种爱,一种在我们每个人的心灵深处流动着的爱,民族因此而团结,社会因此而进步。

　　"美好岁月告终,原来就像假期结束。收起了超重的行李,栖身于归家的客机。"王菲的歌曲《假期》就是我们上班族和上学族的真实写照。不过,离家很近的我常常是挤火车回家。

　　记得以前每年回家或者返校的时候,火车特别拥挤,形形色色的人齐聚在一起,外出打工回来或者要出去打工的人们,穿着校服的学生,回家探亲的军人和上班族。上学的时候条件不好,总会选一趟晚上的而且车票便宜的车回去,会遇到好多外出的务工人员和我们这样普通的学生。

　　车站总是摩肩接踵,到处都是人,在候车大厅我们什么时候听到的都是混杂着的说话声。如此热闹的场景让人总有一种说话的冲动,而且一定会有一个小小的事情成为大家聊天的入口。可能是身边人的一句抱怨,可能是一句对国家政策的感叹,多少次陌生的旅途中我听到过打工者说:"如果家里能挣到钱,谁愿意出去受罪啊?"我听到过解放军同志说"两年没回家了,难得的探亲一定要回家看看老母亲",我听到过大学生说"下学期再努努力,一定要拿到奖学金"。我见到过

我一定要上大学 WOYIDINGYAOSHANGDAXUE

好心的医生给碰到桌子上受伤的孩子包扎，我见到过小孩子剥完鸡蛋不忘掰一半给旁边的妈妈，见到过白发苍苍的老者给身边年轻人讲述战争的经历，我曾经因为丢了手机而借别人的手机打电话给家里，也曾经把电话借给用不起手机的农民兄弟。我接受过别人的帮助，也真心地去帮助过别人。人生的旅途中，有太多的事值得我们永远记住。我始终记得火车上给我让出一点地方、让我得以顺利通过的人们；始终记得由于人太多，我自己没法过去接开水，那些帮我接好一直传递到我手上的人们；始终记得那位挤出一角让我坐着的四川阿姨；始终记得帮我把包放到行李架上的那个解放军同志；始终记得提醒我东西掉了的那位看起来很朴素的大叔，还有好多……而他们都是我素不相识的陌生人，每一次我都默默地享受着这一切，感动着、感叹着、感悟着。我们彼此之间都是陌生人，相处的时间不过是短短的几个小时，但是我相信，在这个过程中，我们一直在共同传递着什么，一种积极向上的精神，一种真诚的爱心。

每一次旅途中，都会遇到一些陌生人，在无聊的时候，是他们和我的聊天让我无聊的旅途快乐起来，然后没有再联系也无法联系上但是我依然要感谢，感谢他们给过的帮助，感谢他们传递的祝福。虽然火车上的人是寂寞的，身边都坐着一个个陌生人，暂时的相识之后，还是永久的陌生，但是每一次的旅途都会让我有更多的认识。

一位作者写了一段自己的经历，我们彼此是陌生人，可是她熟悉的文字却给了我们从不陌生的感悟，因为这样的事情我们每个人都经历过，但是她敏锐的观察力和用心的感悟不得不令我们赞叹。

儿子会走之后，我常带他出去玩，出来进去，经常要坐公交车。

有一次带儿子坐公交车，那是一个极冷的日子。当我磕磕绊绊地将雪球似的儿子抱上车后，就一手拉着儿子一手掏钱准备投币；谁知，钱未掏出，车就已经启动，我晃了一下，差点栽倒。扫视一下车厢，我的目光落在最前排的一个年轻人身上。牵着儿子,我走了过去:"先生,麻烦你帮我照应一下孩子,行吗?"年轻人笑着点点头,随即伸出手将儿子揽在怀里。待我投完钱转过身来,儿子正和刚认识的叔叔玩得不亦乐乎。道谢之后,我接过孩子,准备向后面走去,最后一排还有几个空座。可我还没起步,年轻人却站了起来:"你就坐这儿吧!""不用,不用!"我连忙推辞,可年轻人已径直向后面走去了。

抱着孩子坐在车上,我的内心恍若春风吹过。其实,这应该算是儿子收到的第一份来自陌生人的礼物——这个座位是为他而让的。

此后再坐公交车,心里便多了一分踏实,为那份来自陌生人的关爱。

还有一次刚上了公交车,心中便暗自叫苦,实在太挤了,尤其是前面的过道里满满的都是人。拉着儿子,我俩费力向后面挤去,穿过人群,我最后在靠近后门的地方停了下来。抓紧扶手后,我低下头对儿子说道:"乖,抱紧妈妈的腿,站好了!"挤在人群里,我打算就这样一路站下去。长长地舒了口气后,我就听到有人招呼:"大姐,你来坐这里吧!"抬头,是侧面的一个女孩子,笑意盈盈地站在那儿望着我。"那太谢谢你了!"我由衷地道谢,站一路也不要紧,可我真担心刹车的时候照应不了孩子。拉着儿子,我要他向女孩道谢,儿子甜甜的童音在车厢里回响:"谢谢阿姨!"女孩依旧笑意盈盈:"小朋友,不用谢!"

带着一份特别的好心情,我下了车,和往常一样,陪着儿子在广场上玩。这是他最喜欢的一个地方,特别是这样一个晴朗的冬日,广场上阳光灿烂,我和儿子常常一玩就是半天。

儿子好动,跑得又急又快,一不小心,一个跟头就趴到了地上。摔倒后,儿子并不急着爬起来,有时索性就那样趴在地上玩;而我并不管他,随他去。

广场游人众多,有的在健身器材上做着运动,还有的随意四下漫步……然而，每次儿子跌倒趴到地上时，总会有路过的游人停下脚步，然后伸出双手将他抱起来，一边拍打着他身上的尘土，一边低声说些什么，随后，转身离去。他们，有的是白发苍苍的老者，有的是身强体健的年轻人，还有的甚至只是比儿子稍大一些的男孩女孩。我看不清他们的表情，也听不清他们的声音，但我知道，当他们俯身抱起儿子时，一定有着温和的眼神与轻柔的声音……

每一次，凝视着他们远去的背影，都有深深的感动涌上心头。

儿子还小，他还不能明白来自陌生人的呵护多么可贵；然而，这些关爱却会化成他生命中宝贵的养分，滋养一颗稚嫩的心灵，使他变得善良、豁达、热诚……而我更相信，未来的日子里，陌生人的关爱将如阳光一般，洒满他成长的路途。

这样的事情其实我并不陌生，只是我们从来都没有在意过。原来，爱就在我们身边，是陌生人给的，没有杂质，没有利益。我们有时候其实并不需要得到很多，一束鲜花，一个会心的微笑，一点关切的问候，一句真诚的话语便已足够，这些都会令人感动，所以不要要求太多，真心对待每一天。时光因感恩而流光溢彩，空气因感恩而芬芳袭人，心情因感恩而如同花开灿烂。活着从来都不是一个人的事，让我们一起来体会陌生人的存在，一起来体会陌生人的精神，一起来体会陌生人的力量！

我相信，未来的日子里，陌生人的关心如同阳光一般，照亮我们成长的路途，关心的长度是无限的，会一直传递下去。

每个人都有值得我们学习的地方

"陌生人？开什么玩笑，向他们学习？有什么好学的？我又不认识他们"，大多数人都会有这样的想法。因为在我们以往的印象里，学习的地方应该是学校和教室，但是这样的想法也未免太过于片面了，其实社会何尝不是我们所处的另外一个校园呢？无论是对成年人还是学生，学校都只是学习文化知识的地方，而真正让我们学习为人处世、领悟人生道理的地方则是我们谁都无法逃避的社会。国家积极倡导建设学习型社会，企业努力打造学习型团队，终身学习已经成为一个人立足于社会的根本。但是千万别让自己的眼界太局限了，以为学习就是听课看书，其实学习可以融入生活中的每时每刻。在我们的身边，每天都会有很多事情发生，我们常去发现，常去思考，就能不断地进步，这才是学习的本质。

有一次和王新老师一起上班，快到公司的时候，看到楼下停了一辆白色的轿车，我没怎么在意就径直走进了大厦一楼的大厅，王新老师却站在车旁边打起了电话。我当时很纳闷，外面天气那么的热，有什么电话也应该走进大厅来啊？我带着满心的好奇又走了出去，这才知道，那辆白色的轿车有一个窗户没有关好，而那辆车正好又是一辆公司用车，车身上有公司的地址和电话。王新老师打电话给公司总部，总部又立刻通知了开车外出办公的经理。不一会儿，就看到一个中年人一路小跑冲出了大厅，得知是王老师打的电话，那人一边摇起窗户一边不停地说着谢谢的话。他说一个陌生人愿意这样帮忙实在是令人太意外了，得知我们公司是做教育培训的机构，他当场就承诺，有时间一定会带自己的部下来公司参加培训。

曾经一位网友在自己的博客上写到，自己下班途中在公交车上看到的感人的一幕，而我也曾有过和她相同的经历，那个陌生人带给我们感动的同时，也带给了我更多的感想的反思。

那一天，讲完课之后，赶了很远的路回到郑州，晚上聚会喝了点酒，不想再麻烦同事送我，就自己拖着疲惫的身体坐公交车回家，还好赶上了最后一趟班车，已经是九点多钟。被新皮鞋踩蹒了一天的脚，站着都有些哆嗦,幸运的是,我在车门边找到一个座位。

车开到下一站,人不多,上来一个一身粉尘、灰头土脸的小伙子,十八九岁的样子,一看就是个来郑州打工的小民工,也是举着张五元的,上来才发现无人售票。我心说:麻烦了。河南人给外地人不好的印象之一就是看不起外地人,瞧不起这些务工人员。何况刚刚有人已经破过一次钱了,还会有人为他再一次去翻钱包吗?就算是大家愿意,还有没有这么合适的零钱啊?我下意识地去摸了一下钱包,心想要不看看零钱够不够,实在不行就帮他出了。出乎意料的是,这时候,坐在我对面的一位阿姨掏出个塑料袋,拿出一把钱,耐心地数出五元钱,有一元一张的,也有五角的,递给小伙子。阿姨对着昏暗的车灯,一张一张往外数钱的样子真的让我很感动,就在这样一个普通的夜晚,一辆有些拥挤的公交车上,大家因为工作后的疲惫都显得安静异常,没有语言,却只用几个动作、几个眼神便演绎了如此温暖的一幕。

小伙子向投币箱里放了一元钱,并没有向后走,就一直站在前门。我还没从刚刚那一幕的幸福感觉中回过神儿的时候,车子又快到站了,小伙子俯身对司机说:"师傅,请您开下前门,我从前门下去。"师傅头也不抬地说:"下车往后走,前门上后门下。"我也觉得不妥,"前门上后门下"已经提倡好久了,在郑州,已经很少有人不懂这个规矩了,这小伙子这两步也懒得动吗?有可能他干了一天的重体力活,太累了吧,我这样猜想。小伙子却开了口:"师傅,我身上脏,不想把别人也挤脏了。"

听了这话,我惊住了。我重新打量这小伙子,个头不高,瘦瘦小小,虽然衬衫和裤子上一大片一大片的都是粉尘,大概是在工地上干活的时候蹭上的,可衬衫扣子一个个扣得规规矩矩,天这么热,也没有少系几个敞胸露怀。鞋子也是被灰尘盖得失去原本的黑亮,却和裤子、衬衫配得有条有理。我想,这是一个多么勤劳而又懂事有修养的打工者啊。

小伙子从前门下了车,司机师傅关上门,对后面强调说:都从前门上后门下啊,这次是特殊情况。

热心善良的市民,勤劳懂事的民工小哥儿,认真敬业的司机师傅。我的语言匮乏,无法记录下当晚我心头涌起的所有感动,我相信那天和我一样被这个民工小伙感动的人很多。都是陌生人,但是他们带给我们的感动才是真正心灵的震颤。

从小上学的时候,儿时的玩伴就常常跟我说起自己妈妈千万次告诫自己的话,"如果放学时有陌生人来接你,并称自己是爸妈的同事或朋友,你可千万不能跟他走。知道吗?那些都是拐卖小孩的坏人!"而且每一次说完,都会深信不疑地点点头,这样的事可能不少家长提醒,我们也能经常在电视上看到,一个七八岁的小学生,背着沉甸甸的书包独自走在路上,突然被一名戴墨镜的黑衣男子截住,并强行带进一辆黑色小轿车,呼啸而去。陌生人,黑色,绑架……这就是小时候大家对陌生人的全部理解。可是从小母亲给我的教育却和这些印象有着天壤之别,我不记得母亲是不是也提醒过我这样的话,但是我一直记得的是母亲直到现在还时常在我耳边念叨的故事,一个从小就牢记在心的我和一个陌生人的故事。在我六岁那一年,还是个在上幼儿园的小孩子,那个时候我们一家人住在毛纺织厂的家属院里,刚建起来的家属院没有围墙,到处都还在施工。有一天妈妈接我回家之后,我在院子里玩耍,小朋友一喊就跑到了院子外面。到母亲做好饭再出来找我的时候我已经不见了,那个时候爸爸不在家,她就一个人满家属院的大声哭喊着我的名字,用母亲的话说,那一天她哭得都没有力气了。正当她已经绝望的时候,一个在家属院工地干活的农民工找到了她,一只手还拉着我,他们吃饭的时候听见妈妈在找孩子,回到工地上的时候他偶然在一个已经干了的石灰坑里面看到了我,那时候我爬不上来,他就下去把我抱上来找到了母亲。等到母亲周末休息想好好找到那个工人感谢他的时候才知道,第二天他就收工回家了,这件事也成了母亲一生的遗憾。后来她常说我从小就不怕生人,在谁面前都不知道拘束,可能就是这个恩人带给我的吧?在我的印象里,根本就不再记得那一天究竟发生了什么,也不记得为什么会出现在那个工地上的石灰坑里,但我一定记得母亲的教训,你一定要向那个当年救了你的陌生人学习,别人有难的时候,要伸一把手,这是做人的道义。

这些和陌生人打交道的事情从小到大我们一定都经历了很多很多,我想这些事都值得我们去思考、去反省、去学习,他们的精神,他们的态度,甚至是他们做事的方法。

每一次小小的经历都会带给我一些启发,我时常反问自己,生活当中,我有没有用心留意过这些。这些跟我们不相关的小事情,当别人需要帮忙的时候,我有没有及时地伸出手?也会时常反省,工作生活的过程中,我有没有常常替他人着想?我发现以往很多的坏习惯就在这样不断的反思中慢慢地从身上消失了。当然,虽然我们知道三人行必有我师,但是更重要的是要择其善者而从之、其不善者而改之。社会中也会有很多陋习和不良的东西充斥在我们的视线中,我们取其精华、去其糟粕,就把那些不雅或者错误的行为当作是反面教材,算是给我们的提醒和警示吧!

做个让别人喜欢的陌生人

对于身边的陌生人来讲,我们也是他们的陌生人,那么既然我们可以被别人感动,可以受别人的关心和帮助,为什么就不能成为一个关心帮助别人甚至感动别人的陌生人呢?如果我们都能把这些感动和启发真正转化成为自己内在的东西,那我们就会感动更多的人,启发更多的人,校园因此而更和谐,社会因此而更进步,那样的话每一个人都不再陌生,彼此心有灵犀,这难道不是我们所想看到的吗?

这样的启发源自一次出差时的经历。有一次和朋友到新乡市出差,忙完了工作,傍晚的时候,突然心血来潮想到新乡最大的购物中心胖东来超市给爸妈买点东西,于是就放开嗓门大张旗鼓地站在宾馆的楼下给在新乡工作的同学打电话:"去胖东来逛逛吧,平原路上那一家……就在楼下药店的门口见,那儿好找!"刚挂掉电话,一位老太太笑眯眯地站在我面前,慢慢地说:"小伙子,平原路上最近都在修路,整个路上都封闭了,和你的朋友说换个地方吧,那儿到处施工不好找。"我先是一愣,诧异地望着她,大脑当中飞快地在搜索着是不是认识她,可她说完就走了。我颇有些茫然站在那儿,正好同学发来信息,手机没电要留在公寓里充电,一会儿超市门口见就行了。我立刻下意识地拨通他的电话:"咱还是去人民路上那一家吧,平原路修路不好找。"就这样,省下一笔打车钱,少跑了一段冤枉路。

虽然省下来几十元的车费算不上是什么大事,但这钱省下来心里却特别的温暖。从那之后,我就时常在想为什么不能给别人带来温暖呢? 其实帮助别人也好,随口的一句提醒也好,都不过是一闪念间的事,都只不过是一个心态的转变,也许就能给别人带来好运,也许就能给别人行了不少方便。也许可能被人误解,即使结果不好又何妨,我们只要用心体会过程所带给我们的自豪与安心就好。过去我常有这样的经历,骑车经过小路上的时候,路中间有一块运输车上掉下来的大石头或者也不知来路的一块石头,躺在那儿没人去管,我经过的时候心里犹豫了一下,"这么多人,我去搬开是不是挺丢面子的啊?"可走出很远了,总觉得心里不踏实,就又回头……虽然被别人看着也会脸红,但我觉得把石头搬开了自己心里才安心,什么面子,让它见鬼去吧,反正又没人认识。

有一次到快餐店吃饭,点餐的时候,前面是一个年龄和我相仿的年轻人。他很着急地点了餐,端起盘子转身就走,结果一下踩在了我的脚上。他一个趔趄,可乐洒在了我的胳膊上。我刚想发作,可心里立刻就提醒自己,别人又不是故意的,这么急应该有什么重要的事情在等着吧!于是,在他还没来得及道歉的时候,我先说了一声"没关系",然后拿起纸巾自己擦干净。坦白地讲,那一天我并不乐意这么做,是心里面在强迫自己,但是我很高兴还是这么做了,我自以为是心智逐渐成熟的表现。那个小伙子很是感动,非要为我点的餐买单,我百般阻挠他才只得作罢。这样的事情在学校的餐厅里应该时常能看得到,我们也时常能看到自行车道上横躺着的石头,但仅仅是一个心态的调整,可能就避免了一场争吵,或者就真的给别人行了方便。

在我们的生活中也许会有很多的"天意",当我们为自己的幸运而暗自庆幸时,我们也许忽视了那一位位为我们带来好运的陌生人,是他们的善意举动给我们带来了今天的欢乐。是他们的真诚帮助使我们获得了今天的幸福。

于是常常告诉自己:如果我们做一个善良的陌生人,也许你就是别人的天意。我开始习惯在路上为别人详细地指路;拉住跑着过马路的孩子,牵着他慢慢走过人行横道;用我那级别不高的外语帮外国人告诉卖瓜子的老大爷他想买瓜子;雨天的时候,无论是开车还是骑车,我都开始留心慢一点走,以免溅起的水打到了路边的行人;在超市买东西的时候,我不再像以前一样,拿着水果蔬菜挑来拣去,免得要把捏坏的留给别人。我发现自己慢慢地成为了一个快乐的陌生人,真的,无论别人怎样看,无论别人是不是赞同,我快乐地享受着自己的这种快乐。

从陌生人到朋友

乍一看这个话题大概会觉得这样的可能性应该很小吧,其实则不然。仔细回想一下就知道了,我们身边哪一个朋友不是曾经的陌生人?只不过是在特定的时间、特定的地方认识,然后才培养出感情来。在这个世界上,总会有一些人,他们事业成功;而有些人,一生碌碌无为,孤单寂寞。看一个人的水平怎样,其实看看他的朋友就知道了。在校园里,我们接触的对象很单一,大多是年龄相仿的同学;工作了之后,和自己交往最多的,则是和自己从事类似工作的同事。如果我们只把自己的交流范围局限在这个层次上,那恐怕就很难会有纵向的进步了,视野和格局自然就会大受限制。

在和中学生、大学生聊天的时候,我常常建议他们一定要抓住一切机会去认识和自己不同年级、不同年龄的同学。这样,我们可以向高年级的同学请教学习的经验,又能力所能及地帮助低年级的同学。年级不同年龄不同,大家看问题的方法、看问题的态度都会有所不同,相互借鉴,取长补短,不失为提升思考能力和交际能力的好办法。记得上中学的时候,我算得上是公认的活跃分子,我有个习惯,凡是参加活动或者开会时有过一面之交的同学,不论是高年级的学长、学姐,还是低年级的学弟、学妹,每一次在校园里再见到的时候,我都一定会主动打个招呼问声好。其实大多数我也叫不出名字来,他们可能也不怎么记得我,但是我发现,只要再有第二次在一起共事的机会,我们很快就能熟悉起来,渐渐地有很多就成了常联系的朋友。

对大学同学来讲,这一点就更为重要了,大学的校园里会有丰富的活动,科技项目,社团活动,文化广场,等等。参加这样的活动,身边到处是陌生人,而大家来自五湖四海,学习不同的专业,各有不同的特长,若相互之间能够多认识、多交流,必然能够大开眼界。我上大学一年级的时候,在确保不影响学习的情况下,我几乎参加了学校、院系组织的所有的大型活动。做过主持人,也做过参赛的选手;做过幕后的策划,也做过台前会场的布置。在这些活动中,我结交了大量的朋友,一年之后,可以毫不夸张地讲,全校各个院系都有了我熟悉的人。他们当中,有我做主持人时的搭档,有参与组织活动的学生会干事和部长,有团委的老师,也有校外乐队的歌手;后来他们又介绍自己信任的朋友给我,我的社交圈立刻就成倍地扩展,大学三年级的时候我能够有机会面对几千人作公众演讲,背后绝对离不开他们的帮助和支持。

工作了之后,虽然大多时间是在中学,但凡是大学的邀请,我无论如何都会安排时间参加。有很多人不理解:"给大学生讲座都是公益性质的,没有一点回报,干吗还非要去啊?"其实在我看来每一次到大学讲课都是硕果累累,只不过这些收获往往停留在心灵和精神层面,无法用金钱去衡量。每一次讲完,我都特别愿意留下自己的电话,日后能和他们保持联系。最后他们有的成为我事业上合作的伙伴,有的则一直是生活中我学习的榜样。有一次受河南师范大学市场营销协会的邀请到学校演讲,那一天认识几位对外汉语专业的学生,他们整天和留学生一同起居,做翻译和生活上的向导。后来经他们的介绍,我认识了好多韩国和日本来的留学生,这些同学直到今天我们还常常联系。有时候,我也会经过一些大学的同学介绍去拜访他们学校著名的学者,那些老教授都是各个领域内的专家,对我来讲,能向他们请教是一种享受。当我经历了从陌生到熟悉的过程之后,我尊他们为自己的师长,而他们也把我当作自己的学生去指导和帮助。就是这样,在不断成长的过程中,有很多有才能却和我没有一点关系的人,都成了我的良师益友。

他们也曾经是陌生人,而今天他们已不再陌生。与其说是他们走进了我的世界，倒不如说是我把他们融入了我的世界。其实任何人之间都可以变得不再陌生，甚至成为朋友；只要我们能放下面子，张开"尊口"沟通就会畅通无阻。想一想，我们该怎么做呢？

与陌生人的沟通

究竟该怎样和陌生人沟通才能得到我们想要的结果呢？我先来举个例子再和大家来探讨。刚毕业的时候，一天晚上到楼下的小店里吃夜宵，小店的生意很红火，好容易才找了个座位坐了下来，还没来得及动筷子，手机响了。一个大学同学从上海打来电话，他在一家医疗器械公司做销售推广工作，那两天不知怎的，总是不在状态，就想起打电话聊聊天。刚好那段时间我正参加一个推销员的培训案子，两个人聊得很是投机。挂掉电话，我刚拿起筷子，旁边的一个小姐说话了，她怯生生地问："请问您是做什么行业的？"我打量了一下，显然是和我一样，是一个刚毕业的大学生。"为什么会问这个问题？"我很好奇地反问了一句，她说："你好，我叫权婷，您可以叫我小婷。我的工作是电话营销，方才听您讲了很多销售方面的问题，我觉得很有道理，就想向您请教一下，您要是没时间就算了。"就这样，我们就从职业聊到了工作，从找工作的经历聊到了现在工作中的困惑，最后还互换了名片。她现在开办了一家小公司，我们有时间还常常见面聊一聊现在的工作和事业的发展。我们才第一次见面就给了我很深的印象，我每一次给销售人员的培训课上都会把这个故事讲了出来。为什么？因为虽然只是短短的几句开场，她用了很多非常高明的同陌生人的谈话技巧，同时也体现出了非常好的心理状态。

首先，我们必须有一个同陌生人交谈的愿望，使自己乐于同陌生者交谈这是解决好同陌生人交谈这一难题的关键。许多人对参加有陌生人在场的谈话,都有一种畏怯心理,有的人甚至见了陌生人一言不发,这其实是不明智的。当我们发现特别想认识一个人或者特别想向某个人请教的时候,就一定要克服掉这样的想法,敢于先开口。就像前一部分我们讲到的一样,同我们最熟悉的老朋友,当我们刚刚开始认识时,不都是陌生的吗?如果拒绝同一切陌生者谈话,我们怎么会有自己的朋友呢?轻易放弃一切结交新朋友的机会,有时会使我们终生遗憾。这是一个心态的问题,其实绝大多数人都有与他人交谈的冲动,只是每个人心里都会有一个维护自己面子的底线,谁先打破就先有了沟通的主动权。小婷当时的想法肯定是觉得我是做教育培训工作的,认识一下,对她将来的工作一定会有帮助。她肯定也害怕丢面子,但还是先开口问好。对她来讲,有机会能相互学习让她宁愿承担丢面子的风险,不过事实证明,她的选择是对的。

在各种不同的交谈对象中,使人们最感困惑、最感气闷、最感局促的是对所谈话题一无所知的陌生人。同陌生人交谈的最大困难就在于不了解对方,因此当我们同陌生人交谈时首先要解决好的问题便是尽快熟悉对方,消除陌生。我们完全可以像小婷这样,先行自我介绍,再去请教他的姓名职业,然后试探性地引出彼此都感兴趣的话题。如果我们没有向对方先谈自己的情况就开口向别人问这问那,一般情况下,对方可能并不乐意回答我们的问题,因为人都有保守的倾向。我们在哪方面谈了自己的情况,对方多半也乐意就这方面谈他的情况。当然,我们也可以设法在短时间里,通过敏锐的观察初步地了解别人。在学校里,我们可以看他的发型,他的服饰,他的胸牌,等等;在社会上,我们则需要观察对方的领带、烟盒、打火机,或者是他(她)随身携带的提包,对方说话时的声调及他们的眼神,等等。这些都可以给我们提供了解对方的线索。如果到主人家做客,了解他便会有更多的依据:墙上挂的什么画,橱子里放的什么摆设,台板下的照片,书橱里的书,等等;这一切都会自然地向你袒露关于主人的情趣、爱好和修养。如果你事先就知道将要同一个陌生者见面,则在见面之前通过别人打听一下这位陌生者的情况,这对于就要开始的彼此的交谈是十分有利的。小婷在开口和我说话之前,一定是先偶然地听到了我和同学谈到了与她工作有关的话题,然后就留心听了我们的聊天,然后才决定下面的交谈。

交谈中的眼神很重要,再也没比当你对他讲话而他却环顾四周更令人难堪的了。有些人边讲话边环顾四周;而有些人是在听话时东张西望。这两种人都缺乏基本的责任感,沟通的基础是做一个好的、注意力集中的听众。在你对任何人讲话时,都要注视他或她,不是紧紧地盯着,而是一直看着,这样你的对话者会明白你没有分散注意力。

在别人对你讲话时,千万不要环顾整个房间。即使你在听,也不要表现出对周围发生的事很厌烦或很感兴趣。如果你的听众这样做,你可以停下来并与他一起注视,似乎你对他发现的奇事很好奇。如果他问你在干什么,你可以说:"哦,我很感兴趣你在看什么。"然后继续谈话,他会明白暗示的。在第一次交谈中,我们如果表现出对对方不感兴趣,神情冷漠,一言不发,他讲话时,我们心不在焉,甚至连看也不看他一眼,他立刻会认为,我们是一个骄傲无礼的人,有的人会把我们对他的冷落看成一种侮辱而可能在心底感到不愉快。那一天的谈话中,小婷在听我说话的时候只有两个动作,要么是看着我,要么就是低头思考,还不时地点头表示肯定,这让我觉得她很愿意听,就毫无保留地讲了很多,我想这也是那天的交流能够那么顺利的一个很重要的原因。

另外,小婷有一点让我非常感动,也是我很愿意和她聊天的一个重要的原因。那就是在刚开始说话的时候,她用了一个很特别的称呼——您。这是中国古老语言中对他人很尊敬的一个称呼,而我们很多年轻人都已经把这个称呼从自己的语言中省略掉了；这个称呼让我强烈地感受到了她的谦虚和尊重，这样的人何尝不是我们想认识的呢？

在同陌生者交谈时，要特别表现出对他的职业、性格、爱好的兴趣。在对方谈话的过程中，不时地插入一两个小问题，或由衷地表示你的赞叹、感慨："啊，这太有意思了。""真想不到，会是这样的吗？"让对方觉得你很愿意听他的谈话并因此在第一次谈话时就把你看成他的知己。其实有时候适当地恭维是交谈中的催化剂，它往往能帮助我们获得想要达到的效果，每个人天性都喜欢别人的恭维，并因此而感激。可是为什么很少有人这么做呢？我认为有时是因为多数人天生就比较倾向于私人化，而且有的人比较腼腆或有窘迫感。同时其他的人只是由于不留心此事或从没想过几句恭维的话会让别人一天中有多么的高兴。但如果您是一个很难说出最高级恭维话的人，那最好就是不说，否则往往会弄巧成拙。这当中也有一些小小的技巧，与人交谈的时候，有的问题不知道也不能问，比如说对方的年龄、薪水、家庭出身等会涉及个人隐私的问题。但是有的话一定要明知故问，比如说"你的字写得真好，过去一定练过书法吧"，"我听说你上次数学考了满分，老师一定没少表扬你吧"，"上次在球场看你打球打得真好，有时间可要教教我啊"，"你的结婚戒指真漂亮，一定很贵吧"。但是无论如何我们都必须保证自己的恭维是诚恳的赞许，而不是一味的吹捧。因为："恭维是切得很薄的香肠，味儿很美；而吹捧是切得很厚的香肠，没法消化。"

而且再同陌生人交谈的时候，要努力造成一种轻松愉快的气氛。首先从我们自己做起，同别人谈话要直率而坦然，最要紧的是使对方不感到拘谨。培养自己的幽默感是个不错的办法，可以经常听听相声、小品，偶然也准备一两段经典的笑话以备不时之需。尤其是对那些比较害羞，很不习惯于同陌生人谈话的人，我们一定要设法使对方放松，可以先同他谈些零碎的无关紧要的事，越随便越好，就像同老朋友谈话一样轻松、自在。要尽可能让对方多谈话，在谈话过程中，要随时留心对方态度的变化。不要以为我们感兴趣的对方也一定感兴趣。对对方的兴趣，你倒是要充分尊重的。当对方谈兴正浓时，你千万不可打断他；而当对方兴趣转移时，你则不要纠缠原来的话题，而应随机应变巧妙地引出新话题。要认真倾听对方的讲话，但也不要一眼不眨地紧紧盯住对方（任何人都受不了这种眼光）。你的眼神要随时表现出你对他的理解、信任和鼓励，而不是怀疑、挑剔和苛求。一道严厉的目光，会使对方把只说了一半的话吞回去。

如果有机会去参加一个有许多陌生者在场的集会，你首先要去寻找哪怕唯一的比较熟悉的人，这对于消除你的紧张心理、稳定情绪很有好处。万一找不到一个熟人，你也不必紧张。此时要做的事是先别忙开口，而只用耳朵和眼睛去听、去看，去仔细打量每一个与会的陌生者。如果你发现在场的陌生者中，有一个和你一样没有熟人而且比较胆怯，孤单单地坐在一个角落里，你要立即抓住这个机会。你可以主动坐到跟前去，向他作自我介绍，同他低声交谈几句。一般情形下，你这时准保会受到他的欢迎，最重要的是，这时无论他，还是你，都为摆脱了当时的窘境和孤单而感到高兴。有了这块小小的根据地，再设法慢慢加入全体的谈话，就不是很困难的事了。

要注意第一次同人谈话，要绝对避免同别人在任何问题上争执。不管是由于你，还是由于对方，只要引起争执，那就等于宣告谈话的失败，而且也可能就此宣告了你同他今后再也谈不到一起了。

尊重那些看似跟自己没有关系的陌生人

　　这是个严肃的话题，可又不能不谈。曾经听过一位大学教授发自内心的呼喊，在他给中学生和大学生演讲的时候，痛心疾首地说道："孩子们，我知道你们很不喜欢听我说这样的话，但我还是要说。你们当中真的有很多人价值观已经被这个浮躁的社会腐化，追求的方向错了。请你们一定记住，真正给这个国家安宁、给我们和平生活的人，不是大街上那些开着宝马、开着奔驰的老板，而是那些终年隐藏在大山深处，埋在林海雪原之下，驻守在每一条边防线上的解放军战士和武警官兵。"老先生讲到这句话的时候很激动，手都有些颤抖，我看到了他眼中的泪花。那一天这句话给我的印象极其深刻，是啊！那些解放军战士看似和我们没什么关系，可难道真的一点关系都没有吗？对我们来讲它可能是个很陌生的称呼，因为我们很少发自内心地去呼喊过，可我们对他们真的陌生吗？在每一座城市失火的现场，我们能看到他们的身影；在每一次灾难来临的时候，我们能看到他们的身影；在无人的戈壁滩上，高耸的中华人民共和国的界碑旁，我们能看到他们的身影。印象中，他们总能在情况最危急、环境最危险的地方出现，他们绝不陌生。

　　所以，当我看到因超级女声"火"起来的明星辱骂我们武警哨兵的消息的时候，我愤怒，也心痛，我担心我们这一代年轻人，真的抛弃了对人起码的尊重。就在我们的身边，有太多的陌生人，有太多的职业需要我们去尊重。我们整天把爱父母、尊敬老师这样的口号挂在嘴边，可我们是否想过要去尊重整天为我们清扫厕所的保洁员，是否想过要去尊重整天住在寝室楼下的寝管阿姨，是否想过要去尊重每天经过十字路口都能看到的交通民警，是否想过要去尊重保障我们社区安全的保安和门卫。可是我见过在保洁员面前还随地吐痰的学生,听说过有同学在学校住了三年都没有跟寝管阿姨说过一声"谢谢",看到过有驾驶员违章行车不服处罚当众殴打交通民警的消息;还有每天出门的时候都会看到不知有多少豪华的轿车出入小区门口的时候,保安上前开门,然后轿车却加速通过,车窗都不曾摇下,更别提说声"谢谢"了。这样的场景在我们的生活中比比皆是,而我们却对这样不和谐的因素越来越习以为常。

不可否认,那些人都是陌生人,但是假如没有他们,我们的国家和社会会是什么样? 就像是没有了老师我们的学校就不再是学校一样。每天我们多多少少都会和这些人接触,每个人用什么样的心态和他们相处是整个社会和谐发展的根基。所以,每走到十字路口的时候,记得听交通协管员的指挥行车,麻烦寝管阿姨帮忙的时候记得多说一声"谢谢",路上看到清洁员费力地拉着满车的垃圾的时候,顺手的话可以帮忙推一下。慢慢的你就会发现,身边的人都时常对你充满微笑,因为微笑一直都洋溢在你的脸上。

陌生人,熟悉的称呼,一面之缘或者素未谋面,但他们给我们的感动和感悟却可以成为我们一生的回忆。珍惜每一次相遇的机会,你会发现,原来生活可以这么美好!

第六节 国家

不知为什么,见到这个话题的时候,我的心情是沉重的。这一节并不怎么好写,我几次拿起笔又把它放下,生怕用错了哪个词语而玷污了这个神圣的称呼。国家,对这个词语我们实在是再熟悉不过了,可是国家的感觉,我们可能很久都没有再体味过,那可能已经是童年的回忆了。还记得当第一次听母亲深情地说"祖国呀,就是我们中国人的母亲"的时候,我们多兴奋自己又多了一位母亲。还记得我们天真地问:"祖国母亲这么多孩子,她多大年纪了?"母亲抚摸着我的头,笑着说:"祖国母亲5000岁了!""原来祖国母亲这么大了呀!""那她长得什么样?""她就像一只大公鸡,有960万平方公里。"母亲微笑着回答。"她这么庞大的身体,我怎么看不见她?"母亲深情地说:"她就在我们的脚底下。"我抬起脚看了又看,寻找母亲的影子……

可是今天情况又是怎样的呢?对于每一周的升旗仪式,我早就已经麻木了,甚至开始找理由逃避参加。我也清楚地知道,有不少的成年人甚至是中学生连国歌都唱不完整,我也知道今天有太多的人不再关注《新闻联播》,充斥在他们的视线中的是流行的MV和美国的大片,"什么神舟七号,什么民族腾飞,那跟我没关系",这句话竟然出自一个中学生的口中……我实在不愿意再多举例。在我们的校园里,这样的情况比比皆是。他们忘记了一个国家的概念,甚至都丧失了一个中国人的自豪感,我何尝不希望这样的话只是在危言耸听,但是也确确实实是摆在我们面前的对现实的警醒和提示。

国家是我们一切生活的基石

我的父亲曾经是一名军人,从小我在家受到的教育都是正统而严肃的。童年给我的印象,不是动画片,也没有零食和游乐园,而是《甲午风云》《打击侵略者》《英雄儿女》等这些黑白的胶片,几十年前的战火和硝烟在我幼小的记忆中烙下深深的痕迹。那时的我就知道自己生活的这片土地,也曾饱经沧桑,历经磨难,知道她曾经成为帝国主义倾销鸦片的烟场,曾经成为军阀混战的战场,曾经成为侵略者们瓜分世界的赌场,那个时代,她遍体鳞伤,千疮百孔。我知道我的祖国也曾经找不到路在何方,也曾经看不到民族的希望,在这母亲生死存亡的危难关头,是一个又一个中华儿女,是他们用一股股豪情,一片片忠心,发出了一声声震惊世界的呐喊,抒写了一首首悲壮的诗歌。为挽救沉沦的中华民族,他们求索奋斗、折戟沉沙、浴血疆场、马革尸还……林则徐虎门销烟的熊熊大火,刘胡兰宁死不屈的回音,红军战士爬雪山、过草地、气吞山河的壮举,狼牙山五壮士惊天地、泣鬼神的豪气,我们的国家曾凝结着多少代人的痛苦、辛酸和血泪。数十年的期待,数十年的煎熬,数万万同胞的奋斗,终于换来了天安门城楼那一声惊天动地的声响——中国人民从此站起来了!

　　这不过是我今天的感悟,儿时的我因为不想接受这些,不知有多少次和父亲争吵,20年后我才明白他老人家的良苦用心,他坚守着一个退伍老兵对国家的忠诚,而我则必须把它继承下去。因为水平有限,我没有能力用多么华丽的语言来描述祖国有多么的好,编写这一节,我也只希望大家能有一个更为深刻的国家的概念。孩子热爱母亲,是因为母亲给了他伟大的母爱;我们热爱家庭,是因为家庭给了我们暴风雨后的宁静。我们要热爱祖国,则是因为祖国给了我们更为珍贵的东西——没有祖国,就没有我们的安栖之所;没有祖国,就没有我们做人的尊严;没有祖国,就没有我们校园的祥和与家庭的安宁;没有祖国,就没有我们所拥有的一切!

　　不可否认,在今天的乡村,还有辍学孩子渴望的目光;在城镇,还有下岗女工无奈的诉说;在海外,还有受人欺负的华工。但我们更应该看到,咱们的国家在发展,民族在腾飞。国家的概念首先是民族,我们同为炎黄子孙,同属中华民族,这样的自豪感和凝聚力不应该只在汶川地震中出现,不应该只在国外被别人耻笑的时候才有感悟。也许到目前为止,我们的生活条件还比不上世界经济强国,但我们应该知道,我们中华民族是个勇于创造、从不会服输的民族,应该看到改革的浪潮迭起,冲破旧的观念、旧体制的束缚,正迎来新中国磅礴的日出!

当我们在安定团结的环境下生活的时候,我们几乎不可能想象得到正处在战火纷飞中的人们第二天睁开眼睛的时候,可能就是另一个世界;不可能感觉到一个 70 岁的老者每天要抱着步枪入睡的时候是怎样一个复杂的心情;不可能明白一个 10 岁的巴勒斯坦小男孩向以军坦克扔石子的时候,内心是怎样的坚强。对我们来讲,那个痛楚的年代已经过去,我们可以任意地去追求自由、追求财富以及任何我们想要的生活,这是一个强大的国家赋予他的子民的权利,我们应该珍惜。

国家是一种责任,也是一种荣誉

有一个人大家很熟悉,这个人就是美国陆军五星上将,他曾经在太平洋战争中率领美军与日军作战,1945 年 2 月解放菲律宾,1945 年 8 月以盟军最高司令身份接受日本投降,1950 年 9 月在朝鲜策划著名的"仁川登陆",一举扭转了朝鲜战局。

这个人不是别人,他就是道格拉斯·麦克阿瑟。为什么要提起这个人,是因为他传奇的一生,还是他显赫的战功? 答案显然都不是。我想讲给大家的是,在麦克阿瑟将军 82 岁高龄的时候,以一位西点军校校友的身份参加毕业典礼,并慷慨激昂地发表了以"责任、荣誉、国家"为主题的告别演讲。这一篇演讲通篇洋溢了一位军人牢记使命,舍生忘死,敢打必胜,报效国家的豪情和壮志。特别是他在演讲时反复提到的六个字"责任、荣誉、国家",是他人生信念的高度浓缩,字字闪光,堪称经典。

事实上,中华民族古往今来都不乏具有"责任、荣誉、国家"这六字精神的人。历史上，北宋的"杨家父子，一门忠烈"，南宋的岳母刺字"精忠报国"，还有留下《过零丁洋》的文天祥，留下《石灰吟》的于谦。近代史上，为民族的独立解放浴血奋战、立下功勋的无数革命先烈；还有四川"5·12"大地震中，21 个小时冒雨急行军 90 公里赶到汶川的武警指战员们；还有从 5000 米高空义无反顾纵身一跳的空降兵们；还有驾驶直升机转移伤员英勇牺牲的邱光华等烈士们……他们身上所体现的责任感、荣誉感，所体现出的对祖国、对人民的忠诚足以感天动地，气壮山河！

难道责任和荣誉只是说给军人听的吗？显然不是，每个公民都承担着自己国家的荣誉和责任，只不过是有太多的人把它淡化了。我们往往只顾着自己盲目工作，或者是埋头学习，却忘记了它的意义和本质。个人的利益和国家的利益永远是相互统一的，想一想国家的荣誉是谁的？这荣誉不是国家领导人的，它应该属于每一个中国人。可是我们应该去反思，我们有没有时刻把这种荣誉放在自己的心上，有没有把这种责任和压力融在自己的学习和工作上。周恩来总理受亿万中国人民敬仰，我们更应该记得他"为中华之崛起而读书"的豪迈誓言，一个心系国家的人才能成为对这个国家有用的人。

对于一个足球运动员而讲，能入选世界杯球队大名单是自己最梦寐以求的事情，能代表祖国在世界杯舞台上展现自己的实力更是一种荣耀。然而，对有些人来说，人生的命运总是曲折的。2006 年德国世界杯的时候，阿根廷后卫库弗雷惊闻噩耗，老父突然辞世；在国家利益和个人利益之间，坚强的库弗雷毅然选择了留守球队备战世界杯。库弗雷的父亲周三在阿根廷首都布宜诺斯艾利斯的一家医院离开人世，在得到了主教练佩克尔曼的特殊批准后，库弗雷在准备登机飞回阿根廷的最后一刻选择了留守。家里人也给予他极大的支持，希望他留在欧洲代表阿根廷赢得荣誉。一名家庭成员表示："最好的事情就是库弗雷留在德国，为维护国家队的荣誉而战，这也是他能祭奠他父亲的最佳方式。"自古忠孝不能两全，在国家利益和个人利益必须选一头的时候很多人会选择前者。这是一个人精神上的需要，他们太明白孰重孰轻。

就像刚刚过去不久的北京奥运会，代表团的每一个队员都在赛场上努力地拼搏，我们感叹他们对竞技和运动的高尚追求，更感动他们为祖国争得荣誉的精神。的确，我们不能给体育强加上国界，也不能给运动员高水平的发挥冠以国家的压力，但是我相信，每一个运动员，当他们穿上了绣着国旗和国徽的运动服，站在异国他乡竞技的舞台上，他们想到的绝不仅仅是自己体育生涯能拿到的奖牌，而是自己的祖国能不能记住我今天的表现。

奥运会上最让我感动的是全体的中国人民，每一个人心系奥运、心系祖国，大家努力奉献，相互支持。如果没有真正深刻地体会到失败的痛苦，就不可能深刻体会到成功的意义！"雄关漫道真如铁，而今迈步从头越。"我们怎能忘记了第一次中国人接到奥运会邀请函时的漠然表情；我们怎能忘记了中国人第一次参加奥运会时的惨淡场景；我们怎能忘记中国人第一次得到举办奥运会的机会时，眼眶中转动着的激动的泪花！当萨马兰奇主席在短暂的停顿过后以清楚的口音喊道"北京"时，全球各地的华人沸腾了。热泪伴着掌声组成了世界上最美的旋律！没有哪一次，我们的国人会在听到这个词的时候能有这样的兴奋！那个时候我还在上初中，我清楚地记得第二天上学的路上，大街小巷挂满国旗的景象，记得全国的欢呼和庆祝。那是一个国家的荣誉，属于每一个中国人的荣誉！

每一个人心系着自己的国家，才能迎来国家的荣誉。不论是中学生、大学生、工人、农民还是企业家，当我们时刻铭记这种荣誉感的时候，才是我们的国家真正强大的时候。正是因为心系着国家，所以，苏武可以忍辱负重,牧羊风雪;霍去病可以为将报国,有家不还;谭嗣同可以去留肝胆,笑傲刀丛;孙中山也可以百折不回,上下求索……

当然,我们的祖国如今盛世太平,不需要我们去咬断手指,以感顽主;也不需要我们去冲锋陷阵,浴血疆场。但我们的祖国还在发展中,还需要建设。因此,今天的爱国主义虽然不需要流血,却还需要我们流汗,需要那种勇于奉献的精神。美国前总统肯尼迪曾告诫他的人民:"你们要问的不是你的国家能为你做些什么,而是你能为国家做些什么。"这话同样适用于我们中国人。让我们种好每一分田,让我们车好每一枚螺钉,让我们批改好每一份作业,让我们护理好每一位病人,让我们做好自己的那份工作吧!这就是爱国,这就是为国家争得荣誉。

我们共同创造

对于动身回国的同学,我也建议大家把自己身体的详细的情况如实地告知海关,对国家负责对自己负责。

我们在德国的也是把机票都退了,推迟回国。中国今年经济发展困难,不能再因为流感而再次重创经济和社会的发展,中华民族的复兴太艰难了……

回国之前自己先隔离一个星期,就算为了自己的国家和亲人着想吧。

我的孩子在国外读书,我支持孩子今年暑假不回国。个人的得失事小,国家和人民的事大。

刚一看这段话,可能大家都还不太明白到底说的是什么。以上的这段话是在澳大利亚留学的同学在中国留学生网上看到的留言,是来自意大利、德国、日本的留学生和一位留学生家长写的。这样的留言还有很多很多,留言的背景是 2009 年全球暴发 H1N1 甲型流感的时候。中国的疫情控制得很好,而感染者大多都是归国的华人,于是更多的国外华人选择了牺牲自己的利益,推迟回家的时间。一位留学生告诉我身在异国他乡看到这样的话,他泪流满面。这样的感觉对于没有到过国外的人来讲,可能难以体会,当国家有难时的切肤之痛,当国家赢得荣誉时的感同身受,是中华民族团结最好的象征。

祖国的发展需要我们每一个人去创造,而一切的基础来自于我们对这个国家的爱。可以说,作为现在的中国人,我们生活得比历史上任何时代的中国人都要幸福、自由。然而,令人遗憾的是,那么多的现代中国人却比历史上任何时代的人们都耻于谈到爱这个国家。他们认为爱国是一件极不合时宜的事。谁要谈到国家,谁就会遭到冷落;谁要谈到爱国,谁就会招来嘲弄。挖国家墙脚,当国家硕鼠,才是潇洒和时髦,这样的思想甚至一度充斥在被我们看作是神圣殿堂的校园,这样的话甚至从被我们认为是天之骄子的大学生口中说出。前不久,有人还对我说:"学校搞什么爱国主义? 人家外国就不兴爱国。"真是令人悲哀的观点,难道外国人就不兴爱国吗? 怎么可能!

我认识很多韩国的留学生,他们的公派留学生大多数只拿一半的奖学金,另一半换成韩国的商品,周末的时候就拎着箱子出去卖,亚洲金融危机的时候,韩国的老百姓无偿地捐出自己家里的金银,韩国人用国产手机和汽车的比例远远高出其他国家。在美国,几乎家家户户都有国旗;在美国,无论是企业、学校,还是商店、酒吧,都能看到星条旗随处飘扬。网络上有很多人评论说人家的爱国是作秀,是利益的驱动,说韩国人用国产车是因为韩国现代品质做得好。但是我相信,国产的发展一定离不开国民的支持,韩国直到 1954 年才脱离了本土的战争,而今天却能成为经济大国,一定有值得我们去学习和借鉴的地方。

　　我们总是痛骂资本主义国家是万恶之源，觉得他们永远只关注自己的利益和自由，不会去爱国，可事实怎样呢？一次，一个美国妇女在英国海滨旅游时，小女儿不小心划破了嘴巴，引起了病毒感染，需要急救。然而那是一个偏僻的小镇，到巴黎大医院还得坐七个小时的火车。正当母亲为赶不上火车救不了女儿而心急如焚时，四个正要出海的英国渔民主动上来，将母女俩及时送到火车站。当这个美国人要付钱时，四个英国人却谦恭而热情地说："你们是我们国家的客人，我们应该做我们应该做的事情。欢迎你们再来英国！"

　　这种民族和国家的责任感难道不值得我们去学习吗？他们以损害国家为耻，以报效祖国为荣。在资本主义国家，人们是在追求金钱，然而，当要他们在金钱与祖国之间选择时，他们会毫不犹豫地抛弃金钱，选择祖国。对比一下，我们有些人难道不觉得脸红吗？意大利政治家马志尼说过："没有共同信仰和共同目标的人，就不会存在于真正的社会中。"俄国文学家别林斯基也说："部分存在于整体之中，谁不爱自己的祖国，谁就不属于人类。"既然祖国是我们的寝土，在这儿我们说着心中所喜欢的语言，在这儿我们筑起自己的爱巢，我们有什么理由不去热爱她呢？爱国主义不是高深莫测的哲学，而是一个民族赖以生存和发展的精神支柱，是一个人对故土最基本的感情，是一个文明人最起码的道德修养。值得我们骄傲的是，中国正在积极快速地发展，民族意识正逐渐被唤醒，我们更希望那些淡薄了国家的概念、弱化了民族传统的中国中学生、大学生能够真正地觉醒，当我们大家开始齐心协力为祖国社稷着想的时候，国家的强大就已经不远了。

第七节　最贵重的东西

对我们每个人来讲，自己最贵重的东西，应该就是只有一次的生命，我们整天"带在"身上，却往往不懂得珍惜和爱护。不知有多少次，我看到骑车带着孩子闯红灯的父母，在我看来，这样的父母是不负责任的，他们在拿孩子的生命开玩笑；不知有多少次，我看到潮流的年轻人骑着个性的摩托车，飞快地穿梭在都市的车群中，毫不顾忌交通规则的约束，在我看来，这是对生养自己的父母不负责任，他哪里知道，可能自己一个小小的失误，就要把无尽的伤痛带给自己的亲人；不知有多少年轻人因为发懒早上不吃早饭，有多少女生为了所谓的身材，宁肯一天都不吃东西，在我看来，这也是对自己的不负责任，健康的身体是一切革命的本钱。

生命

有一位老师告诉我，在中国每年有将近 1000 名大学生自杀，平均每所大学有一个。我心情很沉重，不禁为这些同学感到惋惜，几朵美丽的花就在那一念之间凋零了。其实像这几位同学演的那场悲剧，在我们身边没有少演。为什么他们把生命看得那么的轻呢？他们有着如花的年龄，如花的美貌，他们曾经幸福，曾经快乐，可是他们却为了同学的一句话，为了一次小小的挫折和失败，愿意让自己轻易地凋零。

奶奶不小心摔了一跤住进医院，我和母亲第一次去看望的时候走错了病房。几个老人在谈笑风生，我不好意思地道歉，轻轻地关上了门,可后来护士的一句话让我很是震惊。他告诉我,那是重症病房,那是两个癌症晚期的老人和他俩的战友。即将面对死亡的人,为什么能那样的坦然和从容?我又一次回到那个病房,和几位老人聊了一会儿,当我小心翼翼地说出我的疑问的时候,一位老人笑着告诉我:"小伙子,我退伍后一直在教书,最喜欢的一句名言就是奥斯特洛夫斯基的一句话——人最宝贵的是生命,生命对于每个人只有一次。所以珍惜生命是我们每个人都必须做的事。每个人都要面对死亡,所以为什么活着的时候不是乐观积极的呢?"

有一位笔名叫听柳的作者曾这样写道:

许多人有时会总觉得无所事事,不知道要做什么好。我想说的是把你的生命想象只剩一天,或是几星期,几月,几年……现在你知道该做什么及如何让自己活得更充实些吗?把每天当成是生命的最后一天,你就知道了如何去珍惜生命。也会更快地完成自己的人生规划。不要以为你很年轻,还有很多的岁月,没有绝对的事,天灾人祸,比比皆是,不是吗?

把今天想象成最后一天,我会多和一位德高望重的长者谈话;我会养一盆鱼,一株不知名的花草,我会跟爸爸妈妈说"我爱你们,谢谢你们赋予我生命";我会不去计较那烦琐的得失;我会淡然看成败;我会多拖一遍地板;我会多听一曲美妙的乐曲;我会多晒一下阳光,如果是雨天,我会让雨淋在我身上;我会多读一本书;我会多写几个字……我还要做好多好多的事,我的日子可以过得这般充实,你呢?

曾有友人对我说过一句话:东西只有在用的时候才有价值。很朴实简单的一句话,却是很让人值得回味的一句话。曾看过一则故事。一位母亲给她的小女儿买了一个按发条的闹钟作为生日礼物。小女儿对这个闹钟很是喜欢,爱不释手,却一直舍不得让它工作。直到有一天,闹钟坏了,生锈了,这个小女孩伤心不已。生活中我们是否也有很多时候如同这小女孩一般？有的是会想等到什么时候再怎么怎么。亲爱的朋友，我们的生命没有多少日子，着手去做你想做的事吧，越快越好。不要让你的人生留下太多的遗憾。

其实每个人的生命都可以很精彩，每个人都会有自己存在的价值，只是很多人往往被时间所迷离，被惰性所掩埋，找不到生活的价值，看不到应该留恋和珍惜的世界，最后选择了极端。

有这样一个故事，看似有些荒唐，但是却能给我们很多的启示。

有一个人很害怕死亡。他心想：死亡是在前面还是在后面呢？人总是在往前跑的时候遇到死亡，例如飞机失事、车祸丧生，动物也都是在往前逃命的时候，被捕杀的。从来没有动物是在后退时丧生，所以，死亡是从后面追赶的。他得到一个重要的结论：要避免被死亡追上的唯一方法，就是走得更快速、更匆忙。于是，他每天总是行色匆忙，不论是吃饭、工作或走路，都比从前的自己快了三倍。有一天，他匆匆忙忙地赶路时，突然被一个白胡子老人叫住。

老人问他：你如此匆忙，是在追赶什么呢？

我不是在追赶，我是在逃避呀！

逃避什么呢？

逃避死亡！

你怎么知道死亡是在后面呢？

因为所有的动物都是在往前逃命时被死亡追上的。

你错了！死亡不是在起点时追赶，而是在终点时等候的。不论你跑快或跑慢，都会抵达终点。

你怎么知道？

因为我就是死神呀！

那个人大惊失色：你今天出现，莫非我的死期到了？

死神说：你不用害怕，你的死期还没有到，只是你一直跑得太快，我掌管生命的兄弟一直向我抱怨赶不上你。如果你不和他会合,和死亡又有什么两样呢?他托我通知你慢一些呀!

我要如何才能和他会合呢?

死神说:首先,你要站着不动,把心静下来;然后你要环顾四周,用心体会、用爱感觉、用所有的力量来品味,他就会赶上你了。

当他把心静下来的时候,老人说:你回头看看,我的兄弟来了。他一回头,老人不见了,却看见了从来没有看到的美丽的街景。

人生中,每一件事情都有转向的能力,就看我们怎么想、怎么转。我们不会在三分钟内成功,但也许只花一分钟,生命从此不同。那些因为承受不了压力和打击而最终选择了走极端的同学,为什么不能也让自己换一种生活方式,换一个角度去看待生活呢?也许他们就能发现,生命当中,有那么多美好的东西值得我们留恋,有那么多的机会可以让我们去把握。

自然

我曾经经历过一次沙尘暴,那是在高中三年级的时候,只觉得好像一瞬间天就黑了下来,教室不得不亮起灯,窗外,离教学楼只有几米远的大树在漫天的黄沙中若隐若现。风停下来,我们走出教室,虽然教学楼是全封闭的,可是走廊上还是积了厚厚的一层沙。那一次经历让很多从来没见过沙尘暴的平原人终生难忘,没有人愿意再见到它,可是它却像幽灵一样在一个个城市中来回地肆虐,这是大自然的示威,我们真的要警醒了。关于热爱大自然、保护野生动物、保护环境这样的倡议和文章,我们早已不再陌生,甚至已经麻木了。之所以在这一章的最后一部分提起这个话题,不仅仅是想尽自己的微薄之力为环保事业振臂一呼,更重要的是这源自于人性中的一种爱。

小孝可以治家,中孝可以治企,大孝可以治国,这体现着人的格局和境界;我们爱父母、爱老师、爱国家,也要去爱没有任何边界限制的大自然,这才是大爱。有这样一个故事发人深省,它给了我们人性的提示,值得我们反思:

1960年,山里饿死了人,公社组织了十几个生产队,围了两个山头,要把这个范围的猴子赶尽杀绝,不为别的,就为了肚子。零星的野猪、麂子已经解决不了问题,饥肠辘辘的山民把目光转向了群体的猴子。两座山的树木几乎全被伐光,最终一千多人将三群猴子围困在一个不大的山包上。猴子的四周没有了树木,被黑压压的人群层层包围,插翅难逃。双方在对峙,那是一场心理的较量。猴群不动声色地在有限的林子里躲藏着,人在四周安营扎寨,时时地敲击响器,大声呐喊,不给猴群以歇息机会。三日以后,猴群已经精疲力竭,准备冒死突围;人也做好了准备,开始收网进攻。于是,小小的林子里展开了激战,猴的老弱妇孺开始向中间靠拢,以求存活;人的老弱妇孺在外围呐喊,造出声势。青壮的进行厮杀,彼此都拼出全部力气浴血奋战,说到底都是为了活命。战斗整整进行了一个白天,黄昏的时候,林子里渐渐平息下来,无数的死猴子被收集在一起,各生产队按人头进行分配。

那天,有两个老猎人没有参加分配,他们俩为了追击一只母猴来到被砍伐后的秃山坡上。母猴怀里紧紧抱着自己的崽,背上背着抢出来的另一个猴的崽,匆忙地沿着荒寂的山岭逃窜。两个老猎人拿着猎枪穷追不舍,他们是有经验的猎人,知道抱着两个崽的母猴跑不了多远。于是他们分头包抄,和母猴绕圈子,消耗它的体力。母猴慌不择路,最终爬上了空地上一棵孤零零的小树。这棵树太小了,几乎禁不住猴子的重量,绝对是砍伐者的疏忽，他根本没把它看成一棵树。上了树的母猴再无路可逃，它绝望地望着追赶到跟前的猎人，更坚定地搂住了它的崽。

绝佳的角度，绝佳的时机，两个猎人同时举起了枪。正要扣扳机，他们看到母猴突然做了一个手势，两人一愣，分散了注意力，就在犹疑间，只见母猴将背上的、怀中的小崽，一同搂在胸前，喂它们吃奶。两个小东西大约是不饿，吃了几口便不吃了。这时，母猴将它们搁在更高的树杈上，自己上上下下摘了许多树叶，将奶水一滴滴挤在叶子上，搁在小猴能够够到的地方。做完了这些事，母猴缓缓地转过身，面对着猎人，用前爪捂住了眼睛——

母猴的意思很明确：现在可以开枪了……

母猴的背后映衬着落日的余晖，一片凄艳的晚霞和群山的剪影，两只小猴天真无邪地在树梢上嬉戏，全不知危险近在眼前。

猎人的枪放下了，永远地放下了。

他们，不能对母亲开枪。

我感动于猎人的觉悟，可是我又往往悲观地想到，在这个世界上，不知有多少"母亲"，死在这样的枪下。保护环境不代表没有任何的杀生，因为任何东西都是有生命的，有时候吃点肉可能就是在给植物放生，可是我们不能因为利益而毫无节制地去捕杀那些在人类面前没有任何反抗能力，甚至是对人类很友好的野生动物，那是对人性的泯灭。

我的一位同学在云南支教，他来信的时候告诉我，虽然地方很偏僻，交通特别不方便，但是这里的人却是那样的淳朴，孩子是那样的天真，他们没有电脑、没有玩具，但是他们有小河、有小鱼和可爱的小乌龟……最让我感动的是他告诉我的一个经历。他们的校园是破旧的土房子，房子前面是个小小的操场，背面就是大森林。有一次讲课的时候，突然，他发现窗台上坐着两只小松鼠，它们抱着松子，好像听课一样,可能是从后面的树林跳到窗台上的。孩子们显然也看到了,可是大家谁也没动,因为松鼠就像是他们的朋友,这样的场景已经习以为常了……我默默地读着信,突然有一种流泪的冲动,无论我怎样地想象,恐怕都难以体味那种和谐中的快乐。

想要爱护大自然、保护环境可能并没有那么的容易,真正的困难在于别人的眼光。有一次和朋友散步的时候,我随手捡起了别人丢在草坪上的两节电池,朋友问我你捡它干什么,我说拿回去集中收起来,免得它污染这一块土地,看到他吃惊的表情好像见到外星人似的。有很多时候可能一些行为别人不会理解,但是,当我们坚持做下来的时候,就会赢得别人的尊重,更重要的是那是给我们自己心灵的安慰。

有很多生活中的小细节需要我们注意,也许仅仅是一个小小的举动,也许听起来不足挂齿;但是我相信,假如每一位看到这本书的人都能够顶住他人不解的眼光坚持做下去,我相信就会影响更多的人。让我们一起努力吧!

第一,必须遵守有关禁止乱扔各种废弃物的规定,把废弃物扔到指定的地点或者容器内,特别是不要乱扔废电池。因为一节废电池中所含的重金属,如果流到清洁的水中,它造成的污染是非常厉害的;如果是留在土壤中,一节电池能够让一平方米的土地永远地失去利用的价值。

第二,在学习中,要尽量节省文具用品,杜绝浪费。比如,铅笔是用木材制造的,浪费了铅笔就等于毁灭了森林。

第三,应该尽量避免使用一次性饮料杯、泡沫饭盒、塑料袋和一次性筷子,用陶瓷杯、布袋和普通竹筷子来替代,这样就可以大大减少垃圾的产生。买菜的时候一定带上一个布袋子,这是我母亲常对我的提醒。

第四,虽然泡泡糖是很多年轻人十分喜爱的糖果,是一种有益于人体健康的食品,但是,千万不要乱扔咀嚼后的胶基,因为它会到处乱粘。在吃的时候,可以先将它的包装纸收好,用来包裹吐出来的胶基,然后,再将它扔到废物箱内。

第五,不要随意捕杀野生动物,尤其不要吃人类的益友——青蛙。因为一只青蛙一年内大约能吃掉 1.5 万只昆虫,其中主要是害虫。

第六,要爱护花草树木,不破坏城市绿化,并且积极参加绿化植树活动。在家里自己种一盆花也是个不错的选择。

第七,离开房间时,关上电灯并且拔掉电视机、音响、电脑等的电器插头。

第八,即使在最寒冷的地方,也没有必要使室温超过 18℃ ,如果你觉得冷,可以多穿一点衣服。每个人少开一个小时的空调,也许就不会有那么大的臭氧空洞了。

第九,尽可能用节能灯代替普通灯泡,尽管它的价格相对贵一些,但它的耗电量只及普通灯泡的一小部分。

第十,用密闭容器代替塑料包装物来储藏食物。

第十一,购买饮料尽可能选择可回收再利用的罐装饮料。

第十二,请携带自己的购物袋去购物,以避免使用不可回收利用、不可分解的塑料袋。

第十三,节约用水,在刷牙时,请关闭水龙头。公共场所看到没有关紧的水龙头时,大方地走过去关上它,别人会对你刮目相看。

第十四,园子应施用有机肥料,如混合肥和粪肥,避免使用杀虫剂和除草剂,因为它们会渗入泥土,危害水源。

第十五,开车时轻踩油门,这样耗油量小,还可降低二氧化碳的排放量。

第十六,尽量以步代车或骑自行车。

第二章 ｜ 让我们改变命运的轨迹

第一节　看懂命运的罗盘

一望无际的海洋,满眼的蓝色和似乎永远都看不到的地平线,当这一幕呈现在你的眼前,你会有怎样的感受? 当我第一次真正地站在海边的时候,我突然感觉到呈现在我眼前的仿佛就是历史长河的波澜壮阔,每个人都只是海洋中的一叶扁舟。有的人漫无边际地漂流,迷失了航向就跟着风随意地游走;有的人拥有属于自己的方向,经历了暴雨和风浪,有的沉没了,有的放弃了,有的依然在顽强地拼搏,他们打算抗争到生命的最后一刻;也有的人,在他的船边,有许许多多的船跟随着,他们成为一个或庞大、或弱小的船队,向着共同梦想的彼岸而前进。这就是不一样的人生,这就是不同的命运,而我们究竟选择用什么样的方式去征战人生的海洋,完全由我们自己来决定。

有一样东西,被每一个优秀的航海员都视为和生命一样重要,那就是罗盘。海上的指南针,没有了罗盘,就永远不知道自己的方向在哪里,而没有方向的航行无疑是死亡之旅。生命的方向来自于罗盘的指示,而罗盘上一节又一节的刻度就是人生当中要达成的一个又一个目标。只要方向不错,当我们人生的目标一个又一个被实现的时候,生命的价值也就会逐日而现,我想,只有生命的价值才是梦想的彼岸吧。所以我们要学会看懂生命的罗盘,这样才能找到方向,才能达成目标,才能实现人生的价值。

别让自己迷失了方向

大学是无数学子梦想中的天堂,有宽松的时间和知识的海洋,但是大学又往往成为许多天之骄子自甘堕落、浪费青春的地狱。在那里,逃课和通宵地上网成了家常便饭,只有到毕业找工作的时候才后悔荒废了四年的时光。究其原因,是因为有太多的同学把能考上大学定为自己的终极目标,在实现这个目标的道路上,他们拼尽了全力,可是实现了之后呢?却完全不知道自己应该再做些什么,完全没有了方向感,只得盲目地去生活,然后麻木地接受了一切让自己陷入泥潭的享乐,最终的结果自然是可想而知。

所以说,目标真的非常重要。一百个人当中有几个人能够清楚自己的一生想要的是什么,并且有可行的计划、有力地实施,那么他们就会成为各行业的领导者。世上没有懒惰的人,只有缺乏目标的人,如果缺乏目标,人就会懒惰。想一想,我们每时每刻所做的事情是不是都在为实现自己的目标而努力呢?我们努力学习是为了实现自己学业上的目标,像考上大学或者仅仅是期末考试能有个好成绩等。我们真诚地和别人交流是为了实现自己有更多朋友的目标,我们玩耍运动就是为了能够更好地放松休息以有助于实现其他的目标,或者就是为了让自己能有更好的球技以便比赛的时候能战胜别人。但是有的人做任何事情都是随心所欲或者是为他人所迫,学习是因为家长的强迫,根本不知道自己为什么而学,成绩好坏都无所谓;玩耍休息是因为别人都这么做……这样的人生又有何意义呢?

一个人无论有多大的年龄,他真正的人生是从设定目标开始的,以前只不过是在绕圈子而已。无论在工作、学习、生活、人际关系上,都要有明确的目标。为什么有的人心胸宽广? 因为他有明确的目标,没有阻碍我的大目标的实现,其他的都是可以理解和宽容的。"有了目标,内心的力量才会找到方向,茫无目标的飘荡终归会迷路,我们内心那座无价的金矿,也终因没有被开采而与平凡的尘土一样。"你有什么样的目标就有什么样的人生,世上有98%的人对心目中喜欢的世界没有一幅清晰的画面,他们没有改善自己生活的目标,无法用一生的目标去鞭笞自己,结果他们永远生活在一个他们无意改变的世界里。

一个心中有目标的普通职员,会成为创造历史的伟人;一个心中没有目标的人,只能是个平凡的职员。

——贸易巨子J. C. 宾尼

1953 年,耶鲁大学对即将毕业的大学生进行了一项调查,毕业生被要求写出以下的内容:①你有什么样的人生目标;②为什么要达到这个目标;③达到这个目标可能碰到的困难是什么;④需要和哪些人、团体和组织合作;⑤以及达到这个目标需要具备的知识,行动计划,实现的日期。所调查的大学生当中,只有3%的人对于他们想达到的人生目标有非常清楚的计划,并将它们写下来。27 年后,又进行了调查,发现了那3%的学生所获得的成就和积累的财富远远地超过了剩下

97%的人。

　　有一个科研小组曾经做过这样的实验,把参加跳高训练的选手分作两组来练习:其中一组如平时的训练一样,当他们跳过一格时就把栏杆往上再放一格,然后继续再试;而另一组则采用不同的训练,那里没有栏杆,只要求选手尽量往上跳就可以了。各位朋友,你认为哪一组选手的训练效果比较好呢? 当然是前面那一组。因为挂在每一格上的栏杆就是他们的目标,选手们眼睛盯住目标一心一意地想到要超越目标,所以他们的成绩一定比较好。而另外一组的选手虽然也可以全力以赴向上跳跃,但是因为没有栏杆失去了目标,潜力被激发得有限,所以成绩就没有前组好了。

　　用卓越的思维和理念经营我们的一生,达成一个又一个成功的、有实际意义的目标,才可以令人一生充满幸福,战胜空虚的蚕食,摆脱无意义的生活,判定正确的人生航向,把成功路上的罗盘牢牢地掌握在自己的手中。所以,设定自我实现的目标,培养完成心中目标的能力,尽力地去期待梦想的生活方式,是我们最紧迫的任务。

　　生活当中,大多数人都被一些无形的重负压在身上,如同一块巨石压身,喘不过气来。学生要为追求的学业每天拼命努力,公务员要为追求的业绩每天苦思冥想怎样努力才能得到提拔,推销员为了追求的利润每天早出晚归拜访客户,公司的高层为了追求的企业发展每天鞠躬尽瘁以谋发展。的确,我们的生活太沉重了,身心常有疲惫之感,但是又不能不为自己的前途静下心来,去寻找出路。你也许会发出这样的感叹:"唉,我的出路何在呀? 为什么我都这么努力了,可还是没有希望。"叹息是没有用的,唯有挺着腰杆寻找出路才可能有希望。

　　有一个故事我想大家可能都听说过:在一百多年前,一位穷苦的牧羊人带着他的孩子来到一个山坡上,一群大雁鸣叫着从他们的头顶上飞过,并很快消失在远方。牧羊人的小儿子问父亲:"大雁要飞往哪里?"牧羊人说:"它们要去一个温暖的地方,在那里安家,度过寒冷的冬天。"大儿子眨着眼睛羡慕地说:"要是我们也能像那样飞起来该多好呀!"牧羊人沉默了一会儿对两个儿子说:"只要你们想,你们也能飞起来。"两个儿子试了试,都没有飞起来,他们用怀疑的目光看着父亲。牧羊人却肯定地说:"只有插上理想的翅膀,树立了坚定的目标,才可以飞向你们想去的地方。"两个儿子牢牢记住了父亲的话,并一直向目标努力着,奋斗着。后来,他们果然飞了起来,因为他们发明了飞机。他们就是美国著名的莱特兄弟。可见,没有目标和梦想不行,光说不做也不行,只有经过不懈的努力和不断的挫折,才能够成就目标和理想。

不管我们是谁,都免不了在探索自己的人生出路中寻找到准确的人生目标。这是对自己也是对生命的负责!

人生之所以迷茫,归根结底就是没有远大的志向和为之奋斗的明确目标。没有人生的目标,只会停留在原地;没有远大的志向,只能让我们拖着慵懒的身体听天由命,叹息茫然。想不让机会就这样溜走,不让青春就这样逝去,只有靠志向和理想冲出迷茫的旋涡,崭新的人生之页才会从这里掀开。

俗话讲,人生立志,先从"志"说起。古人对"志"的解释,是认为"心之所指曰志",也就是指人的思想发展趋向。当代汉语对"志向"一词是这样解释的:"未来的理想以及实现这一理想的决心。"理解了"志"的含义后,我们对"立志"的含义就很好理解了。所谓立志,就是立下未来的人生理想。

在人的一生中,除了年幼无知的童年时期外,其他每个不同的成长发展阶段都与立志有很大的关系。简而言之,青少年求学阶段,尤其是中学、大学时期,是人生志向的确立时期;中年工作阶段,是人生志向的实现时期;老年休息阶段,是对人生志向的回顾与检查时期。

由此看来,立志是人生各个时期中不可或缺的事,这是值得青年们深思的。

一个没有目标的人就像一艘没有舵的船,永远漂流不定,只会到达失望、失败和丧气的海滩。成功者总是那些有目标的人,鲜花和荣誉从来不会降临到那些无头苍蝇一样在人生之旅中四处碰壁的人的头上。

聪明的人,有理想、有追求、有上进心的人,一定都有明确的奋斗目标,他懂得自己活着是为了什么。因而他的所有的努力,从整体上说都能围绕着一个比较长远的目标进行,他知道自己怎样做是正确的、有用的。有了明确的奋斗目标,也就产生了前进的动力。因而目标不仅是奋斗的方向,更是一种对自己的鞭策。有了目标,就有了热情;有了积极性,就有了使命感和成就感。有明确目标的人,会感到自己心里很踏实,生活得很充实,注意力也会神奇地集中起来,不再被许多繁杂的事所干扰,干什么事都显得成竹在胸。

琼·菲特说:"信心和理想乃是我们追求幸福和进步的最强大推动力。"人,因为有目标,才会有动力。此时此刻,让我们安静下来,闭上眼睛,用心地想一想:我这一生究竟要从事什么样的工作,我能为自己的国家、为这个社会和自己的家庭做些什么;我最期待什么样的生活,我要有什么样的房子,能开上什么样的车;我要考上什么样的大学,这学期期末考试我要进步多少名,这一周周五之前,我要背下哪几篇课文,今天睡觉之前我要熟记下哪些单词……小目标一点一点地实现,宏伟的大目标就会一天天地向我们走近。就像开篇所写,当我们抓住命运的罗盘,坚持正确的航向,我相信,象征着生命价值的港湾就在不远的前方。

我的人生我做主

  每个人的生命都是一条变幻莫测的曲线，成功的人把握自己的命运，而失败的人的命运却总是被别人所主宰；成功的人通过自己的努力和拼搏画出自己生命辉煌、精彩的弧线，而失败的人的一生就是在盲从于别人。命运掌握在自己的手里，学过几何的人都知道，如果一条直线从一开始就有偏角，哪怕只有小小的一度，当直线慢慢延伸的时候，偏离就会越来越大，直到最后无法控制，俗话讲"三岁看大，七岁看老"，实在是有它的道理。如想真正地为自己的人生做主，我想有一件事情需要我们立刻去做，那就是生涯规划。

  很多在校的学生初见这个词会觉得很意外，心想我只不过是个学生，考虑这些事情是不是太早了？其实一个人的生涯规划应该从中学开始做起，然后再根据年龄的变化和能力的提升，再不断地调整。有的同学中学毕业就放弃了再上学，有的同学大学毕业之后才正式步入社会，总之当我们离开校园的那一天，对自己未来的人生应该已经勾勒出一个大致的轮廓。可惜的是有太多的人从来都不曾思考过自己能做什么，适合做什么，应该做什么，而往往是盲目地根据社会地位、收入待遇等条件来决定自己的好恶和选择，这显然是极不明智的。对任何人来讲，看似赚钱的行业不一定就是他最适合的行业，一个人只有做自己最适合、最喜欢或者是最有优势的工作才是最有前途的。

  为什么说生涯规划应该从中学开始做起呢？因为科学研究表明，当一个人工作了之后，他所表现出来的能力，展现出来的性格，以及说话的方式，领导的才华，最擅长的领域，都是在中学甚至是小学的时候培养起来的，到了大学不过是一个强化发展的过程。这些能力和特长当我们一离开了学校就需要立刻投入到生活实践当中去，所以一个合理的认识规划就显得非常的重要。在正式讲解怎样作人生规划之前，我们先来看一个非常典型的案例：

爱因斯坦进入苏黎世联邦工业大学，立即为自己拟定了一份人生策划，内容如下：

"我用四年的时间学习数学和物理，我希望自己成为自然学科中某一些学科的教授，我将选择理论性学科。"

"我制订计划的理由：①喜欢抽象思维和数学思维，缺乏想象和对付实际的能力；②这是我自己的愿望，它激励我作出类似的决定，以考察我的毅力；很自然，人总是喜欢干他有能力做的事。另外，科学工作很有独立性，这适合我意。"

他在大学中不断地修订自己的"蓝图策划"，使每一项都更切合达到目标的需要。比如，他不得不放弃数学而专攻物理，这是经过自我的审视和严密分析作出的果断选择。

爱因斯坦的人生策划的依据：惊人的思维优势、具有创造性的生命、独立的个性。生性孤僻，自我意识强烈，独立的个性使他获得了内心充分的自由，使他提前步入个体时代。

好奇心：也可以说是想象力，具有强烈的好奇心，惊人的想象力，他运用想象力的胆量是世界第一的，没有人可以和他相提并论。想象一个人跟着光线跑并抓住它，大胆的想象，导致他的狭隘相对论的发现。

迷恋自然现象；善于手脑结合；喜欢音乐；阅读理论类的书；他梦想着具有神奇的个性；爱好哲学，他将冥思苦想和偏爱理论的素质成功地连接为一体，更强化了他。

爱因斯坦是人类历史上伟大的物理学家，他给自己的人生设计是非常值得我们去学习借鉴的;由他的人生规划可以看出来,人生规划要与人生目标联系起来。如何实现我们的人生核心目标,分为很多个步骤,这么浩大的工程不是一天就可以实现的,也许需要很多年,做好心理准备去打一个持久战。人生不是一天就过完了,每天都要努力来实施计划,更接近目标。

人生的规划要与时代的步伐相结合,不是闭门造车,离开了现实条件任何再完美的计划都是没有意义的,不关注现实,就不能更有效地利用现实条件和各种新的政策。而且人生的规划不能离开对自己的客观分析,正如爱因斯坦对自己的分析一样,不是人人都可以成为科学家的,不是所有的事情、东西我们都可以做到的、可以得到的。人的能力有局限,不可能为所欲为。

很真实地分析自己,这是我们自由控制发展自己的前提。这样我们才可以更好地发挥我们的能力,根据自己的优势,有的放矢,运用自如,知道哪里是我们的界限,哪里是我们的海洋。

究竟为什么要作生涯规划可能是很多人关心的问题。在市场经济中,社会竞争日趋激烈,"预则立,不预则废",生涯规划就显得十分重要,其前提是正确认识自我。因此,客观上要求一个学生在高考之前就应当制定符合自身实际情况的职业生涯规划,选择满足社会发展需要和自己有兴趣的专业。上大学以后还要重新认识自我,调整自己的职业生涯规划,并积极做好知识、技能、思想、心理诸方面的准备,努力实施生涯规划。

一个人的生涯规划,对大学生而言,就是在自己兴趣、爱好的前提下及认真分析个人性格特征的基础上,结合自己专业特长和知识结构,对将来从事工作所做的方向性的方案。大学生在走向社会前,将现实环境和长远规划相结合,给自己的职业生涯一个清晰的定位,是求职就业乃至将来职业升级的关键一环。对中学生来讲,就是努力地培养自己的兴趣爱好，要开始关注自己的优势和体现出来的特长，逐渐地挖掘自身在某一方面的潜质，无论是将来走进大学还是毕业之后上了技术学校，抑或是直接步入社会，都能有一个很好的适应和准确的选择。

从学校走向社会，我们将会面对一个全新的世界。在这个社会里，能够让我们立足的是所选职业，它不仅是生活的经济基础，更重要的是它能体现出每个人存在的价值。

但调查发现，相当大的一部分毕业生对于自己将来的职业没有一个非常明确的定位，不知道自己将来一定要做什么。他们从学校走向社会，许多人一开始根本没有考虑到事业发展会怎么样。大学生找工作时一个是看哪个单位的牌子大，再就是哪个单位能出国，第三就是挑哪家单位待遇高；中专生找工作就看哪个厂在沿海地区，工资高；而高中生放弃学业就只能外出打工，甚至并没有考虑到自身的发展问题。因此，进行职业规划，针对个人特点，确立未来发展方向，对一个人的一生来说，显得格外重要。但职业怎么发展，是有一系列科学讲究的，这个科学实际上就是职业生涯设计的过程或者方法。我们要根据职业生涯规划理论与原则以及职业成功的标准，掌握正确的职业生涯设计方法，准确进行自我定位，合理规划职业人生，列出具体措施和日程，通过具有前瞻性的职业生涯设计，减少在人生路上的徘徊犹豫，避免浪费时光，为主动迎接未来职业发展的挑战做好充分准备。

因此，学生及早制定属于自己的职业生涯规划是十分必要的。而制定职业生涯规划也需要遵循一定的原则，对自己的认识和定位是重要的。在全球化的竞争之下，每个人都要发挥出自己的特长。从事热爱的工作，这样的人才是最幸福和最快乐的人，他们最容易在事业上取得最大的成功。"知己"十分重要，"知彼"也是同等重要的。

作为学生，在做生涯规划之前，先需要进行自我评估，结合专业性的职业规划机构,借助于职业兴趣与性格测验,判断自己的职业发展取向,确定自己的职业选择、未来的发展目标,进行正确的职业生涯设计,然后制订出恰当的行动计划,认真执行,并且不断作出评估与反馈。在校期间进行不间断的完善和补充,使自己与社会发展,所学知识与专业进步,自身潜力与将来职业发展能够同频共振。

职业生涯规划对所有工作年龄的人来说都很重要。对于刚刚步入社会或者即将步入社会的年轻人,生涯规划将对其一生的成就产生重大影响。

> 如果不做职业生涯规划,你离挨饿只有三天。
>
> ——徐小平(中国职业生涯规划、人生设计专家)

我们先结合一些案例来作分析:

刘勇是计算机专业学生。开始他想做一个软件工程师,因为这和他的专业更贴近。但是他从报纸上看到,说软件工程师是一个青春职业,和年龄有很大关系,35岁以后软件工程师就面临着被淘汰的可能性,工作会不太稳定。于是他想去卖包子,他认为他家楼下卖包子的生意很稳定。从想做软件工程师到想卖包子,这给我们的震动也非常大。后来因为家里的反对,他放弃了这个想法。于是决定去公司应聘了,首先想到的是去做销售,因为他看到很多公司高层领导都是从销售开始做的。但是求职销售没有成功,他又回到IT业,想做IT培训老师,但是还是没有成功。整个过程下来以后,他找了很多工作,做了很多选择,但都没有成功,变得非常失望、焦虑,他觉得自己的能力不被社会所接受。人碰到焦虑的时候会去排解这种情绪,于是他去上网、玩游戏,这样可以暂时降低焦虑的情绪。毕业的时候为了逃避就业的压力,他决定考研,成为高校中的考研一族。这也是高校中的一个普遍现象,每年考研的人数绝对比找工作的人数要多,这个数也是几年来积累下来的。

那么,他的问题出在哪里呢? 第一,他的方向不明确,往往是随大流,这其中一部分原因也在于他中学时代就没有给自己一个正确的定位。如果自己在上中学的时候就给自己一个评估,比如说,学习的时候比较有耐心,能够长时间地坐在桌子前,那么软件工程师是个比较合适的行业;如果生性放荡不羁,不喜欢受人约束,那么自己开一家店,并且学习管理或者工商之类的专业就比较有前途;如果自己性格比较开朗,善于和同学老师沟通,那么销售应该就比较合适。结果这个同学什么都想做,其实完全不知道自己能做什么! 第二,行动不积极。一个人能力再强,如果行动不够积极的话,一样不可能找到理想的工作,其实这也是中学时候留下的弊病。比如说以前就喜欢拖欠作业,学习上需要老师和家长的强迫,完全没有自己的自主性,那么,找工作的时候,面试的过程中就不会给用人单位一个勤劳能干的年轻人的形象,成功率自然是大打折扣。第三,思想单一,缺乏拼搏的精神。软件工程师的确是个青春的职业,但是为什么自己不能下定决心用几年的时间在这个行业里取得足够的成绩,在自己 35 岁之前有足够的时间从技术工作转向管理岗位。没有梦想和期待,就不会有拼命的行动。

那么,怎样才能作出一个正确的决策,清楚适合自己的工作呢? 这就需要进行职业测评和职业生涯规划。

在自我了解方面,职业测评能起到很好的作用。在西方,中学必须配备心理学老师和完善的心理服务中心,学生能够经常接受心理方面的辅导;在大学,每个学校都有心理学系,具有先进的职业测评体系。我们中国在这些方面也做着很多积极的工作,只是因为心理学发展的原因,这些测评还没有完全普及。在这种情况下,我们就需要自己来作生涯规划。

生涯规划是指一个人对其一生中所承担职务相继历程的预期和计划,包括一个人的学习,对一项职业或组织的生产性贡献和最终退休。

我们学生开始作生涯规划并不是一个单纯的概念,它和个体所处的家庭、组织以及社会存在密切的关系。随着个体价值观、家庭环境、工作环境和社会环境的变化,每个人的职业期望都有或大或小的变化,因此它又是一个动态变化的过程。

对于学生来说,职业生涯规划的好坏必将影响整个生命历程。我们常常提到的成功与失败,不过是所设定目标的实现与否,目标是决定成败的关键。个体的人生目标是多样的:生活质量目标、职业发展目标、对外界影响力目标、人际环境等社会目标……整个目标体系中的各因子之间相互交织影响,而职业发展目标在整个目标体系中居于中心位置,这个目标的实现与否,直接引起成就与挫折、愉快与不愉快的不同感受,影响着生命的质量。

为生涯规划所做的准备

亲爱的朋友,当你读到这里的时候,我真诚地建议你拿出一张纸和一支笔,最好能从床上跳下来,找个舒服的位置坐下,我们一边读书,一边开始为自己作简单的设计。

做好职业生涯规划应该分析三个方面的情况:

(一)自己适合从事哪些职业/工作;(中学生和大学生的主要任

务)

(二)自己所在公司能否提供这样的岗位以及职业通路;

(三)在自己适合从事的职业中,哪些是社会发展迫切需要的。

接下来,我们逐个地来分析,下面一时段是需要你耐心阅读,同时不断思考的阶段。生涯规划是个严肃的过程,相对于我们所学习的知识来讲,会有一些复杂,但是当我们把所有的步骤都做完,一个清晰的轮廓就会呈现在你的眼前。

(一)自己适合从事哪些职业/工作

研究自己适合从事哪些职业/工作,是职业生涯规划的关键和基础;回答这个问题,要考虑以下各方面的因素:

自己所处的职业发展阶段。

自己的职业性向。(就是职业类型)

自己的技能。(也就是我们的自身本领,比如专业、爱好、特长等)

自己的职业锚。(就是职业动机)

自己的职业兴趣。

我们把这五个问题分解开,要准备好写东西了!

1. 本人所处的职业发展阶段。人生有四个职业发展阶段:

(1)探索阶段:15~24 岁之间;

(2)确立阶段:24~44 岁之间,这一阶段是大多数人工作周期中的核心部分。这一阶段包括了三个子阶段:

尝试子阶段(25~30 岁)

稳定子阶段(30~40 岁)

职业中期危机阶段(在 30 多岁和 40 多岁之间的某个时段);

(3)维持阶段:45~65 岁;

(4)下降阶段:66 岁以上。

请在纸上写出下面一段话,今年我××岁,处于人生职业发展的

××阶段。

处在不同职业发展阶段的人,应考虑不同的事情。例如,在探索阶段,可以多做些尝试、探索,在工作、学习、生活中摸索出本人的职业性向、职业锚、职业兴趣等,逐步找到最适合自己的职业。而40岁以上的人,一般就不建议作过多的尝试,而是应该认真分析清楚本人的职业锚、职业性向,选择本人有优势的职业做长远的打算。这里的年龄阶段划分还应该针对不同的职业加以区分,例如:在中国,作为职业足球运动员,30岁已经该退休了;而作为教授,30岁差不多是最年轻的。

2. 本人的职业性向。约翰·霍兰德的研究发现,不同的人有不同的人格特征,不同的人格特征适合从事不同的职业。约翰·霍兰德将其分为六种职业性向(类型):

(1)实践性向。外在表现是对于动手操作非常感兴趣,实验课是自己的最爱,而且喜欢观察,善于对比,等等。

(2)研究性向。外在表现是执著而有耐心,具有超常的毅力,喜欢看书,做练习题的时候常常能想出多种办法去解决遇到的问题,对于自己搞不懂的练习题或者其他任何事情,都有一种一定要把它搞出个结果来的欲望。

(3)社会性向。外在的表现是非常喜欢说话,善于沟通,能够自如地和陌生的新同学讲话,跟老师保持很好的关系,喜欢参加课外的活动和竞赛,站在讲台上发言不会有太多的紧张感,对男生来讲有个通俗的形容,就是兄弟朋友一大堆(当然这其中包括学习好的和学习差的,性格开朗的和性格内向的,等等)。

(4)常规性向。外在表现是没有一个特别的突出的个性,会觉得自己和很多人都一样,不喜欢争辩,乐于接受。

(5)企业性向。外在的表现是仿佛有天生的管理才能,在班里面多是班委或者有参与管理班级的欲望。在老师和同学中间的角色转换游刃有余，有良好的口碑，其他人愿意听其指挥。喜欢闯荡，不甘于处在一个小地方，有良好的创新精神。

（6）艺术性向。外在表现是有艺术特长，对绘画，音乐，魔术，或者表演等艺术方面非常非常的痴迷，有良好的审美理念，乐观的性格。

现在需要我们认真地思考一下，我们属于什么职业类型。每一个类型后面的解释是根据一个人学生时代的表现，当然，如果你已经不是个学生，上面的类型分别同样地适用，只不过外在的表现需要我们重新的回忆和分析。

下面在你的纸上写出你的职业类型（根据分析，我适合×××向型和×××向型的工作），根据后面的解释，你完全可能符合一两个甚至更多的标准。没关系，都写出来，然后在你最喜欢或者最想从事的职业类型后面画上一个漂亮的五角星。需要你注意的是，请你一定要仔细地看一看你所选择的那个类型的工作，后面的要求你可不一定都能做到。例如社会性向的同学可能和同学关系很好，但是和老师从来都没有来往，如果你想从事销售或者教育行业的话就需要在这些方面有所调整；企业性向的同学可能不太喜欢闯荡，偏于稳定，如果你将来想从事企业管理或者自主创业的话，就需要在这些方面有所改善；如果你属于艺术性向的话，要注意自己是不是对生活乐观积极，因为艺术往往需要独自寻找创作灵感，与人交流相对偏少，乐观的态度是创作的心理保证之一。看到这里，在你所选择的职业类型后面写上自己所缺陷的条件（我需要在×××方面多做改善）。需要提醒的是常规性向的人，由于没有特别的优势，我们的发展就会带上很多的局限性，如果在你的内心又不愿意只做一个普通的工作者，那么你就需要作出更大的调整和改变。不要害怕犯错误，这个时候年轻也是一种资本，比如说花出更多的精力学习一门艺术，培养自己的审美意识，或者努力锻炼自己的表达能力，放开心胸多和别人沟通学习。

3.本人的技能（也就是我们的自身本领，比如专业、爱好、特长等），这一项和上面一个环节是相辅相成的。在你的纸上诚恳地写下你在职业性向之外的特长和兴趣，比如你虽然是研究性向但是非常喜欢运动，比如说你是社会性向但是非常喜欢音乐，兴趣是最好的老师，每一个兴趣都有可能成为将来职业发展的转折点。

4.本人的职业锚。职业锚/动机是在作职业生涯规划时另一个必须考虑的要素。当一个人不得不作出职业选择的时候，他无论如何都不会放弃的那种职业中至关重要的东西或价值观就是职业锚。职业锚是人们选择和发展职业时所围绕的中心。每一个人都有自己的职业锚，影响一个人职业锚的因素有：

（1）天资和能力；

（2）工作动机和需要；

（3）人生态度和价值观。

天资是遗传基因在起作用，而其他各项因素虽然受先天因素的影响，但更加受后天努力和环境的影响，所以，职业锚是会变化的。这一点，有别于职业性向。

例如，某个人攻读了医学博士，并且从事外科医生工作已经20年了。尽管他的职业性向可能并不适合做外科医生，但是他在确定自己的职业时，基本上不会考虑改为其他职业，这是因为他的职业锚在起作用。埃德加·施恩在研究职业锚时将职业锚划分为如下类型：

（1）技术或功能型职业锚；

（2）管理型职业锚；

（3）创造型职业锚；

（4）自主与独立型职业锚；

（5）安全型职业锚。

技术或功能型：这类人往往出于自身个性与爱好考虑，并不愿意从事管理工作，而是愿意在自己所处的专业技术领域发展。在我国过去不培养专业经理的时候，经常将技术拔尖的科技人员提拔到领导岗位，但他们本人往往并不喜欢这个工作，更希望能继续研究自己的专业。

管理型：这类人有强烈的愿望去做管理人员，同时经验也告诉他们自己有能力将来工作的时候达到高层领导职位，因此，他们将职业目标定为有相当大职责的管理岗位。成为高层管理人员需要的能力包括三方面：

（1）分析能力：在信息不充分或情况不确定时，判断、分析、解决问题的能力；

（2）人际能力：影响、监督、领导、应对与控制各种各样的人的能力；

（3）情绪控制力：有能力在面对危急事件时，不沮丧、不气馁，并且有能力承担重大的责任，而不被其压垮。

创造型：这类人需要建立完全属于自己的东西，或是以自己名字命名的产品或工艺，或是自己的公司，或是能反映个人成就的私人财产。他们认为只有这些实实在在的事物才能体现自己的才干。

自主与独立型：有些人更喜欢独来独往，不愿像在大公司里那样彼此依赖，很多有这种职业定位的人同时也能获得相当高的技术型职业定位。但是他们不同于那些简单技术型定位的人，他们并不愿意在组织群体中发展，而是宁愿做一名咨询人员，或是自主创业，或是与他人合伙开业。其他自主与独立型的人往往会成为自由撰稿人。

安全型：有些人最关心的是职业的长期稳定性与安全性，他们为了安定的工作，可观的收入，优越的福利与养老制度等付出努力。目前我国绝大多数的人都选择这种职业定位，很多情况下，这是由于社会发展水平决定的，而并不完全是本人的意愿。相信随着社会的进步，人们将不再被迫选择这类型。

正如许多分类一样，以上的分类也无好坏之分，之所以将其提出是为了帮助大家更好地认识自己，并据此重新思考自己的职业生涯，设定切实可行的目标。

值得注意的是伴随着现代科技与社会进步，做学生的要随时注意修订职业目标，尽量使自己职业的选择与社会的需求相适应，一定要跟上时代发展的脚步，适应社会需求，才不至于被淘汰出局。

接着拿出纸和笔，我们又要写东西了。在那张纸上写出你给自己定位的职业动机属于哪一种类型，这个时候我们要参考上面提到的职业性向。相信我，没有绝对适合的人，你还是要找出和要求的能力有差距的地方，即便它是我们为人的缺点，也要把它写下来，面对缺点才能去改变它，逃避永远都不是办法。

另外，有很多时候自己的职业动机是根据家庭条件的不同来变化的，例如有的人父亲是军人或者曾经是军人，自己受到过很多这些方面的教育，就从小励志从军；有的人出生在家族企业，父母当然希望孩子继承家业，上大学都要求学习经济和管理；有的人家长是建筑承包商，就希望自己的孩子能学土木工程，等等。面对这样的情况，我们需要慎重选择，考虑家庭的因素是一方面，但是更要认真地分析自己的情况再做最后的决策。

读到这里，请在那张纸上写出你的职业动机，写出你的家庭情况（农民、工薪阶层、商人、公务员、教育人员，等等）和自己的性格特征，亲人对自己的期待以及家庭的需要，以及你的人生态度和将来想要的生活。这一部分你可以随意发挥，可以是梦想，甚至是看上去不切实际的梦想，但那必须是你非常非常迫切想得到并且愿意为它付出一切的。

5.本人的职业兴趣。在作职业生涯规划时,还要考虑本人的职业兴趣,例如:喜欢旅行(适合于经常出差的职业);喜欢温暖湿润的气候(适合在华南工作);喜欢自己作出决定(应该自己做老板);喜欢住在中等城市;不想为大公司工作;喜欢穿休闲服装上班;不喜欢整天在桌子后面工作,等等。另外,本人具有的职业技能也不能忽略,如果某人具有某项突出的技能,而这项技能可以为其带来收入,作职业生涯规划时就应当将其作为一个重要因素加以考虑。

相信这个时候你那张纸上已经有不少的内容了,再写上一些你的个性因素,比如说你喜欢面食,对大米甚是难以接受,你比较适应什么样的环境气候,喜欢和什么样的人一起工作,等等;这在未来职业选择的时候或者选择大学的时候,都是值得参考的因素。

(二)自己所在公司能否提供这样的岗位以及职业通路

这一步对于在校的学生来讲还为时过早,但是提前看一看一定是有帮助的。就像我们现在所学的知识,看似都是理论性的东西没有什么作用,但是当万一用到的时候再去学就已经晚了,所以提前积累是非常有必要的。

除了研究本人适合从事哪些职业/工作之外,还要考虑本人所在的公司可能给你提供哪些岗位,从中选择那些适合你本人从事的岗位。如果在本公司没有适合你本人从事的岗位,或者说,你所在的公司,不可能提供适合你本人的工作岗位,就应该考虑换工作了。作为公司的管理者,有责任指导员工作职业生涯规划,并且给出员工适合的职业通路。这样,企业才能人尽其才,员工才能尽其所能为公司效力。

职业生涯规划的时限,面对发展迅速的信息社会,仅仅制定一个长远的规划显得不太实际,因而,有必要根据自身实际及社会发展趋势,把理想目标分解成若干可操作的小目标,灵活规划自我。一般说来,以 5～10 年左右的时间为一规划段落为宜。这样就会很容易跟随时代需要,灵活易变地调整自我,太长或太短的规划都不利于自身成长。具体可有两种方式:一是根据自己的年龄划分目标,如 25～30 岁职业规划、2010～2015 年职业规划;二是根据职业通路中的职位、职务阶段性变化为划分标准,制定不同时期的努力方向,如五年之内向部门经理职位冲刺,十年内成为主管经理。

(三)在自己适合从事的职业中,哪些是社会发展迫切需要的

作职业生涯规划时,还要把目光投向未来。研究清楚本人现在做的工作,十年后会怎么样? 自己想要从事的职业在未来社会需要中,是增加还是减少。自己在未来的社会中的竞争优势,随着年龄的增加是不断加强还是逐渐削弱? 在自己适合从事的职业中,哪些是社会发展迫切需要的,等等。时常看看报纸是件很好的事情,报纸上经常会刊登国家未来一段时间最紧缺的职业和工作,很多时候报纸上的招聘信息也能反映出社会的需求,经常关注会有好处的,即使你还是个学生。

进行社会分析:社会在进步,在变革,作为必然要步入社会的学生们,应该善于把握社会发展脉搏。这就需要作社会大环境的分析:当前社会、政治、经济发展趋势;社会热点职业门类分布及需求状况;所学专业在社会上的需求形势;自己所选择职业在目前与未来社会中的地位情况;社会发展对自身发展的影响;自己所选择的单位在未来行业发展中的变化情况,在本行业中的地位、市场占有及发展趋势等。对这些社会发展大趋势问题的认识,有助于自我把握职业社会需求,使自己的职业选择紧跟时代脚步。同时,个人处于社会庞杂环境中,不可避免地要与各种人打交道,因而分析人际关系状况显得尤为必要。

人际关系分析应着眼于以下几个方面:个人职业发展过程中将与

哪些人交往；其中哪些人将对自身发展起重要作用；工作中将会遇到什么样的上下级、同事及竞争者，对自己会有什么影响，如何提高人际交往能力并与之相处，等等。

在综合考虑上述三个方面的因素后，就能够给自己作职业生涯规划了。这个时候，拿出你那张纸，仔细地看一看我们给自己的分析，下面要进行具体的步骤了！

1. 职业生涯设计的具体方法。

许多职业咨询机构和心理学专家进行职业咨询和职业规划时常常采用的一种方法，就是有关五个"W"的思考的模式。从问自己是谁开始，然后顺着问下去，共有五个问题：

（1）Who are you？ 你是谁？

（2）What you want？ 你想干什么？

（3）What can you do？ 你能干什么？

（4）What can support you？ 环境支持或允许你干什么？

（5）What you can be in the end？ 最终的职业目标是什么？

回答了这五个问题，找到它们的最高共同点，你就有了自己的职业生涯规划。

对于第一个问题"我是谁？"应该对自己进行一次深刻的反思，有一个比较清醒的认识，优点和缺点，都应该一一列出来。

第二个问题"我想干什么？"是对自己职业发展的一个心理趋向的检查。每个人在不同阶段的兴趣和目标并不完全一致，有时甚至是完全对立的。但随着年龄和阅历的增长而逐渐固定，并最终锁定自己的终生理想。根据自己以上的分析，要给自己几种不同的选择，特别对于中学生而言，未来的变数会很大，多一些合理的选择就会让自己少一些盲从的风险。以我自己为例，上中学的时候特别想考军校，但是军校的分数线很高而且又只招应届生，我经过仔细的分析，发现自己一直都是班委,有管理的优势和欲望,企业管理可以作为一个选择,而且我表达能力不错,将来也可以做教育和培训,这些都是我所喜欢而又有前景的行业。最终的结果是我没有考上军校,而且又学了工科的专业,但是,经过不懈的努力,最后两个选择都在同时实现。

第三个问题"我能干什么?"则是对自己能力与潜力的全面总结,一个人职业的定位最根本的还要归结于他的能力,而他职业发展空间的大小则取决于自己的潜力。对于一个人潜力的了解应该从几个方面着手去认识,如对事的兴趣、做事的韧力、临事的判断力以及知识结构是否全面、是否及时更新等。对于这一点的评估,我们一定要客观,自欺欺人最终受罪的还是自己,毕竟有什么不足的话我们还有很多时间可以去培养嘛!

第四个问题"环境支持或允许我干什么?"这种环境支持在客观方面包括本地的各种状态比如经济发展、人事政策、企业制度、职业空间等;人为主观方面包括同事关系、领导态度、亲戚关系等,两方面的因素应该综合起来看。有时我们在职业选择时常常忽视主观方面的东西,没有将一切有利于自己发展的因素调动起来,从而影响了自己的职业切入点。而在国外通过同事、熟人的引荐找到工作是最正常也是最容易的。当然我们应该知道这和一些不正常的"走后门"等歪门邪道有着本质的区别。这种区别就是这里的环境支持是建立在自己的能力之上的。

把这四个问题统统地问一问自己,并且把结果一一写在刚才的那一张纸上,自己目前的职业能力和前景就会非常明了地呈现在眼前。可能结果并不是那的乐观,不过没有关系,生命没有改变和起伏就没有属于它的精彩。能力是锻炼出来的,我们一样可以把自己的弱势改变得像自己的优势一样令人骄傲。

明晰了前面四个问题,就会从各个问题中找到对实现有关职业目标有利和不利的条件,列出不利条件最少的、自己想做而且又能够做的职业目标,那么第五个问题有关"自己最终的职业目标是什么"自然就有了一个清楚明了的框架。最后,将自我职业生涯计划列出来,建立形成个人发展计划书档案,通过系统的学习、培训,实现就业理想目标:毕业之后,选择一个什么样的单位,预测自我在单位内的职务提升步骤,个人如何从低到高逐级而上。例如从技术员做起,在此基础上努力熟悉业务领域、提高能力,最终达到技术工程师的理想生涯目标;预测工作范围的变化情况,不同工作对自己的要求及应对措施;预测可能出现的竞争,如何相处与应对,分析自我提高的可靠途径;如果发展过程中出现偏差,如果工作不适应或被解聘,如何改变职业方向。

2. 虽然我们有了设计,有了规划,但是我们常说,计划赶不上变化,对于自己碰到的问题和环境,需要及时调整,根据个人需要和现实变化,不断调整职业发展目标与计划。这一点,对我们学生来讲至关重要。

发展规划,一成不变的发展计划有时形同虚设。

根据职业方向选择一个对自己有利的职业和得以实现自我价值的单位,是每个大学生的良好愿望,也是实现自我的基础,但这一步的迈出要相当慎重。就人生第一个职业而言,它往往不仅是一份单纯的工作,更重要的是它会初步使你了解职业、认识社会,一定意义上它是你的职业启蒙老师。最后,提醒毕业生们,人生成功的秘密在于机会来临时,你已经准备好了! 机遇对于任何人来说都是平等的,千万别在机遇面前说抱歉!

3. 如何落实规划。

制定好一系列的职业发展规划后,如何将其最终落实是每个规划制定者所必须考虑并面对的一个问题。做一个好的计划若没有实施上的细则,就无法保证计划顺利进行。应对职场纷繁信息和变动选择的成功法则就是必须建立有效的信息整理、分析和筛选系统,再结合自身竞争力合理规划职业生涯。这样,才能在职业发展过程中凭借良好的职场敏感度达到成功的彼岸。

另外,对于如何实现自己的计划的问题,在本节最后一个环节"我们乘风破浪"中会提供更加完善的实施方法。

永远不要觉得找工作离你很远,找不到工作的人都是这么想的。即使我们还只是个中学生,我们还有高中和大学在未来的道路上等着,但是请你一定要相信,对人生的规划和设计从中学开始永远都比到大学四年级的时候开始要有用得多。至少我们可以从锻炼自己的能力开始,不但会对未来的职业发展,而且对自己的学习和人际关系都会很有帮助。

下面,拿出刚才那张纸,对比案例分析和案例思考,我们再来看看自己的设计有哪些不足,再加以完善。

案例分析:

某校高中毕业生,性格开朗的男生,但是高考成绩不好,只够专科第二批的分数线。他有几个选择:复读一年继续考大学,可以入伍参军,还可以到中职院校学一门有用的技术。正是在选择的时候,我们不妨和他一起进行一次有关职业规划方面的认真思考,并通过对其职业前途的规划来确定其就业方向:

Who are you?

某高中毕业生,当过学生干部但是成绩不是很好;

家庭状况不是很好,父母在家务农,但是身体健康,暂时还不需要有人特别照顾;

自己身体健康;可以吃苦,性格上比较活跃,喜欢交朋友,对人也比较友好。

What you want?

想自己有一份独立的事业可以去做。比如说自己开店或者将来能承包工程。做一名职业军人也是自己曾经的梦想。

What can you do?

虽然没有太多的社会经验,但是自己出去打过零工,在建筑工地和餐厅干过活。沟通能力不错,能和陌生人交往,估计可以去做销售方面的工作。跟同学关系很好,也参与组织过班里的活动。

What can support you?

家里人都是农民,没有太多的门路。

可以继续上学,家里勉强还能供得起。分数能保证可以被一些大专院校录取。

有同村的人在外地打工,可以去投靠,但多是靠体力吃饭,不是理想的工作。

What you can be in the end?

最后的选择可能有几种,分别如下:

(1)继续上学,努力一些能学到一门技术,然后先到工厂或者其他单位用自己的技术为自己赚取社会经验和起始的资本,然后再根据自己的情况开一家和专业有关的店或者是投资在自己喜欢的行业,等做大了再去学习管理和经济,当然这是后话。

(2)放弃上学,到大城市去找一个销售方面的工作,这是最能锻炼人的工作,而且也减轻了家里的负担,等有了足够的社会经验和小小的资本,再根据自己几年的见闻和理解自己创业。

(3)参军入伍,先在部队锻炼几年,但是要付出很大的决心和努力才可能留在部队发展。对于他这样一个学历比较低的同学来讲,响应国家号召,参军锻炼可以选择,但是留下发展难度比较大。

(4)继续回到高中,复习一年,下一年接着考大学。但是因为基础薄弱,加上年年的升学压力都比较大,这个选择风险就比较高。

从理论角度上来讲,这样四种选择都是合理的,但是针对个人的情况和实际的能力而言,显然第一种和第二种选择是最合适的选择。一方面我们的国家正需要大量的高素质技术人才到各个岗位上去发展,另外,也出台了一系列放宽小额贷款和支持自主创业的政策。考虑到他本人的能力和性格,如果努力锻炼学习的话也能使自己具备自主创业的条件。

没有毕业的高中生也应该认真地思考一下,毕业是不可避免的,那时候我们该怎样去选择呢?我想这也是给自己增强学习动力的一个好方法。下面,我们再来看看一个大学毕业生的初步职业规划。

某高校女生,计算机专业,在临近毕业时常常对自己的职业动向难以选择。就现在来说计算机专业属于热门,找一份差不多的工作并不难,但由于自己是女生,在就业时肯定又不如同班的男生,同时自己对教师的职业比较喜欢。在这种存在多重矛盾的情况下,她该怎样设计自己的人生方向呢:

Who are you?

某重点高校计算机专业毕业生;

优秀学生干部,学习成绩优秀,英语通过国家六级;

辅修过心理学、管理学;

参加过高校演讲比赛,拿过名次;

家庭状况一般,既不属于有钱之类,也不是拮据的那种,父母工作稳定,身体健康,暂时还不需要有人特别照顾;

自己身体健康;

性格上不属内向,但也不是特别活跃,喜欢安静。

What you want?

很想成为一名老师,这不仅是儿时的梦想,而且比较喜欢这个职业;

其次,可以成为公司的一名技术人员;

如果出国读管理方面的硕士,回国成为一名企业管理人员也是可以接受。

What can you do?

做过家教,虽然不是自己的专业,但与孩子交流有天生的优势,当学生成绩进步时很有成就感;

当过学生干部,与手下人相处比较好,组织过几次有影响的大型活动;

实习时在公司做过一些开发工作,虽然没有大的成就,但感觉还行。

What can support you?

家里亲戚推荐去一家公司做技术开发工作;

GRE考得还可以,已经申请了国外几所高校奖学金,况且现在签证比较困难;但能不能有奖学金还很难说。

去年曾有几家学校来系里招聘教师,但不是当老师,而是要去学校做技术维护,今年不知会不会有学校再来招聘教师;

有同学开了一家公司,希望自己能够加盟,但自己不了解这个公司的具体业务,也不知道它有多大的发展前途。

What you can be in the end?

最后的选择可能有四种,分别如下:

(1)到一所学校当老师。自己有这方面的兴趣和理想,在知识和能力方面并不欠缺,并且自己有信心成为学生心中理想的好老师。不足的就是缺乏作为一名教师的基本训练以及一些技巧,但这可以逐步提高。

(2)到公司做技术人员。收入上会好一些,但通过这几年的发展看,这种行业起伏较大,同时由于技术发展较快,得随时对自己进行知识更新。压力较大,信心不足,兴趣也不是很大。

(3)去同学的公司。丢掉专业,从底层做起,风险较大,这与自己求稳的心理性格不符,同时家庭也会有阻力。

(4)如愿以偿获得奖学金,能够出国读书,回国后还是去做一名企业管理人员。不确定因素较多,且自己可把握的较少,自己始终处于被动状态。

单纯从职业发展上看,这四种选择都有其合理性,但如果从个体而言,第一种选择显然更符合她本人的职业取向。从心理学上看,选择第一种能够使她得到最大的满足,在工作中也最容易投入,做出一定的成绩后会有很大的成就感。从职业前途看,教师这个职业也日益受到社会的尊重,社会地位呈上升趋势。从性格上看,这种职业也比较符合她的职业取向。主要困难是非师范毕业生进入这个职业的门槛比较高,如果她能够在确定自己的最终目标后努力去弥补与师范生在职业技巧方面的差距,那么,她实现自己的职业理想将为时不远。

案例分析

热爱她(工作),她会给你惊喜

浩明现就任于某电子出版社。大学的时候,他学的是管理专业,但是他一直对计算机情有独钟,对 Photoshop 也是颇有研究。刚上大学,他就给自己的未来进行了规划,决定以后往自己喜欢的电子方面发展,大学期间他出版了一本关于计算机方面的书,毕业后他选择了那家出版社。

浩明之所以能取得最后的成功,在于他在大学期间就早早地制定了自己的职业生涯规划。他正确地认识了自己,找到自己的出发点,为之付出自己的努力,并沿着这条道路走下去。

哈佛大学研究表明:只有4%的人能获得成功,秘诀就是及早明确职业生涯目标且始终坚持。个人职业生涯的有限性要求在大学就要及时进行规划,"自信人生二百年,会当击水三千里"。

了解她(工作),她就会给你机会

肖林现就任于北京某报社。从小他就立志以后能进报社做一名记者,通过各方面的了解,他知道了一个记者应该具有的素质和能力;中学的时候积极争取当班委,每天养成读报的习惯,不但学习记者的写作手法,同时也加强对一些关系国计民生事务的分析能力。大学的时候,他又积极参加学生会、记者团、校刊等,从口才到组织、从写作到协作,各方面的能力都有了很大的提高,这也为他的成功打下了坚实的基础。

肖林制定的职业生涯规划,在考虑了自己的兴趣点后,更多的是考虑了对方的需求,择世所需,掌握了这些信息后,他就可以更有针对性地做一些锻炼,向单位需要的人才进一步靠拢。时机成熟以后,自然而然的,他也会成为单位的优先人选。

用人单位都有自己的"中心定位",但这种定位并不是持久不变的。以前单位招聘毕业生,在能力相同的情况下,有的单位就毫不犹豫地选择硕士博士,而不是本科生。现在有些单位的思想改变了,因为他们觉得本科生更踏实、更稳定,升值的空间更大,甚至觉得专科生心理承受能力更好,而且有实际的操作能力,不是像有些硕士博士老想着加薪水,老想着跳槽。如果能力相当,他们会选择本科生甚至是大专生。

时代在发展,企业的用人制度也是在不断变化着的。俗话说"计划赶不上变化","知彼"也是至关重要的一环。在"知己""知彼"之后,"'抉择'是最后的机遇,也是挑战"。

全面地考虑,才会有正确的抉择

张欣本科毕业那年,北京某知名报社到学校招人,当时就决定录用大学期间各方面都非常优秀的她。同在那一年,她也考上了武汉大学的研究生。她选择了读研。三年后,她再次回到了北京,还是去那家报社应聘。没有想到的是,报社这次并没有录用她,因为他们有许多比她更合适的人选。

从就业角度来看,张欣令人惋惜。在这件事情上,可以说她的选择并不是明智的。她当初如果选择去报社工作,那么以后如果她想继续深造,可以再读在职研究生。毕竟,瞬息万变的社会有太多令人意想不到的事情,机会并不等人。21世纪,如果不能主动把握机会甚至创造机会,机会也许就再也不会降临到你的身边。

下一个标记

1984年,在东京国际马拉松邀请赛中,名不见经传的日本选手山田本一出人意料地夺得了世界冠军。当记者问他凭什么取得如此惊人的成绩时,他说了这么一句话:"凭智慧战胜对手。"

当时许多人都认为,这个偶然跑在前面的矮个子选手是故弄玄虚。马拉松是体力和耐力的运动,只要身体素质好又有耐性就有望夺冠,爆发力和速度都在其次,说用智慧取胜,确实有点勉强。

两年后，在意大利国际马拉松邀请赛上，山田本一又获得了冠军。有记者问他："上次在你的国家比赛，你获得了世界冠军；这一次远征米兰，又压倒所有的对手取得第一名。你能谈一谈经验吗？"

　　山田本一性情木讷，不善言谈，回答记者的仍是上次那句让人摸不着头脑的话："用智慧战胜对手。"这回记者在报纸上没再挖苦他，只是对他所谓的智慧迷惑不解。

　　十年后，这个谜团终于被解开了。山田本一在他的自传中这么说："每次比赛之前，我都要乘车把比赛的线路仔细看一遍，并把沿途比较醒目的标志画下来。比如第一个标志是银行，第二个标志是一棵大树，第三个标志是一座红房子，这样一直画到赛程的终点。比赛开始后，我就以百米冲刺的速度奋力向第一个目标冲去，等到达第一个目标，我又以同样的速度向第二个目标冲去。四十多公里的赛程，就被我分解成这么几个小目标轻松地跑完了。起初，我并不懂这样的道理，我把我的目标定在四十多公里处的终点线上，结果我跑到十几公里时就疲惫不堪了，我被前面那段遥远的路程给吓倒了。"

山田本一说的不是假话，心理学家做的实验也证明了山田本一的正确。

　　这个心理实验是组织三组人，让他们分别向着十公里以外的三个村子进发。

　　第一组的人既不知道村庄的名字，又不知道路程有多远，只告诉他们跟着向导走就行了。刚走出两三公里，就开始有人叫苦不迭；走到一半的时候，有人几乎愤怒了，他们抱怨为什么要走这么远，何时才能走到头，有人甚至坐在路边不愿走了。越往后走，他们的情绪也就越低落。

第二组的人知道村庄的名字和路程有多远，但路边没有里程碑，只能凭经验来估计行程的时间和距离。走到一半的时候，大多数人想知道已经走了多远，比较有经验的人说"大概走了一半的路程"。于是，大家又簇拥着继续向前走。当走到全程的 3/4 的时候，大家情绪开始低落，觉得疲惫不堪，而路程似乎还有很长。当有人说："快到了!"大家又振作起来，加快了行进的步伐。

第三组的人不仅知道村子的名字、路程，而且公路旁每一公里就有一块里程碑。人们边走边看里程碑，每缩短一公里大家便有一小阵的快乐。行进中他们用歌声和笑声来消除疲劳，情绪一直很高涨，所以很快就到达了目的地。

心理学家得出了这样的结论：当人们的行动有了明确目标，并能把自己的行动与目标不断地加以对照，进而清楚地知道自己的行进速度和与目标之间的距离，人们行动的动机就会得到维持和加强，就会自觉地克服一切困难，努力达到目标。

确实，要达到目标，就要像上楼梯一样，一步一个台阶，把大目标分解为多个易于达到的小目标，脚踏实地向前迈进。每前进一步，达到一个小目标，就会体验到"成功的喜悦"，这种"感觉"将推动他充分调动自己的潜能去达到下一个目标。

在生活中，之所以很多人做事会半途而废，往往不是因为难度较大，而是觉得距成功太遥远。他们不是因失败而放弃，而是因心中无明确而具体的目标乃至倦怠而失败。如果我们懂得分解自己的目标，一步一个脚印地向前走，也许成功就在眼前。

人生也像是一场马拉松赛，我们应该问自己的是我们知道下一个标记的地方是哪儿吗？这是个严肃的问题，一个人的一生要么就是每天不断地实现自己的目标，要么就是整天帮别人实现目标。我们说航海员的罗盘就像是生命,它上面一个个刻度就是人生当中要达成的一个个目标,而指针所指的就是成功的方向,而我们究竟该怎样去设定自己罗盘上的刻度,去把握正确的方向呢?

设定目标,听起来是一件非常容易的事情,而事实上它的确可以说是一门艺术,掌握它并且驾驭它并非是件容易的事情。一个合适的并且符合自己能力的目标会像千里马一样,带着我们一路飞奔,冲向成功;而不合理的目标则只会像绊脚石一般,害得我们往往原地踏步。

不知有多少书上写过,也不知我们的老师多少次苦口婆心地教育我们,目标分长期和短期,设定目标有利于学习,等等。但是我相信大多数人都和我一样,左耳进右耳出,根本没有建立一个明确的目标的概念,更不会有这方面的专业指导,往往就让我们走进了目标设定的误区,以为随便写一写,然后贴在墙上或者门后,那就是目标了。而最终的结果常常是,很长时间之后看着那张纸,发现自己一个也没有实现,内心一阵狂喜好在别人都不知道,然后把它撕下来,再写一张新的贴上去,一段时间之后把刚才的动作再重复一遍……

下面是公认的对目标比较完整的解释,但是也仅代表一些人的看法,我们可以借鉴一下:

个人职业目标按时间可以分为短期目标、中期目标、长期目标和人生目标。

1. 短期目标。

通常是指时间在一至两年内的目标,是中期目标和长期目标的具体化、现实化和可操作化,是最清楚的目标。其主要特征主要有:

(1)目标具备可操作性;

(2)明确规定具体的完成时间;

(3)对现实目标有把握;

(4)服从于中期目标;

（5）目标可能是自己选择的，也可能是老师或者家长安排的、被动接受的；

（6）目标需要适应环境；

（7）目标要切合实际。

2. 中期目标。

一般为三至五年，它相对长期目标要具体一些，如参加一些旨在提高技术水平的培训并获得等级证书等。其特征主要有：

（1）通常与长期目标保持一致；

（2）是结合自己的志愿和所期待的发展来制定的目标；

（3）用明确的语言来定量说明；

（4）对目标实现的可能性作出评估；

（5）有比较明确的时间，且可作适当的调整；

（6）基本符合自己的价值观，充满信心，愿意公布于众。

3. 长期目标。

时间为五年以上的目标，它通常比较粗、不具体，可能随着企业内外部形势的变化而变化，在设计时以画轮廓为主。它的主要特征有：

（1）目标有可能实现，具有挑战性；

（2）对现实充满渴望；

（3）非常符合自己的价值观，为自己的选择感到自豪；

（4）目标是认真选择的，和社会发展需求相结合；

（5）没有明确规定实现时间，在一定范围内实现即可；

（6）立志改造环境。

4. 人生目标。

是指整个人生的发展目标，时间长至四十年左右。一般说来，短期目标服从于中期目标，中期目标服从于长期目标，长期目标又服从于人生目标。具体实施目标，通常是从具体的、短期的目标开始的。

就我个人而言,我觉得短期目标和人生目标是最重要的,它们一个是基础,一个是方向,至于中期和长期目标,其实是服从于上一节我们分析过的生涯规划。目标与规划设计不同的地方,就是它需要更加的明确,是根据人生规划所制定的极具实施价值的步骤,而设计的目的则是为我们提供更多种合适的选择。

事实上,设定一个适当的目标就等于达到了目标的一部分。目标一旦设定,成功就会容易得多。制定目标就不应该是只此一次,没有人把目标定好了,实现了,就躺下睡觉。定出来的目标还要时时检查、规划、执行,并以发展的眼光来评估,客观情况有时需要你在一些方面灵活处理,可能我们的观点变了,目标就要修改。要记住,在实现目标的过程中,你自身的提高是比达到既定目标更加重要的。同时,目标必须要有延续性,当我们专注于某一个目标的时候,经过极大的努力得以实现;可如果没有后续的目标,我们就会面临很长一段时间的迷茫。不知所措的生活是人生非常危险的信号,前面所讲的很多大学生放纵堕落的情况就是很好的证明。

制定目标应该成为一种生活方式。无论是老师家长给布置的任务,还是自己想得到什么东西,抑或是想取得某项成绩,得到某个荣誉,等等,都可以用目标的设定来加快实现的进度。但每一个人都必须在某一点上起步,才能逐渐成为一个事事都想着目标的人,大多数人并非天生就有这个本领。我们来看看制定目标的几个步骤和要求,也许会给你一些启发。

(一)确定你的目标及起跑线

如果做好了前一节的人生职业规划,我想你至少应该会有一个大致的目标定位了。其实起跑线就在你的脚下,从合上这本书的那一瞬间,请你告诉自己,我需要为实现自己的目标而努力了。明白这两点,对我们的成功至关重要。很多时候,人不是缺少行动前的准备,而是缺少准备前的行动,这就是为什么有的人会输在起跑线上的原因。我们有了目标才有的放矢地去行动,而有的人只顾一味地向前,却始终不知道自己该去向何方。

(二)把目标清楚地表述出来

我们大概对表述目标这个概念已经熟悉了。高效率的机构——无论是商号、学校、政府——都是通过清楚表述的目标来指引机构内各成员的一切活动。正如鲍勃·汤森在《步步高升》一书中所说:"领导人的重要作用之一,是使机构全体同人全神贯注于既定的目标。"而我们就是自己的领导人,我们也需要有某样东西来给自己明确的指引,帮助我们集中精力于自己的目标。这东西只能由你自己提供,别人无法代劳。

使自己能集中精力的最佳办法,是把自己的人生目标清楚地表述出来。说到底,每个人都希望发现自己的人生目标,并为实现这个目标而生活。把人生目标清楚表述出来,能助我们时时集中精力,发挥出高效率。在表述你的人生目标时,要以你的梦想和个人的信念作为基础,这样做,有助于我们把目标定得具体可行。

这一点对于前面提到的短期目标是非常有效的。有一个故事,在我们做培训的时候经常讲给学员听,虽然很简单,但是它却反映出了目标的本质:

有一位年轻人,当他第一次下田用犁耕作时,由于没有经验,所以走得歪歪斜斜的。他的父亲告诉他:"你应该选定一个目标,然后朝着目标走,这样就不会走歪啦。"于是,这一次他以远处的另一头牛作为目标,他想应该没有问题了吧,但是耕出来的地仍然不直。这时他父亲又说:"这第一次是你缺乏目标,所以不直;第二次是错在目标的移动,当然就会走歪了。所以呢,你应该找一个固定的目标,并且要看准这个目标才行。"第三次他选择了远方的一棵大树作为目标,果然犁出来的田都是直直的。

短期目标需要非常地明确,而且不宜更改,因为一旦更改,往往就是降低标准。例如当我们给自己订立学习上的目标的时候,像"我这学期英语成绩要有进步""期末考试我的名次要提前""我要考上重点大学",等等;这样模糊的概念是起不到任何作用的。我们的目标应该是"这学期我的英语一定要达到135分以上,并且能长久保持","期末考试我一定要进入班级的前五名","大学我一定要考上中国科技大学","这一周周日之前,我一定要把英语课本后的所有单词都背完,下周一让同桌检查",等等这些及其明确的目标。目标越明确,我们的行动就越精准,越具有实际的效果。如果都是那样模糊的目标,很多考大学的同学都会出现这样的情况:原本想着要考一类大学中的好学校,后来看看自己的情况决定考个中等的学校;最后一段时间发现自己的成绩实在是难有太大的突破,心想就考个一般一点的学校吧,反正还是一类大学;而最终的结果是自己的分数只够上个二类的大学。不够明确的目标就给了自己松动的借口,这往往就像是潘多拉魔盒一般,一旦打开就不可收拾,目标就失去了作用。

(三)把整体目标分解成一个个易记的目标

清楚表述出来自己的目标之后,我们会发现它或长或短都需要一个过程。比如一个学期或者一年,而我们下面的工作就需要着手把我们的目标细化得更容易实现。分解目标是个不错的办法,这样,实现起来就不至于让人感觉那么漫长。目标可以用确定的数字来表示(如背完500个单词,推销1000件某种产品),也可以用时间表示(如每周三次,每次锻炼身体一个小时;每天早晚各一次,每次用半个小时大声朗诵英文)。目标可以涉及人生的各个领域,当然我们中学生大多是

在学习方面,视你想取得什么成就而定。以下举几个可能是你想制定目标的领域:

个人的发展;

身体健康方面;

专业成绩;

人际关系;

家庭责任;

财务方面。

想到什么目标先写下来,开头不必判断这些目标是否能实现,也别管它们是长期还是短期的。这个阶段我们需要的是有创意,有梦想。

把能想到的都写下来之后,对照你的人生目标表述检查一下。问自己两个问题:

1. 这个目标是否使我向理想迈进一步? 如果你发现这些目标之中有什么与你的人生目标表述及你将来的理想不相符,你有两种选择:①把它去掉、忘掉;②重新评估你的人生目标表述,考虑改写。两者必须选其一。如果你没有制定与理想相匹配的目标,你就不可能实现自己的理想,成为成功人士。比如说,我们想在这个暑假把自己的英语口语能力和课外阅读量有所提升,而同时又想在这两个月期间自己打工挣一些零用钱。你就需要判断,对我们来讲孰重孰轻,你会发现我们好多目标和长期的计划都是在学业方面,那显然第一个就更紧迫一些。等上了大学,再去实现在资金方面得到个人独立的想法才更加合适。

2. 我有没有已经记下了为实现长远的理想所必须达到的两个至五个目标? 这个问题能帮助你弄清定下的目标是否写齐了。如果你看到你的理想要求你达到另外几个目标,就把这几个也写下来,把目标都记下来之后，你就可以着手制定成功的战略了。比如说，今天我们立志要考上某一所大学，而同时我们对网络游戏非常的着迷，已经明显地影响到了我们的学习，那么尽早戒除网瘾就是必须实现的目标之一。同时你发现自己的偏科非常严重，也已经威胁到成绩的提升了，那这个方面的目标就是必不可少的。

（四）人生目标尽可能伟大

目标愈高远，人的进步愈大。

人都会有这样的体会：当你确定只走一公里路的目标，在完成0.8公里时，便会有可能感觉到累而松懈自己，以为反正快到目标了。但如果你的目标是要走十公里路程，你便会做好思想准备和其他准备，调动各方面的潜在力量，这样走七八公里，才可能会稍微放松一点。可见，设定一个远大的目标，可以发挥人的更大潜能。

一个人之所以伟大，首先是因为他有伟大的目标。所谓伟大目标，通俗地讲就是要做大事，考虑更多的人、更多的事，在更大的范围里解决更多的问题。比如做一个社会活动家或政治家，为人类和平繁荣而奋斗；做一个大律师，为国家的法制之明而奋斗；做一个企业家、亿万富翁；做一个有作为的省长、市长，等等。但是有一点是必须要说明的，那就是无论多么伟大或者多么渺小的目标，都一定是我们发自内心迫切想得到的，随口说说那只能是夸夸其谈的大话，我们要为自己设定的目标负责任，那就是对人生负责任。

因为我们要解决大问题，为很多人服务，我们就得要有更优秀的能力，要具备更全面的知识、技能，有时甚至要超越个人的得失，作出某些重大牺牲。在这一过程中，我们逐渐变得有超乎常人的知识、能力，胸怀宽广，大公无私，以你独有的方式为人民、为国家、为人类的进步服务。当这种服务取得成效后，自然能得到社会和人民的认可与尊敬——我们就可以变得伟大。相信这句话，你也可以变得伟大，它会给你带来力量。就像是这个不知被讲了多少遍的故事，每一次看到它，我的心里就总会受到极大的鼓舞和震撼。

一个美国黑人男孩，出生在纽约声名狼藉的大沙头贫民窟。这里环境肮脏，充满暴力，是偷渡者和流浪汉的聚集地。在这里出生的孩子，耳濡目染，从小就学会逃学、打架、偷窃甚至吸毒，长大后很少有从事体面职业的。正值美国嬉皮士流行的时代，孩子们比"迷惘的一代"更无所事事。他们旷课斗殴，甚至砸烂教室的黑板。校长保罗想了很多办法，但均不奏效。后来，保罗发现这些孩子很迷信，于是他想了一个法子。

一次，当这个黑人男孩从窗台上跳下来时，保罗一把抓住他的小手，说："我看你修长的小拇指就知道，将来你是纽约州州长。"当时，这个小男孩大吃一惊。因为他长这么大，只有他奶奶让他振奋过一回，说他可以当五吨重的小船船长。这一次，校长竟说他可以成为纽约州州长，着实出乎他的意料之外。但他相信并记下了这句话。

从那天起，纽约州州长就成了他一个崇高的目标，他的衣服上不再沾满泥土，说话不再污言秽语，他开始挺直腰杆走路。在以后的四十多年里，他没有一天不按州长身份要求自己。他时刻都把这个伟大的目标装在自己的心里。51 岁时，他终于成为美国纽约州历史上第一位黑人州长，他就是罗尔斯。

在这个世界上，所有成功的人，都是从一个小小的自信开始的，伟大的目标就是所有奇迹的萌发点。伟大的目标就像一面旗帜，使我们严于律己，自强不息，终于大有作为。

（五）人生大目标不要求详细、精确

人生大目标是人生大志，可能需要十年二十年甚至终生为之奋斗。这样的大目标是难精确详细的，尤其是对成功经验不足、阅历不深的人来说，更是如此。随着成功经验的增加、阶段性的中短期目标的实现，人会站得更高，这样对人生大目标的确立会逐渐清晰明确。

所以人生大目标，可以不要求详细、精确，只要东西南北有个比较明确的方向和大致程度的要求就可以了。比如立志做个卓越的科学家，立志做个大企业家，立志做个改变世界的政治家等。

（六）中短期目标应既有激励价值，又要现实可行

心理学实验证明，太难和太容易的事，不具有挑战性，也不会激发人的热情行动。

中短期目标是现实行动的指南。如果低于自己的水平、干些不能发挥自己能力的事情，则不具有激励价值；但如果高不可攀，拿不出一个切实可行的计划来，不能在一两年内明显见效，则会挫伤积极性，反而起消极作用。我们常常会有这样的体会，我们定目标期末考试要进入全班的前五名，可是结果只得了第八名；而我们定的目标是前十名，结果就得了第十名，效果就弱化了。但是如果我们的目标直接就是全校的前五名或者前十名，那结果可能成绩还是原地踏步，因为时间一长发现实在很难，心想反正也实现不了，算了吧，结果就起不到任何激励的作用了。

那么，如何掌握一个合适的度呢？情况完全因人而异。个人的经验、素质水平和现实环境的许可是决定我们中短期目标的依据。

由于个人条件不同，我们在制定中短期目标时，一定要根据自己的实际的情况——经验阅历、素质特色、所处的环境条件等，使我们的目标既要高出我们的水平，又要基本可行。

比如经验不足时，先做小房子，有盖小房子成功的经验，便可超出常规盖大房子，再盖摩天大厦。如果完全没有盖中小房子的经验，却

突然要制定盖大房子的目标,这就不现实可行了。当然,长期停留在盖小房子的水平上,就没有激励价值,也就谈不上成功卓越。

（七）中短期目标应尽可能具体明确,并限定时间

中短期目标,或者三至五年,或者一至两年,有的短期目标要短到半年、三个月。这样的中短期目标,如果还不具体明确的话,那等于没有目标,只有具体、明确并有时限的目标才具有行动指导和激励的价值。你要在特定的时限内完成特定的任务,你就会集中精力,开动脑筋,调动自己和他人的潜力,为实现目标而奋斗。如果没有明确具体目标的时限,任何人都难免精神涣散、松松垮垮,这样就谈不上成功和卓越。

（八）行动起来

你可以界定你的人生目标,认真制定各个时期的目标,但如果你不行动,还是会一事无成。如果你不行动,你就像这样的一个人:此人一直想到中国旅游,于是订了一个旅行计划,他花了几个月阅读能找到的各种材料——中国的艺术、历史、哲学、文化。他研究了中国各省地图,订了飞机票,并制定了详细的日程表,他标出要去观光的每一个地点,每个小时去哪里都定好了。

这人有个朋友知道他翘首以待这次旅游。在他预定回国的日子之后几天,这个朋友到他家做客,问他:"中国怎么样?"

这人回答:"我想,中国是不错的,可我没去。"

这位朋友大惑不解:"什么! 你花了那么多时间做准备,出什么事啦?"

"我是喜欢订旅行计划,但我不愿去飞机场,受不了,所以待在家没去。"

苦思冥想,谋划如何有所成就,是不能代替身体力行去实践的,没有行动的人只是在做白日梦。

（九）定期评估计划执行情况

定期评估进展，是跟行动同等重要的。随着计划的进展，你有时会发现你的短期目标并未能使你向长期目标靠拢；或者，你可能发现你当初的目标不怎么现实；又或者你会觉得你的中长期目标中有一个并不符合你的理想及人生的最终目标。无论是何种情况，你需要作出调整。你对制定目标越陌生，越可能估计失误，就越需要重新评估及调整你的目标。

有些人会犯的另外一个错误是走到岔道上了。这些人制定了目标，也写下了要达到目标必须做的事情，然后把那些指导方针全忘了。有个办法能防止这种事情发生，你可以把这句话贴在办公室："我现在做的事情会使我更接近我的目标吗？"

（十）庆祝已取得的成就

最后，要抽点时间庆祝已取得的成就。拿破仑·希尔历来相信奖励制度。

当你取得预期的成就时，你奖励自己，小成就小奖，大成就大奖。例如，如果要连续干几个钟头才能完成某项工作，你应对自己说，做完了就休息，吃点东西，或看场球赛。但是决不在完成任务之前就奖励自己。当你取得一项重大成就时，一定要把庆祝活动搞得终生难忘，那会成为人生最美好的回忆。

（十一）必须要有后续的计划

我想你必须记住，这里我用了一个很严肃的词——必须。不是可以，也不是要，而是必须。因为对这句话的忽视，不知毁掉了多少优秀的人才和强大的企业。去大学旁边的网吧看看那些因为没有后续的目标而整天靠沉迷于网络来寻找成就感的大学生，查一查中国的企业名录，看看有多少大企业因为达到了既定的目标，但是忘记了更长远的规划而被竞争对手吃掉。这样的悲剧比比皆是。

余秋雨先生在《借我一生》中,写到一个叫越英的人。越英是个没娘的孩子,自从父亲被匪首陈金木枪杀后,他就成了孤儿。两个年长的本家凑钱让他外出谋生,其实,就是送他到吴石岭南麓,去拜一位山林武师学艺去了,目的是将来为父报仇。

没想到,几年后解放军寻剿乡间土匪,陈金木被击毙。消息传出的第二天,越英就回来了。他听村里孩子在唱现编的顺口溜,"驳壳对驳壳,打死陈金木",竟然没有一点高兴的意思,这使大人们非常奇怪。只有两个老汉看透了他的想法:虽然仇已经报了,但是,杀死仇敌的不是他。

后来,越英很想用学得的本领去擒杀陈金木的把兄弟——另一支土匪的首领王央央。谁料不久又传来儿歌:"小枪对小枪,捉牢王央央。"越英一下子觉得目标失去,变得失魂落魄,无所事事了。余先生说,越英最后没当成英雄,却走上了末路。

像越英这样失去人生目标而放弃生命的人,其实并不罕见。纽约有一位年轻的警察,在一次追捕行动中,被歹徒用冲锋枪射中左眼和右腿膝盖。三个月后,当他从医院里出来时,完全变了模样:一个曾经高大魁梧、双目炯炯有神的英俊小伙子,成为一个又跛又瞎的残疾人。市政府和其他一些社会组织鉴于他以前的表现,授予他许多勋章和锦旗。

当一位记者问他:"你以后将如何面对所遭受的厄运呢?"这位警察说:"我知道歹徒现在还没有被抓获,我要亲手抓住他!"从那以后,他不顾别人的劝阻,多次参与了抓捕那个歹徒的行动。他几乎跑遍了整个美国,有一次,为了一条微不足道的线索,还独自一个人乘飞机跑到欧洲。

许多年后,那个歹徒终于被抓获了,那位警察在抓捕任务中起了非常关键的作用。在庆功会上,他再次成为英雄,然而令人意想不到的是,这之后不久,他却在卧室里割腕自杀了。他死的原因很简单,就是失去了人生奋斗的目标。他在遗书中写道："这些年来，让我活下来的信念就是抓住凶手……现在，伤害我的凶手被判刑了，我的仇恨被化解，生存的信念也随之消失了。"

英国伦敦，有一位名叫斯尔曼的残疾青年，他一条腿患上了慢性肌肉萎缩症，走起路来都很困难，可他凭着坚强的毅力和信念，创造了一次又一次令人瞩目的壮举。

19 岁时，他登上了世界最高峰珠穆朗玛峰；21 岁时，他登上了阿尔卑斯山；22 岁时，他登上了乞力马扎罗山；28 岁前，他登上了世界上所有著名的高山……然而，就在他 28 岁这年的秋天，他竟然在寓所里自杀了。

记者了解到，在他 11 岁时，他的父母在攀登乞力马扎罗山时不幸遭遇雪崩双双遇难。父母临行前，留给年幼的斯尔曼一份遗嘱，希望他能像父母一样，一座接一座地登上世界著名的高山。斯尔曼把父母的遗嘱作为他人生奋斗的目标，当他全部实现这些目标时，就感到前所未有的无奈和绝望。在他的自杀现场，人们看到了斯尔曼留下的遗言："当我攀登了那些高山之后，功成名就的我就感到无事可做了，我没有了新的目标……"

也许对于我们而言，情况不会有这么的严重，但是我相信没有了新的目标，人生也就失去了乐趣。人活着，就要为实现人生的目标而努力，当目标实现之后，还要善于为自己树立新的目标。不断地实现目标，又不断地提升目标、更新目标，这才是充实而有意义的人生。否则，一个大的目标的实现，就意味着我们堕落的开始。

我们乘风破浪

这一节，我们几乎通篇都是在讲目标和生涯规划，因为这是一切成功的基础，没有了方向无论有多么出色的能力，有多么坚忍不拔的精神，最终都没有用武之地。目标是用来实现的，它不是贴在墙上给人看的决心，而是埋在心里一步一步迈向成功的阶梯。其实每个人的心里都有自己想达成的目标，而最终能够实现的却少而又少。成功一定有方法，失败一定有原因，实现目标也不例外，也需要讲求方法和技巧，也需要遵循一定的原则。

1. 要有100%的意愿。

很多高中生考大学的时候落榜了，其实不仅仅是因为基础知识的薄弱和考试技巧的不灵活，更重要的原因是对考上心中的大学没有达到100%的意愿。我需要再一次重申，若想真正达成自己的目标，必须要对它有100%的意愿，不是80%，也不是90%，而是100%。就像很多人都是想考上大学。而不是一定要考上大学，一个人如果对自己的目标和理想的企图心不够强烈，欲望不够强烈，动力就不够强大，达成目标的可能性就会大大地降低。

上大学一年级的时候，我开始接触教育培训行业，对于一个迫切想成为讲师的大学新生来说，最重要的莫过于学习，而电脑又是听课学习最好的工具，可是那时的条件哪能买得起一台电脑啊！当时的我发自内心地非常想去多学一些新的东西，于是我发誓一定要在大学期间自己挣钱买一台笔记本电脑。那一段时间，我发疯一般地去学习，因为我听说国家励志奖学金的金额有5000元，剩下的钱我可以出去打工，在学校勤工俭学挣来。每天晚上寝室熄灯之后，我躺在床上，一闭上眼睛，满脑子都是笔记本电脑；走在校园的路上就在想如果整天能带着笔记本上课的感觉；看书的时候一跑神就在想要是身边能放一台电脑，那学习该是多么幸福的事情啊！就这样在强烈的动力驱使下，一年之后，我以全系第二名的成绩如愿以偿地获得了国家励志奖学金。接着放暑假的时候，到外地打工，每天工作13个小时，坚持了两个月，又挣了一些钱。上了大学二年级，我花了6000多元买了一台笔记本电脑，成为大学校园中为数不多的完全靠自己挣钱买电脑的人。用朋友的话说我是"想电脑想疯了"。而我觉得真正的原因是想演讲想疯了，现在想想，我倒很是为这个称呼而自豪，因为在我看来，"疯"是对一件事情的追求达到了一个新的境界。阿里巴巴的创始人马云，新东方教育科技集团董事长俞敏洪等，这些名满中国商界的大人物也曾经被别人称为是"狂人"、"疯子"，但是他们成功了，我相信是因为他们拥有自己拼命想要实现的追求。

我们知道迈克尔·乔丹实在是全世界最伟大、有史以来最伟大的篮球明星，记得有一次有个记者访问迈克尔·乔丹，他在访问的过程中问了这样一个问题，他说："你到底是怎么成功的?"

迈克尔·乔丹说："我之所以会成功，因为我有一个很棒的篮球教练。"很多人奇怪，迈克尔·乔丹，事实上是你自己成功的啊?

迈克尔·乔丹大学的时候读一个叫北卡罗来纳州的大学，那个大学当中有个教练叫迪恩·史密斯。经过他调教的一些球员，几乎都会成为未来的NBA之星。所以乔丹知道，假如他想要成功的话，必须加入这样的一个环境里面。

而事实上，乔丹的篮球生涯并不是那么的顺利。在高中的时候，乔丹申请加入学校的篮球队，可是球队的教练告诉他说："迈克尔·乔丹，你身高不够高，没有超过180公分。所以即使你球打得再好，以后也不可能进入NBA，我们决定不要你这个球员。"

迈克尔·乔丹想："怎么可能? 我未来要进北卡罗来纳州大学，怎么可能我连高中的校队都进不去。不，即使真的是身高不够，我也决不能就这样放弃了?"

迈克尔·乔丹就跟他的教练讲："教练，我可以不上场打球，可是我愿意帮所有的球员拎行李。当他们下场的时候，我愿意帮他们擦

汗，我愿意只做一个球童。请你让我在这个球队，跟这些球员一起练球。"要成功的企图促使他可以丢掉一切面子。

教练发现迈克尔·乔丹的决心的确超过任何人，所以他接受了迈克尔·乔丹的建议。

有一天早上八点钟，篮球场的管理员跑去整理球场，发现有一个黑人男孩倒在地上睡着了。他问道："你叫什么名字？"这个男孩好像很累的样子说："我叫迈克尔·乔丹。"前一天他几乎练了一夜的球，最后实在太累就倒在球场睡了。

迈克尔·乔丹早上练球，中午练球，下午跟着球员一起练球，晚上还要练球，练习深蹲的弹跳，以便尽可能地提升自己的身高，他比任何人都要努力。后来迈克尔·乔丹的父亲讲，乔丹全家人的身高没有一个人超过 180 公分。迈克尔·乔丹想要成功的决心，让他长到 198 公分，也就是说他又长高了 20 公分。

所以各位，假如你想要长高，假如还没有实现，可能是你的决心还不够。

亲爱的朋友，想一想，身高都可以在决心的驱动下得到改变，更何况是自己的能力和成绩呢？可对于自己的目标，我们的意愿达到了 100% 了吗？中学生朋友应该想一想，为了实现自己的大学梦想，我们有没有放弃那些本该放弃的东西。有很多同学临上高三的时候曾下定决心不再进网吧，也曾下定决心不再睡懒觉，可是一开学就立即给自己找借口"没关系，时间还多着呢，再去几次也无妨"。大学生朋友应该想一想，也许我们还在梦想着大学期间能多做些社会活动，多挣些钱让自己的生活好起来，可是有多少次当我们下定决心去打工或者做兼职，而每次都在行动之前总觉得工作太累，还是在寝室舒服，然后就给自己找个冠冕堂皇的理由"学生应该多读书"，就躲在寝室或者家里不出来了。刚入职场的年轻朋友应该想一想，我们也有自己期望获得的业绩，可是多少次我们在陌生客户的门前犹豫，担心自己遭到拒绝，最终也没能鼓起勇气敲门进去，就这样机会就在手中一次又一次地溜掉了。归根结底，是因为我们对达成目标的意愿不够强烈。假如我们渴求自己的目标得以实现，就像我们渴求生命一样真切，我想就不会有那么多人再一直拖延了。

2. 没有退路。

实现目标第二个最大的障碍就是没有压力，并非每个人天生就勤奋，压力往往也是动力的源泉，能适当地让自己承受压力并尽可能地把它们转化成奋斗的动力，也是一个人心智成熟的体现。下面的一种方法可能听上去有一些疯狂，但是对于有能力承受压力的同学来讲，不失是一种能够帮助自己实现目标的好方法。那就是——公众承诺。人这一生难得疯狂几次，如果你发现自己定的目标总是实现不了或者总想给自己找借口而不知不觉中放纵了自己，那么就不妨把自己的目标大声地说出来。无论是面对你的班级、你的公司还是你的团队，有时候，大家的监督真的会让你动力无穷。

还是拿我自己来举例子。上大学一年级的时候，年少轻狂的我给自己定下了下一年的年度十大目标，其中就包括刚才提到的获得国家励志奖学金和自己挣钱买一台笔记本电脑，还有要读 12 本课外书，同时按照目标要详细的原则，我还列出了这 12 本书的名字，最后一项是年底之前一定要自己创业开一家酒吧！总之，生活学习，工作事业，等等，各个方面的内容都涉及了。那个时候，因为我是班长，每周五都要组织全班同学开班会。在一次班会上，我面对全班同学宣读了自己的年度十大目标，并且我承诺，如果拿奖学金的目标实现不了，我请全班同学吃饭，其他九个目标如果有一个实现不了的话，我将会在周末操场上人最多的时候绕着 400 米的跑道跑 50 圈。我讲完之后就宣布散会，留下全班同学带着吃惊的表情面面相觑，不知道是不是真的，因为谁都知道对于一个大一的新生来讲，实现这十个目标几乎是不可能的事情。那个时候，大家就开始怀疑，王亮是不是真的疯了。坦白地讲，那一年当中，也后悔过、退缩过，有时候也怀疑自己为什么非要逞能。可是话既然已经说出去了，哪里还有退缩的机会。直到现在，很多同学还常常提起那时候的感受，他们会记得那一年，每天早上第一个冲出寝室楼的身影；还记得每天上课都要坐第一排却时常打瞌睡的我；还记得每一次当别人周末都去逛街、打球的时候，坐在教室里一边翻着大部头的《中国文学史》，一边做着读书笔记的我。一年之后，当很多人都淡忘了我一年前的承诺的时候，我悄然撕下了那张贴在床头的都已经有些发黄的纸，上面用黑色的笔写下的年度十大目标依然清晰。可是不幸的是，因为资金的原因创业开店的目标搁浅了，虽然剩下九个目标早已经提前完成，可我毕竟还是失败了。

为这件事我遗憾了很长的时间，我决定履行自己的承诺，当时很多朋友都过来劝我，已经实现了九个就已经非常的不容易了，更何况最后一个目标没能完成有很多的客观原因在里面，何必非要自己和自己过不去呢……而我的回答就是一个微笑，我决不会给自己找借口，那是懦夫的选择。周末，很多朋友来操场给我加油，我花了两个小时跑完了 20000 米，当到达终点的时候，腿上似乎突然没有了力气，晃了两下就瘫倒在一边。那一天，我趴在草坪上哭了，我觉得那是幸福的泪水，人这一生难得有这样的经历，拼搏过，即使失败了也不会后悔。对于中学生来讲，中考和高考是一生当中难得的几次拼搏的机会，我们真的应该好好珍惜。

后来我才知道，我真的应该很感谢那一次冲动，我能在大一大二的时候做全省高校的巡回演讲，能在大三的时候在全国各地做"感恩教育"巡回演讲，很得益于那一年当中身边的同学所给我的压力。是这些压力迫使我拼命地去实现自己的目标，拼命地去读书、去学习、去锻炼,为能尽快地走上面对几千人的讲台打下了一个非常稳固的基础,我相信这就是承诺的力量。在我的团队中也有很多这样的例子,把目标喊出来,大声地承诺已经成为一种文化。有的同学下决心要通过英语六级,否则从新乡市步行走到郑州市;有的同学下决心要拿到奖学金,实现不了就在中午下课的时候,站在教学楼门口给路过的每一个同学鞠躬。可谓是花样百出,而最终的结果是他们几乎都实现了自己的目标,这个方法屡试不爽。

华人成功学大师陈安之在他的总裁训练营中就有这样一个环节,每个老板都要把自己的目标说出来。有的是企业的利益要达到几千万,有的是改掉抽烟的坏毛病,最关键的是,无论说出实现什么目标,最后的承诺都是"实现不了的话,就在×××裸奔×××分钟"。而奇怪的是,90%的人都是绝不裸奔——达成自己的目标。想一想,今天,你有没有勇气告诉全班的同学如果考不上×××大学,我就×××。如果真能如此,我相信你一定可以找到完全不一样的动力。

3. 目标视觉化。

人的意识分为潜意识和表意识,两种意识相互地配合,影响着我们所有的行为。把目标视觉化其实就是把表意识层面上的认知灌输到自己的潜意识当中去,从而更大地激发自己的潜能。人的潜能是无穷的,只要我们用心挖掘,你就一定会发现,原来自己也就是一块宝藏。

目标视觉化,其实就是把自己的目标设置得更加明确,让它能够在自己的心里面建立起更加清晰的概念,从而促使自己时时刻刻都有追求的动力和意识。比如说,我前面举过的例子,大一的时候我特别想有一台自己的电脑,那些日子我经常去逛科技市场。我看中了一台宏基4710G,于是就把这台电脑的宣传海报放在自己的背包里,贴在书桌上和床头,让我无论是早上刚一睁眼还是到教室上课的时候,都能看到它；每每想偷懒的时候，一抬头就看到它在招手，所有的疲惫都会一扫而过，自然每天都能动力无穷。因为我非常清楚自己想要什么，因而就非常清楚自己该怎么去做，实现目标的步伐当然会大大地加快。有很多人问我为什么能在大学期间就开始做巡回演讲，成为当时中国感恩教育讲师中最年轻的一个，我个人觉得目标视觉化在其中起到了不可替代的作用。没走上讲台的时候，我满心地期待能成为大学生训练营的主持人，幻想着有一天能面对几十个学员培训该是多么好的感觉；成为了"超越自我训练营"的全场主持人之后，我时常闭上眼睛在想，如果能面对几百个大学生、公众演讲，而且每次演讲都能认识很多的新朋友，那该是件多么神气的事情啊！于是经过不断的努力，我实现了在全省很多地市的大学做巡回演讲的目标！这之后，我开始期待能有机会面对几千人甚至上万人的演讲，我每天都在大脑中重复这样的画面，能站在一个更高的舞台上，面对上千名同学去交流自己的想法，给更多的同学带去感动和思考，对我个人来讲，那该是一件多么有成就感的事情啊！我热爱演讲，我总是在期待站在讲台上的感觉。就在这样的信念的驱使下，我拼命地努力，得到了老师的认可，大学三年级的时候成为"房善朝老师全国巡讲团"的首席讲师，能够有机会和房老师一起在全国范围内演讲学习。这就是目标视觉化的作用，我们把目标具体到某一个场景，甚至是实现它时的感觉，当这些都清晰地出现在大脑当中的时候，我们实现它的欲望自然会大大地加强，目标就变得伸手可及。

对于中学生来讲，这个目标同样的适用。例如曾有一个同学写信告诉我，他的成绩在全校都算是比较好的，他特别想考北京大学，可是按他的成绩评估，这个目标还是有些难，他也想再努力一下，可是总觉得有些力不从心，好像总是动力不够。我把自己在北京访问的时候在北大拍的照片在回信中一起寄给了他，有北大的未名湖，北大非常漂亮的图书馆和电影院，北大历史展览中心，蔡元培先生的雕塑和承办了奥运会乒乓球赛事的北京大学体育馆。我只告诉他，北大隔着一条马路就是著名的圆明园，对面是清华大学，校园里有当年和珅的豪宅，如果你能再努力一把，这就是你未来生活的地方。半年之后，他打来电话，告诉我自己如愿以偿拿到了北大的录取通知书。我问他是怎么做到的，他告诉我他把所有的照片分别贴在了床头和每天学习的课桌上，把北大图书馆那一张夹在了自己最差的科目（英语）所要用的复习资料中。每天早上起床和晚上睡觉的时候，就指着照片告诉自己，我一定要到这里上学，甚至有时候睡觉都梦见自己和同学在美丽的未名湖畔散步的情景，这让他每天都觉得自己在一步一步地走向幸福，无论什么样的困难都不能阻止他。

不要觉得潜意识没有用，心理学研究表明，它是对人心灵最深处行为动力的挖掘，任何一件事，只要持续放在脑海中，你就可能达到和拥有所想要的模式。成功的人时常想到成功的景象，失败的人时常想到失败的景象。潜意识蕴藏的学习潜能如同一座心理能量巨大的"核反应堆"，被我们视觉化的成功的目标就如同一颗宝贵的"火种"。我们不断地去想象高考成功，想象美好的大学生活，想象将来优越的社会地位，每天都给自己不断地输入这颗宝贵的"火种"，慢慢加热自己心中潜意识的"核反应堆"，为最终实现自己的高考和人生奋斗目标输出强劲惊人的拼搏动力吧！

4. 坚持到底，才能胜利。

没有什么人比坚持到底的人更容易取得成功，没有什么人比他们更容易实现自己的目标。坚持到底是一种品质，更是一种精神，这个世界上绝没有一帆风顺的成功，半途而废是失败者的座右铭，而坚持到底则是成功者的方向标。之前我们就讲过，目标不能太过简单，不需要任何努力就能实现的目标是毫无意义的。既然努力才能得到，那就必定会有失败，会有打击，会被人否定，甚至被人嘲笑，而选择坚持到底还是选择半途而废，是决定是否能最终获得成功的关键。

在中国人的记忆里，"水滴石穿"、"铁杵磨成针"已经是"刻骨铭心"的。在中国的历史上，那种一辈子只做一件事情的故事简直是数不胜数。随着时代的发展，不少人的心开始浮躁了起来，甚至整天在幻想一天就能从员工变成高管，这样急功近利的想法往往会让人处在病态之中。

医治这种不良心态的最好办法就是修炼自己的"恒心"、"决心"，学会做任何事情都脚踏实地，循序渐进。特别是在自己处于困境的时候，也要安心、安心、再安心。

有这样一个故事：一个很穷的聪明人去给一个很愚蠢的富人打工。富人问这个聪明人每个月多少工钱，聪明人说第一天只要一分钱，第二天二分钱，第三天四分钱，第四天八分钱，依此类推，一个月结一次账。

富人一听高兴坏了：这家伙真是一个笨蛋，一个月才要这么一点点钱，于是马上就答应了。

这个故事其实是源于一个古代外国的故事：一个发明了一种玩具的大臣向国王索要奖励，最后国王没有办法给这个大臣如此多的钱。

同样，这位愚蠢的富人也无法给那个聪明人如此多的钱：如果这个月是 28 天，就是 130 万元；如果这个月是 31 天，就是 1040 万元——这无疑是一个天文数字。

我们感兴趣的不是这个故事，我们感兴趣的是最后三天居然能够产出如此多的钱。也就是说，当一个事物到了成倍增长的时候，越是到最后，其威力越是令人瞠目结舌。换句话说，什么事情都是这样，最后三天是最令人惊心动魄的：无论是好还是坏都是这样！难怪中国有句这样的话："行百里九十半。"

很多本来可以成功的人都是因为坚持不到最后就退却了，以至于前功尽弃。这种教训是很深刻的，值得每一个人去认真品味。

生命的奖赏远在旅途终点，而非起点附近。我不知道要走多少步才能达到目标，踏上第一千步的时候，仍然可能遭到失败。但成功就藏在拐角后面，除非拐了弯，我永远不知道还有多远。再前进一步，如果没有用，就再前进一点。事实上，每次进步一点点并不太难。

坚持不懈，直到成功。

从今往后，我承认每天的奋斗就像对参天大树的一次砍击，头几刀可能了无痕迹。每一击看似微不足道，然而，累积起来，巨树终会倒下。这恰如我今天的努力。

就像冲洗高山的雨滴，吞噬猛虎的蚂蚁，照亮大地的星辰，建起金字塔的奴隶，我也要一砖一瓦地建造起自己的城堡，因为我深知水滴石穿的道理，只要持之以恒，什么都可以做到。

坚持不懈，直到成功。

我决不考虑失败，我的字典里不再有放弃、不可能、办不到、没法子、成问题、失败、行不通、没希望、退缩……这类愚蠢的字眼。

我要尽量避免绝望，一旦受到它的威胁，立即想方设法向它挑战。我要辛勤耕耘，忍受苦楚。我放眼未来，勇往直前，不再理会脚下的障碍。我坚信，沙漠尽头必是绿洲。

坚持不懈，直到成功。

我要牢牢记住古老的平衡法则，鼓励自己坚持下去，因为每一次失败都会增加下一次成功的机会。这一次的拒绝就是下一次的赞同，这一次皱起的眉头就是下一次舒展的笑容。今天的不辛,往往预示着明天的好运。夜幕降临,回想一天的遭遇,我总是心存感激。我深知,只有失败多次,才能成功。

坚持不懈,直到成功。

我要尝试,尝试,再尝试,障碍是我成功路上的弯路,我要迎接这项挑战。我要像水手一样,乘风破浪。

坚持不懈,直到成功。

从今往后,我要借鉴别人成功的秘诀。过去的是非成败,我全不计较,只抱定信念,明天会更好。当我精疲力竭时,我要抵制回家的诱惑,再试一次。我一试再试,争取每一天的成功,避免以失败收场。我要为明天的成功播种,超过那些按部就班的人。在别人停滞不前时,我继续拼搏,终有一天我会丰收。

坚持不懈,直到成功。

我不因昨日的成功而满足,因为这是失败的先兆。我要忘却昨日的一切,是好是坏,都让它随风而去。我信心百倍,迎接新的太阳,相信"今天是此生最好的一天"。

只要一息尚存,就要坚持到底,因为我已深知成功的秘诀:坚持不懈,终会成功。

在古老的东方,挑选小公牛到竞技场格斗有一定的程序。它们被带进场地,向手持长矛的斗士攻击,裁判与它受戮后再向斗牛士进攻的次数多寡来评断这头公牛的勇敢程度。从今往后,我须承认,我的生命每天都在经受这类似的考验。如果我坚忍不拔,勇往直前,迎接挑战,那么我一定会成功。

我不是为了失败才来到这个世界上的,我的血管里也没有失败的血液在流动。我不是任人鞭打的羔羊,我是猛狮,不与羊群为伍。我不想听失意者的哭泣,抱怨者的牢骚,这是羊群中的瘟疫,我不能让它传染。失败者的屠宰场不是我命运的归宿。

坚持不懈,直到成功。

这一段文字一直伴随我左右,每一次当我想认输的时候,每一次当我想放弃的时候,就把它拿出来,一遍又一遍地大声朗读,它能让我再一次充满斗志。我很建议中学生朋友每天早上也把它高声朗读一遍,它真的能让我们一整天都激情洋溢。

5.永远都不要放弃自己心中的梦想。

有梦想的地方,地狱也是天堂;有希望的地方,痛苦也是快乐。

每个人都有心中的梦想,只不过往往因为我们没有小心地去保护,结果就在岁月的长河中慢慢地淡忘掉了。这是个可悲而又可怕的事实。一个没有梦想的人,就失去了生活所追求的全部意义。在这个世界上,"说"梦想的人多,"做"梦想的人少,很少人有进一步的行动,就算有行动,也很少持之以恒,最后梦想还是梦想。这也是为什么年轻人敢大声说出自己的梦想,因为年轻人说完就忘了,也不怕别人笑。所以我们常听到谁在学网页,希望下一个工作是当网页设计师;或是谁在学插花,希望能开一家花店;或是谁在学珠宝设计,希望能以此作为未来之路……可是再过一年之后,你再提起这个梦想时,他们会摇摇手说:"没那么简单,早就不想了。"那是碰到什么困难了吗?其实连开始都没有,他们就自动放弃。

梦想在大部分人的字典里,定义比较接近"念头",一闪而过,来来去去。所以,拥有梦想很容易,放弃梦想也很容易。"这世上没有从未负债累累的富人,却到处是没有赔过一块钱的穷人。"容易放弃梦想的人自以为毫发无损,不过一个念头的生与灭,其实是比较像"没有赔过一块钱的穷人。"

梦想应该更像一个人对自己一生的"承诺",必须严肃认真地面对它、实践它……世界上最富有的地方不是美国诺克斯堡的世界最大金库,不是什么世界银行,而是坟墓。是的,你没有看错,就是坟墓,因为那里埋葬了太多太多原本可以改变世界,却从未被付诸行动的梦想。

有一个年轻人,从很小的时候起,他就有一个梦想,希望自己能够成为一名出色的赛车手。他在军队服役的时候,曾开过卡车,这对他熟练驾驶技术起到了很大的帮助作用。

退役之后,他选择到一家农场里开车。在工作之余,他仍一直坚持参加一支业余赛车队的技能训练。只要有机会遇到车赛,他都会想尽一切办法参加。因为得不到好的名次,所以他在赛车上的收入几乎为零,这也使得他欠下一笔数目不小的债务。

那一年,他参加了威斯康星州的赛车比赛。当赛程进行到一半多的时候,他的赛车位列第三,他有很大的希望在这次比赛中获得好的名次。

突然,他前面那两辆赛车发生了相撞事故,他迅速地转动赛车的方向盘,试图避开他们。但终究因为车速太快未能成功。结果,他撞到车道旁的墙壁上,赛车在燃烧中停了下来。当他被救出来时,手已经被烧伤,鼻子也不见了。体表伤面积达40%。医生给他做了七个小时的手术之后,才使他从死神的手中挣脱出来。

经历这次事故,尽管他命保住了,可他的手萎缩得像鸡爪一样。医生告诉他说:“以后,你再也不能开车了。”

然而,他并没有因此而灰心绝望。为了实现那个久远的梦想,他决心再一次为成功付出代价。他接受了一系列植皮手术,为了恢复手指的灵活性,每天他都不停地练习用残余部分去抓木条,有时痛得浑身大汗淋漓,而他仍然坚持着。他始终坚信自己的能力。在做完最后一次手术之后,他回到了农场,换用开推土机的办法使自己的手掌重新磨出老茧,并继续练习赛车。

仅仅是在九个月之后,他又重返了赛场!他首先参加了一场公益性的赛车比赛,但没有获胜,因为他的车在中途意外地熄了火。不过,在随后的一次全程200英里的汽车比赛中,他取得了第二名的成绩。

又过了两个月,仍是在上次发生事故的那个赛场上,他满怀信心地驾车驶入赛场。经过一番激烈的角逐,他最终赢得了250英里比赛的冠军。

他,就是美国颇具传奇色彩的伟大赛车手——吉米·哈里波斯。当吉米第一次以冠军的姿态面对热情而疯狂的观众时,他流下了激动的眼泪。一些记者纷纷将他围住,并向他提出一个相同的问题:"你在遭受那次沉重的打击之后,是什么力量使你重新振作起来的呢?"

此时,吉米手中拿着一张此次比赛的招贴图片,上面是一辆赛车迎着朝阳飞驰。他没有回答,只是微笑着用黑色的水笔在图片的背后写上一句凝重的话:把失败写在背面,我相信自己一定能成功!

把梦想挂在心灵的风帆,是因为生命之中不能没有梦。

把梦想藏在心灵的一隅,是因为生命的意义就是要破译梦的密码。

一个一个的梦想,给人生铺砌了一条五彩斑斓的路途。飘逸的梦想,温暖着苍凉的人生。圆梦,是人生的最高终结,也是生命的真谛。而眼下,我们只能把梦藏在心里。我想,这只是暂时的,因为任何的成功都要付出不同程度的代价,否则,人生还有什么色彩?

把梦藏在心里,毕竟是人生的一大缺憾。但是,待到条件允许的时候,千万不要到了无梦可圆的境地。无梦可圆,才是人生的最大悲哀。

第二节　行动、行动、行动

深夜,一个危重病人迎来了他生命中的最后一分钟,死神如期来到了他的身边。在此之前,死神的形象在他脑海中几次闪过。他对死神说:"再给我一分钟好吗?"死神回答:"你要一分钟干什么?"他说:"我想利用这一分钟再看一看天,看一看地。我想利用这一分钟想一想我的朋友和我的亲人。如果运气好的话,我还可以看到一朵绽开的花。"

死神说:"你的想法不错,但我不能答应。这一切都留了足够的时间让你去欣赏,你却没有像现在这样去珍惜。你看一下这份账单:在60年的生命中,你有1/3的时间在睡觉;剩下的30多年里你经常拖延时间;曾经抱怨时间太慢的次数达到了10000次,平均每天一次。上学时,你拖延完成家庭作业;成人后,你抽烟、喝酒、看电视,虚掷光阴。

我把你的时间明细账罗列如下:做事拖延的时间从青年到老年共耗去了36500个小时,折合1520天。做事有头无尾、马马虎虎,使得事情不断地要重做,浪费了大约300多天。因为无所事事,你经常发呆;你经常埋怨、责怪别人,找借口、找理由、推卸责任;你利用工作时间和同事侃大山,把工作丢到了一旁毫无顾忌;上课的时候你呼呼大睡,你还和无聊的人煲电话粥;你参加了无数次无所用心、懒散昏睡的会议，这使你睡眠远远超出了 20 年；你也组织了许多类似的无聊会议，使更多的人和你一样睡眠超标；还有……"

说到这里，这个危重病人就断了气。死神叹了口气说："如果你活着的时候能节约一分钟的话，你就能听完我给你记下的账单了。唉，真可惜，世人怎么都是这样，还等不到我动手就后悔死了。"

总有一天死神也会来到我们的身边，到那一天，我们是后悔地离开还是能坦然地去面对呢？有很多人一生碌碌无为，把自己一辈子的时间都浪费在了抱怨和郁闷当中。每个人都不希望过这样的生活，可是看看我们身边有多少人就在这样的生活中让自己堕落。拖延是行动最大的宿敌，也是浪费时间、浪费生命的最好办法；行动是成功的两条腿，它走到哪里，成功就到了哪里。

行动力才是生产力

只有行动才能产生结果，无论这结果是好还是坏，但成功也一定夹在其中；如果没有行动，就只有一个固定的结果，那当然就是失败。世界上有两种人，空想家和行动家。空想家整天坐在那里设计人生，憧憬十年二十年之后的幸福生活，而行动家只有一个原则，那就是"just do it"。行动的定义有很多，而我所讲的行动涵盖了生活、学习、工作、事业等各个方面。我相信你一定曾经有过一个非常好的创意，或者有个很好的打算，一个完美的学习计划，但是直到今天，它们可能依然是创意、打算和计划，是写在纸上或者藏在心里的毫无价值的设计。没有开始，一切都毫无意义。我相信甚至就在昨天晚上，你还告诉过自己今天不再睡懒觉,今天要多读一些书,今天要锻炼身体一个小时,今天要……但是想一想,到现在为止,你做了些什么? 请记住,你的今天就是你的明天,你的现在就是你的未来。不要让你今天的打算一直到明天还在重复。

美国《商业周刊》曾经对世界 500 强企业的 CEO 和成功人士分别作了一次调查:什么样的人最具有成功的潜力? 答案出奇地相似:崇尚行动,具有超强行动力的人更容易成功。

成功不是靠别人的帮助,也不仅仅是靠机会的垂青,而更重要的是靠自己实实在在的行动。一个具有高效行动力的人,才会对目标和任务积极主动地执行。他们不会在乎要付出多大的代价,或者自己能得到什么样的结果。他们只是按照计划有条不紊地行动,当出现问题的时候能及时解决,这些都是成功者必备的品质。

几年前有个女孩独自去尼泊尔旅行,这该是一场浪漫而冒险的活动。她在加德满都坐摩托车跌倒,只能一瘸一拐地回来。然而,她竟然毫不在意,蹬上自行车又独自跑到西藏,甚至信誓旦旦地说一定要跑完五条进藏路线。其实她如今满可以坐火车一路风景地到西藏旅行,但是在充满探险与热情的年龄,她显然更偏好与自然的亲密接触。她对受伤的乐观的不计较,对旅行的朴实的热爱,都是她内心的想法和行动。她的行动的意义在于满足自己的爱好,在于使年轻的生命充实。这是她不会后悔的经历,这样把想法见之于行动,用行动来实现想法。这大概会鼓舞许多认为理想与现实相差过多的人们,去学习这个女孩的精神,实现自己的想法。这样,这个女孩的行为就是有意义的,不是闲得无聊、没事找事,而是通过行动,既满足自己的心意,又能产生激励别人的效果。其实每个人的想法和行动都有自己的规则,无论是埋首书本,还是阔步在大自然,都有其行动的意义。

每个人的想法和行动都有自己的规则,比如说那个女孩,无论是只身南下,还是独行西藏,都有他们各自的意义,无论是我们暂时理解到的意义,还是他们心中的意义。在这些行动中,她表现出了过人的勇气和对待生活的乐观态度,这些优秀的品质,是值得我们每一个人学习的。

当然,行动就会遇到问题,就不得不面对成功和失败,但是学习也就从这个时候开始了。行动,拓宽了我们的视野、关注和向往。行动中,我们学习着、了解着、实验着、锻炼着、交流着、感动着、互助着、领导着。

行动中,个体认知了自己、他人,认知和自己类似的人、和自己差异很大的人,就像"六方会谈"。会谈中,知晓、评价了自己,了解了他人、他人的人格、意向和界限。行动中,自己渐渐丰满而充实。但是如果没有了行动,我们自然就变成了井底之蛙。因为世界总是在变化的,而行动是感知世界变化最有效的办法,理论和实践之间永远都会存在代沟,只有勇敢跨过去的人才有机会取得成功。

行动,是域限和时间的函数。历史,是行动的刻录。将每一个人的行动,用点、面、空间和时间凝固下来,将是一个四维的图谱——瞬时空间和时间的长河。有的人像泥沙一样,在历史的长河中一闪而过;而有的人则像是块石头沉在清澈的河底,在河床上留下深深的印迹。

我想,这个时候,我们真的应该好好地反思一下。一直以来,我们都被灌输着知识就是力量的观念,其实知识不是力量,使用知识才是力量。因为知识本身并不能被吸收财富,除非你将知识加以利用,并通过实际的计划行动,去达到积累财富的明确目的。人们认为拥有知识,便可以拥有更多的财富,买我们所想要的东西,所谓贫穷只是因为自身所拥有的知识不够多。所以,不断学习获得新知识是必需的。也正因为如此,我们才说行动才能把知识转化成财富,行动才是真正的生产力。

被称为中关村创始人的陈春先先生,曾经是中国科学院一位非常优秀的科学家。在苏联留学期间,因为成绩优秀受到苏共总书记赫鲁晓夫的接见,"文革"后第一批被破格提拔为正研究员(教授级),同时提拔的还有陈景润等;参加了第一届全国科技大会;第一批经国家学位委员会审定为博士生导师。可就是这样一位原本要和科学打一辈子交道的科学工作者,在上世纪80年代三次访问美国之后,深受美国"硅谷"现象的影响,他感叹于美国的科学家能把研究成果和发明立刻就运用到实际的生产和建设中,他认为这样才发挥了知识的力量。回国之后,他率先将设想付诸实施。当年12月,他与纪世瀛、崔文栋等人带领十几个中科院的学术骨干成立了"北京等离子体学会先进技术发展服务部",这被看作中国历史上第一个民办科研机构,也是民营科技企业的前身,这在刚走出"文化大革命"的中国人看来简直是件不可思议的事情。对于我们中学生来讲,我们也曾经有过触动,也曾经想让自己的学习成绩能够名列前茅,也曾经想要努力地提高自己的综合能力,但是迫于压力和种种原因,很多都没能实现。因为要提高成绩,就得在别人玩耍的时候埋头读书,要在别人午休的时候用功学习,会被人误解,甚至被人嘲笑,这都成为了阻碍我们行动的最大绊脚石,当然,它同时也阻碍了我们的成功。

就像数以百万计的人因误解"知识就是力量"而感到困惑,这便是由于对此事实缺乏了解的缘故。"知识就是力量",这只是说,知识是"潜在的"力量。只有将知识组织成明确的行动计划,并通过自身实际的行动使计划导向一个明确的目标时,知识才会成为真正的力量。因此,对你已有的实践性知识采取持之以恒的具体行动,便昭示着成功将至。

有时候行动的作用只有行动后才知道,但其结果可能会让你大吃一惊。如果你为自己所制订的计划没有留有随机修改调整的余地，认为已经是天衣无缝，那么它一定是个漏洞百出的计划。因为世界是动态的，每个人制订的计划通常是不完美的。但如果你对目标有清晰的观察力，将计划赋予弹性，那么，你将在应付突发障碍或从偶发的机会中得利。因此，一分钟也不要拖延，立即付诸行动，再体会后调整你的行动计划，而后当机立断、果敢而行，朝目标的方向迈进。

只有劳动者才是一切人间奇迹的创造者，天才不是上天恩赐的圣物，而是辛勤汗水的结晶，这便是行动的精髓。

因为锈蚀而报废的工具，

远比因为使用过度而损坏的工具多；

最容易学的是经验，

最难用于实践的东西也是经验；

"我必须解决这个问题"比"这个问题需要解决"解决的问题多；

如果你还在等幸运之舟的到来，

请至少把码头造好；

你知道什么不重要，

重要的是你能干什么；

忠告和炒菜一样，

让别人吃之前自己要先尝一尝；

给予建议和给予帮助之间，

有很大区别；

治疗绝望最好的药物是行动；

盯着海面看，

不能帮你到达彼岸；

二十年后，

你会因为你没做过的事后悔，

也会因为做过的事而后悔，

但前者会远多于后者。

把立刻行动培养成习惯

我们往往会有这样的经历，今天收到朋友的来信，想着一定要早点回信给人家，可是到寄出信件的时候已经是一周或者两周以后了，因为整天都有很多事情要做，总告诉自己过两天再写也没关系；寒假的时候，每天早上刚一睁开眼睛，想起昨天晚上打算好了今天早起锻炼身体、帮妈妈做家务，然后立刻就转念一想，反正就在家待这几天，睡一个懒觉应该是可以允许的，在学校的时候家务都是妈妈一个人做，今天不帮忙她应该不会觉得很累吧，然后就转个身又进入了梦乡。其实每一天，我们每个人的大脑当中，都会产生许许多多的想法，有创意，有打算，也有很多想做某件事的冲动，这些想法往往就像灵感一样稍纵即逝，而我们很少会抓住它们，能付诸行动的更是少之又少，只好每天都眼睁睁地看着这些可能会改变自己命运和前程的想法在脑海中飘走。

我就曾经为陷入这样一个误区而深深苦恼着。我能提高自己的成绩，可是明明知道自己有效率不高的缺点，却一直都没有去改善；我想有一份自己的事业，想实现自己的人生价值，可是我从来都不行动；我想成功，想建立良好的人际关系，可是我从来都不努力；我想健康，想充满活力，想锻炼身体，可是我从来都不运动；我常常给自己设立目标，制订计划，但是从来都没有执行过。

因为我的拖延和懒惰，直到高考那一年，我都几乎一事无成。暑假的时候看着自己的同学拿着重点大学的录取通知书,一个个红光满面意气风发地相互炫耀,兴高采烈地幻想着未来美好生活的时候,我却只能把自己藏在屋子里,轻易不愿意出门,那一段时间真是痛苦极了,我为自己迟缓的行动力付出了代价。

我深切尝到不行动的苦果,上大学之后,我开始检讨。我发现,每一个成功者绝不会是"语言的巨人,行动的矮子",一般都是行动家,不是空想家;每一个成功的人都是实战派,绝非理论派。我告诉自己如果再不开始改变的话,我就要永远地失败了。于是,我决定,我要培养"立即行动"的好习惯。从这以后,每次学校有活动,只要是我有时间,就立刻报名参加。冬天,我强迫自己每天早上六点钟醒来之后第一件事就是把被子掀开;为了能上台演讲,我强迫自己每天演讲两个小时,没练完的话坚决不睡觉。渐渐地原本强迫自己的事情就变成了习惯。每当自己有个什么想法的时候,我尽力让自己立刻就去做,即使那个时候再累、再疲惫、再不情愿,我都要求自己立刻付出行动。因为我慢慢地体会到对于成功来说单单设定和分解目标是远远不够的,即使我们具备了知识、技巧、能力、良好的态度与成功的方法,懂的比任何人都多,如果我们不采取行动,一切美好的愿望也都只是虚无缥缈、可望而不可即的海市蜃楼,还是很难获得成功。

比尔·盖茨说:"想做的事情,立刻去做!"当"立刻去做"从我们的潜意识中浮现时,我们应毫不迟疑地立刻付诸行动。21 世纪是一个"快鱼吃慢鱼"的信息时代,资源共享,信息传递飞快,"不进则退、慢进也是退";只有快速行动,才能使我们在激烈的竞争中获得更为有利的位置,才能把握住一个个转瞬即逝的机会。

只要我们从早上睁开眼睛的那一刻开始,我们就立刻行动起来,一直行动下去,对每一件事都要告诉自己立刻去做。你会发现,我们整天都会充满行动带来的充实的快感,只要这样持续两个星期左右,

就能养成立刻行动的好习惯了。

立刻行动可以应用在人生的每一个阶段,敦促我们、鞭策我们去做自己应该做却不想做的事情。不论自己现在境况如何,只要我们用积极的心态去面对,立刻行动,成功就将属于我们。

一个人想要获得成功,就不能止于"坐而言",更要"起而行"。

富兰克林住在费城的时候,科学家的天性使他觉得这个城市需要街灯,他的提议遭到当地居民的反对,他意识到与其费尽唇舌去和那些反对的人争辩,还不如用实际行动去说服他们。于是他在自家门口挂了一个很漂亮的灯笼,吸引了来来往往的人的目光。

不久,富兰克林的邻居也开始在自家门口悬挂灯笼。又没过多久,费城的市民开始准备装设街灯了。富兰克林口才再好,也比不上他的行动更有说服力。

成功与失败的差别就在于面对问题时设法去解决问题,而不是坐在那儿一直谈论问题。行动永远要比空谈更有效。

另外,不要去为那些我们无法改变的事情烦恼。我们的精神气力可以用在更积极、更有建设性的事情上面。如果你不喜欢自己目前的处境或生活,如果你不满足自己现在的成绩和能力,别坐在那里烦恼,起来做点事,用行动设法改善它吧。多行动,少烦恼,因为烦恼就像摇椅一样,摇啊摇的,你最后还是留在原地,什么也不会改变。

只有你的行动才能改变现状

大家都知道,美国电影明星史泰龙拍一部电影的片酬最高达 2000 万美金。世界篮球天王迈克尔·乔丹那时候签下一个合约,也不过 2500 万美金。大家都在谈,迈克尔·乔丹值不值这个钱?史泰龙拍电影,就在那里打打拳,这样"秀"一下他的肌肉,2000 万美金一部片子,好像比迈克尔·乔丹还要更好赚一点。可是没有人会怀疑史泰龙可以赚这样的钱，我觉得很奇怪。

结果在记者访问史泰龙的时候得到了答案。他问："史泰龙，我已经听过所有成功的故事，我见过世界上最成功的人士，包括总统、元首、女王，包括领袖、企业家、诺贝尔和平奖的得主……这些我都访问过。史泰龙，你到底是如何成功的？你可不可以给我一些不一样的成功故事？"

史泰龙开始跟他讲，说他那个时候下定决心，一定要从事演艺事业。可是一直找不到这份工作，所以史泰龙每天都没有什么饭吃。那个时候史泰龙养了一条小狗，他的小狗也没有饭吃。你知道让你的狗没有饭吃，你会有什么感觉？史泰龙自己可以不吃饭，小狗如何每天不吃饭跟着他？

可是史泰龙下定一个决心，他告诉自己说："假如我没有找到一份有关演艺事业的工作，我拒绝去打任何一份临时工来养活我自己。我拒绝！"

这就是他强烈的进取心！

史泰龙到最后必须把他的狗卖掉，因为他没有能力去养他的狗。连狗都养不起的话，你知道他可能天天喝西北风。直到他找到一份演艺事业的工作。他写好的剧本拿给好莱坞的导演去看，可是没有一个人愿意与他合作，但是史泰龙从来都没有放弃，他每天都早早地起床去拜访大导演，所有的导演都拜访完了之后，他修改自己的剧本，然后再重新开始付出行动。直到《洛奇》的开拍让他一炮走红，成为世界级的影视明星，而他也不过是从最基本的做起，那就是不论结果怎样，行动！行动！行动！

在我们与我们的目标之间，总是会有许多人、许多事横加阻隔，可是这些困难我们都可以克服，除非不相信你能克服它们。只要相信自

己做得到,并且愿意去做,我们就能够做成任何想做的事。莎士比亚曾写道:"多余的考虑是叛徒,它让我们经常因为害怕尝试而失去赢的机会。"康拉德·希尔顿的评语是:"自助天助,则无事不成。"

我想正是信念和行动,才铸就了史泰龙的成功。

下面这段文字是《羊皮卷》第九卷,如果你和曾经的我一样,是个意志力和行动力薄弱的同学的话,可以常常把这篇文章拿出来读一读。有很多同学常常会问这样的问题,我的控制力不好,我学习总是没有斗志,我总是失败,没有信心。当然,心理的调整是解决问题的方法之一,但是有时候一两句激励的语言可能就会让我们豁然开朗。当我在为事业打拼的时候,也会遇到低谷,也会有受打击没有自信的时候,我总会安静地坐在书房读书,无论是历史书、人物传记或是励志书籍。我去看别人的成功,然后思考自己的将来,很快就能走出低谷,这也是为什么我会用大幅的文字和激励的语言来描述增强行动力的意义。只是希望你在意志消沉的时候,翻开读一读,或许会有某一句话能为你带来新的勇气。

我的幻想毫无价值,我的计划渺如尘埃,我的目标不可能达到。

一切的一切毫无意义——除非我付诸行动。

我现在就付诸行动。

一张地图,不论多么详尽、比例多精确,它永远不可能带着它的主人在地面上移动半步;一个国家的法律,不论多么公正,永远不可能防止罪恶的发生。任何宝典,即使我手中的羊皮卷,永远不可能创造财富。只有行动才能使地图、法律、宝典、梦想、计划、目标具有现实意义。行动,像食品和水一样,能滋润我,使我成功。

我现在就付诸行动。

拖延使我裹足不前,它来自恐惧。现在我从所有勇敢的心灵深处,体会到这一秘密。我知道,我要克服恐惧。必须毫不犹豫,起而行动,惟其如此,心中的慌乱方得以平定。现在我知道,行动会使猛狮般的恐惧,减缓为蚂蚁般的平静。

我现在就付诸行动。

从此,我要记住萤火虫的启迪:只有在振翅的时候,才能发出光芒。我要成为一只萤火虫。即使在艳阳高照的白天,我也要发出光芒。让别人像蝴蝶一样,舞动翅膀,靠花朵的施舍生活;我要做萤火虫,照亮大地。

我现在就付诸行动。

我不把今天的事情留给明天,因为我知道明天是永远不会来临的。现在就去行动吧!即使我的行动不会带来快乐与成功,但是动而失败总比坐以待毙好。行动也许不会结出快乐的果实,但是没有行动,所有的果实都无法收获。

我现在就付诸行动。

立刻行动。立刻行动。立刻行动。从今往后,我要一遍又一遍,每时每刻重复这句话,直到成为习惯,好比呼吸一般,成为本能,好比眨眼一样。有了这句话,我就能调整自己的情绪,迎接失败者避而远之的每一次挑战。

我现在就付诸行动。

我要一遍又一遍地重复这句话。

清晨醒来时,失败者流连于床榻;我却要默诵这句话,然后开始行动。

我现在就付诸行动。

外出推销时,失败者还在考虑是否会遇到拒绝的时候;我要默诵这句话，面对第一个来临的顾客。

我现在就付诸行动。

面对紧闭的大门时，失败者怀着恐惧与惶惑的心情，在门外等候；我却默诵这句话，随即上前敲门。

我现在就付诸行动。

面对诱惑时，我默诵这句话，然后远离罪恶。

我现在就付诸行动。

只有行动才能决定我在商场上的价值。若要加倍我的价值，我必须加倍努力。我要前往失败者惧怕的地方。当失败者休息的时候，我要继续工作。失败者沉默的时候，我开口推销。我要拜访十户可能买我东西的人家。而失败者在一番周详的计划之后，却只拜访一家。在失败者认为为时太晚时，我能够说大功告成。

我现在就付诸行动。

现在是我的所有。明日是为懒汉保留的工作日，我并不懒惰。明日是弃恶从善的日子，我并不邪恶。明日是弱者变为强者的日子，我并不软弱。明日是失败者借口成功的日子，我并不是失败者。

我现在就付诸行动。

我是雄狮，我是苍鹰，饥即食，渴即饮。除非行动，否则死路一条。

我渴望成功，快乐，心灵的平静。除非行动，否则我将在失败、不幸，夜不成眠的日子中死亡。

我发布命令。我要服从自己的命令。

我现在就付诸行动。

成功不是等待。如果我迟疑它会投入别人的怀抱，永远弃我而去,此时、此地、此人。

我现在就付诸行动。

以下的场景可能我们都不会很陌生,生命当中这样的例子不胜枚举,想一想,如果我们多动些脑筋,快一点行动,结果会是怎样的呢?

情景一:

一个站在游泳池旁的人问你:"我该怎样往下跳?"你也许会觉得这问题太幼稚,你或许会这样回答他:"不要想得太多,只要你现在就跳,你便会知道该怎样跳了!"这就是所谓的"立刻行动"。

情景二:

小时候在庭院里玩,突然发现一只受了伤的小鸟在地上挣扎着,抱有同情心的我把小鸟抱回家的门口,然后跑去向父母询问可不可以在家里养这只可怜的小鸟。当征得父母同意后兴致勃勃地去抱小鸟时,却发现隔壁家的猫正玩弄着奄奄一息的小鸟,后悔当初……

从此,"立刻行动"的字眼铭刻在心中,时时刻刻提醒自己要行动,不要犹豫。

情景三:

寒假即将到来,回家和家人团聚那是大家的心愿。可每每到此时候,便是头疼的时刻。人太多,火车票难买,有座票都被速度快者给抢走了,然而自己也只能买张站票。本打算站着回家,武汉至郑州的列车至少要花五个小时的路程,照这样站下去,腿都会麻,然而每一次回家自己又是那么的幸运,每次都能找到位置,这也让好多同学羡慕。常听同学埋怨道:唉,这次回家人太多了,站了几个小时回家,腿都酸了。于是我就反问他:是不是你抱有这种想法,上了火车后就不走动了,怕一节车厢一节车厢地去找位置,找到最后一节也找不到位置,发现白走了一趟?然而我却是一上火车就一节车厢挨一节车厢地找位置,不管是找得到还是找不到,心里还是充满希望,有付出才有回报,没有付出回报从哪里来？就是靠着这样一种痴迷的行动才让我每次免于五个小时的站立。

情景四：

学校每学期都会定期举办各种各样的讲座,其中当然包括著名教授的。每当知名教授报告讲座完后,留下几分钟的时间让同学们提问题,近距离地交流,然而台下一片鸦雀无声,直到在场的老师鼓励才有几个同学举起手。难道我们一点疑问都没有吗？难道我们都听明白了吗？我想不是,害怕提问以及害羞是完全有可能。著名教授难得有机会来我院一次,也许今生就只有这么一次,跟这么有名气的教授近距离地接触,机会是难得的,然而我们却毅然地放弃了,让难得的机会稍纵即逝。在这个时候就要我们立刻行动,不然机会是不会有第二次的。"不进则退,慢进也是退",只有快速行动,才能使我们在激烈的竞争中获得更为有利的位置,才能把握住一个个转瞬即逝的机会。一个人尚是如此,更何况一个庞大的企业呢？

我们想要赢就不能总是等待好运气的出现。如果迫不得已的话就是在睡梦中也得准备好计划。

对我们来说也是一样,不要总是想等待好运气,也不要等待最好的行动机会,机会只垂青那些有准备的人。现在就开始行动,积累知识和能力,做好一切准备。世上不存在绝对的好时机,不存在完美无缺的力量,同样不存在十全十美的完人。所有的机会、力量以及能力都是在行动中体现出来的。

生命需要立刻行动,那是生命价值的体现,去行动才会有成果,不要再犹豫,往下跳,才能去拥抱未来。

那究竟怎样的行动才是最有效的呢？有了计划,有了想法和冲动,行动中我们该注意些什么呢？这才是更有实质性的内容。

我们该怎么做呢

各行业中首屈一指的成功人士都有一个共同的优点——他们办事言出即行。这种能力会取代智力、才能和社交能力，来决定他们的财富增长和社会地位的晋升。

虽然这个观念很简单，不过很多希望成功的人却正是败在这点上。立即行动的习惯，说白了就是立即把思想付诸行动的习惯，这对完成事情来说是必不可少的。这里有几个方法可以帮我们培养立即行动的习惯。

（1）不要等到条件都完美了才开始行动。

如果你想等条件都完美了才开始行动，那很可能你永远都不会开始。因为总是会有些事情不是那么好。或是错过时机，行情不好，或是竞争太激烈。现实世界中没有完美的开始时间。你必须在问题出现的时候就行动起来并把它们处理好。开始行动的最佳时间就是去年，其实便是现在。过分地追求完美就是追求完蛋，我们不可能等到身高够资格了才去打篮球，我们不可能等到自己完全有能力了才去学习知识。任何事情都是循序渐进的过程，付出行动也不例外。比如说，你有一个很好的创意或者发明，可惜的是现在材料不够，时间不允许，不能很快地就把它转化成产品，这个时候要不要放弃呢？难道这个时候就真的没有什么事可以去做吗？

如果所有的行动都如发射火箭一样，在发射之前所有的设备、程序等条件必须全部到位，行动只在发射瞬间，那么这个理由的确是合理的。

可是，在我们的许多行动中，若要等到全部条件具备齐全以后才开始行动，那很可能会丧失机遇。比如，某一企业准备生产一批紧缺商品,但是各种材料数额有限,需要从外地加运。作为总经理,你会等到材料全部凑足才开始生产吗? 显然不会,你会利用已有的材料生产,一边生产一边运输材料。如果等到材料全部凑足才动工,可能紧缺商品已成为滞销商品。

以条件不齐备作为借口不行动,只会延误计划,丧失机遇,在这种情况下,利用好已有的条件开始行动,一边行动,一边寻找或等待条件成熟或齐备。

那些叫嚷着"条件不齐备"的人,并非已有的条件完全不充足,他们要么是墨守成规者,做事死板呆滞,要么就是给自己的懒惰找借口。不管怎样,其结果都会延误时机。举个例子来看看:

我上大学的时候认识一个朋友,他的名字叫程夏。他参加中国大学生科技作品展,自己制作的下水道自动防堵设备申请了专利,被一个磨具制造商花了 60 万元买走。在一起聊天的时候他告诉我,其实这个创意缘于他上高中一年级的时候。那时候,他家住的小区比较旧,下水道年久了,经常会堵塞,每修一次就要停水好几天,他就突发奇想能不能发明一个可以自动除杂的管道连接口,谁家堵塞了可以自己拆下来处理。可那个时候他什么都不懂,连管道有什么材料都不知道,但是他没有让自己的想法溜走,而是紧紧地抓住不放。他请求爸爸给他讲解下水管道的结构,又请物理老师帮他查找相关的资料和图片。然后趁休息的时候自己画图自己设计,可是没有专门的材料,没有相应的模具,他就用木块刻出了一个小模型,这就到了高三,迫于学业压力就没再管自己的设计。后来上了大学之后,学校组织参加全国大学生科技创新大赛,他就把自己原来的想法写成简单的方案交了上去。审核通过之后,学校帮他组建了参赛小组,有模具专业的学生,有工业设计专业的学生,有化工材料专业的学生,还配了一个法律专业的同学负责专利申请。其实他高中时的设计很不完善,基本只停留在一个想法的阶段，但是经过高中一年半的努力，设计思路已经比较成熟。如今，经过不同专业的同学齐心努力，很快就做出了产品，申请了专利之后带到了展览会上，被一个模具制造商看中，就成了很快能在市场上见到的新产品。

其实我们不难发现，刚开始的时候，程夏几乎不具备任何条件，但是他没放弃，自己捣鼓了一阵子，做了很好的准备，渐渐地时机成熟了，设想就立刻变成了现实，并产生了生产价值，这就是行动的结果。

（2）做一个实干家。

要实践，而不要只是空想。你想开始实践吗？你有没有好的创意要告诉老板，或者告诉你的老师？一个没被付诸行动的想法在你的脑子里停留得越久越会变弱。过些天后其细节就会随之变得模糊起来。几星期后你就会把它给全忘了。在成为一个实干家的同时，你可以实现更多的想法，并在其过程中产生更多新的想法。

（3）记住，想法本身不能带来成功。

想法是很重要，但是它只有在被执行后才有价值。一个被付诸行动的普通想法，要比一打儿被你放着"改天再说"或"等待好时机"的好想法来得更有价值。如果你有一个觉得真的很不错的想法，那就为它做点什么吧。如果你不行动起来，那么这个想法永远不会被实现。要相信你也可以改变这个世界，说不定就在不知不觉当中。

（4）用行动来克服恐惧、担心。

可能很多同学都不知道，公共演讲最难的部分就是等待自己演讲的过程呢？即使是专业的演讲者和演员也会有表演前焦虑担心的经历。但是一旦开始表演，恐惧也就消失了。行动是治疗恐惧的最佳方法。万事开头难。一旦行动起来，你就会建立起自信，事情也会变得简单。通过行动来克服恐惧，建立自信。

要记住，恐惧往往都是自己想象出来的，在我们"超越自我"训练营中就有这样一个环节——吞火。把火棒一端点上火,然后把 10 厘米甚至更长的火苗吞入口中。听上去很疯狂吧,其实道理很简单,火苗吞入口中,闭上嘴之后,口腔内瞬间缺氧,火自然熄灭,绝对不会造成伤害。可是即使我们把动作一遍一遍地教给学员,而且讲得很清楚不会有任何的问题,可是依然有很多人不敢,他们总会想象出可怕的后果来吓唬自己。可是当第一次在讲师的开导下吞火成功之后,他就再也不会害怕了。其实生活何尝不是如此,有太多的事我们只是想过而从来没有做过,可是没有尝试过并不代表没有能力去做,即使是我们一时半会儿做不好,慢慢地锻炼,总会有一天能把它做好的,但前提是我们一定要开始去做。

(5)机械地发动我们的创造力。

人们对创造性工作最大的误解之一,就是认为只有灵感来了才能工作。如果你想等灵感给你一记耳光,那么你能工作的时间就会很少。与其等待,不如机械地发动你的创造力马达。如果你需要写点东西,那么强制自己坐下来写。落笔,灵机一动,乱涂乱画。通过移动双手来刺激思绪,激发灵感。比如说,我从高中开始就一直非常喜欢玩魔术,特别是纸牌魔术,可是任何一种新的表演手法的创造都是一个艺术设计的过程,的确需要一些灵感。于是我无论是坐地铁还是放假回家,我总会在兜里面装一副牌,有时间的话就拿出来玩一玩,别人无意的一句话常常就能给自己带来一些灵感。我想之所以有很多搞设计和艺术创作的同学身上不离笔和纸,可能就是这个原因吧!

(6)先顾眼前。

把注意力集中在我们目前可以做的事情上。不要烦恼上星期理应做什么,也不要烦恼明天可能会做什么。我们可以左右的时间只有现在。如果过多思考过去或将来,那么我们将一事无成。明天或下周的事经常是永远都不会发生的。

（7）立即谈正事（立即切入正题，主要是写给已经工作了的职员）。

人们在开会前一般都会做些社交活动或聊聊天。独自工作者也是如此。在真正开始工作前你多久会检查一次 Email 或 RSS feeds 呢？如果你不避开这些让人分心的事情来开始谈正事，那它们会花掉你很多时间。一旦开始谈正事，那就会变得更有创造力，而且别人也会把你当领导者看。

（8）看清情况，寻求主动。

没有上级的指示或者老师的要求就开始行动，这是需要勇气的。或许这就是为何主动性是一种优秀品质的原因，而且是让各地企业的经理主管们都垂涎的一种品质。当你有一个想法的时候，不要等别人来告诉你就要把它给执行了。一旦人们看到你很认真地完成事情，他们就会想要你加入。成功人士不会让别人来告诉他们该做什么。如果你想加入他们，那就该习惯主动行动。

千万不要把今天能做的事留到明天。

——本杰明·富兰克林

人们习惯于做事总往后拖延一步，总愿意在行动之前先要让自己享受一下最后的安逸。只是在休息之后又想继续享受，这样直到期限已满，甚至被别人督促，行动也还未开始。事实就是，拖延直接导致行动的失败。

消灭拖延的借口

这个场景恐怕很多人都有遇到：你下定决心要克服睡懒觉的毛

病,于是计划每天早上六点半起床。第二天,你的闹钟准时响了,但是你根本就没有精神起床,于是对自己说:"今天就当作最后一次吧,再多睡 10 分钟,明天绝对不再这样。"果然,你按掉闹钟,转身继续睡觉。直到忽然醒来,发现马上就要迟到,匆匆忙忙地爬起床,再一次重复了以前的错误。

这就是拖延。拖延使你的计划成为泡影。谁都知道制订计划的好处和拖延的坏习惯会带来的不利影响。可是一旦付诸行动,总是不自觉地为自己找各种借口为自己拖延。以下列举了一些普遍的借口,希望大家能够认真地对待。

(1)行动已经来不及了。

这是弥缝最憎恨的借口。特别是当自己或别人这样说时,"不是不想行动,只是行动也于事无补,那行动还有什么意义呢?"弥缝总是反驳,你还没有行动呢! 拥有这样消极的想法,只会使人放弃最后的补救机会。

行动在任何时候都不会晚。或许在这之前我们错失了一些好的机会、条件,或者因为自己错误的行为产生了一些不好的后果。但是,在一切以前的事态已经成为事实的情况下,我们只有一条路:那就是行动。除此之外,就只能是放弃和失败。

我们行动的目的是为了找回失去的机会或条件,弥补损失和过错,让事态恢复到正常水平或者为行动提供条件。即使推动了机遇,产生了错误,如果不挽救,那只能是一错再错。

行动真的来不及吗? 有的人只是太悲观,已经失去自信和信念,才出此言。字写得不好的人在坚持一段时间练字后,会发出这样的感叹:"字已成形,来不及了。"没有不可能的事情,也没有来不及的行动,只要你从现在马上开始做,并坚持下去,你会看到奇迹发生的。

"来不及"是消极的心态,对自己要有信心,相信自己有能力补救失去的东西，也只有如此，我们才有成功的希望。如果我们承认放弃，那就是永远的失败。

（2）它是我讨厌的事情。

收拾屋子、洗碗拖地是一般人都讨厌的事情。可是，你不会看着又脏又乱的屋子而无动于衷吧？面对自己讨厌的事情，人们很难有行动的兴趣。可是有的事情你尽管讨厌，但还是得去做，有时候还不得不去做。

现在教你对付这种事情的方法：看到讨厌而又必须完成的事情，在想它讨厌之前，就立即行动把它做完。否则，我们越拖延，厌恶感越强，做起来越烦躁。所以，不如趁厌恶感还未滋生前或比较弱的时候赶快行动，完成我们必须完成的事情。

如果你讨厌洗碗，在吃完饭以后别休息，别想这活儿有多累，马上把碗洗掉。立即行动既省事又省心。

（3）下次还有机会。

不要给自己留退路，说什么"以后还有机会"、"时间还比较充裕"。在制订好计划以后你就没有了后路，唯一的选择就是立即行动。立即行动，使你保持较高的热情和斗志，能够提高办事的效率。拖延只会消耗你的热情和斗志。古时作战，兵家策略是"一鼓作气"，防止"一而再，再而衰，三而竭"。拖延之后再想让疲软的心态鼓起斗志是比较困难的。

在行动之前要给行动留下个合理的期限，没有期限的行动常常是无效的行动或效率特低的。有一个时间约束，就能让你提醒自己：必须马上行动，否则在约定时间期限内完不成行动计划。值得注意的是：一定要一次性将它落实，千万不要说："以后再执行。"以后就意味着这次行动的失败。下一次你还要面对拖延这个问题，为何不立即行动，消灭掉这个坏毛病呢？

成功者必是立即行动者。对于他们来讲，时间就是生命，时间就是效率，时间就是金钱，拖延一分钟，就浪费一分钟。只有立即行动才能挤出比别人更多的时间，比别人提前抓住机遇。

有人说，判断一个人的成功，看看他走路的速度和力度。速度快、力度强的人是沉稳而又干练的人，这种人成功的几率比较大，而拖延者的脚步始终是"慢三拍"。对于成功者而言，他们需要的是"快三拍"。

现代生活的节奏是快速的，每个人都加足马力往前冲，如果你还想歇歇，你只能等待被淘汰。危机意识要求人们加快行动的步伐，不能掉队。

没有错误的年轻时代是苍白无力的

这个标题听上去怪怪的，因为我们以往的经验都是不断地在避免自己的错误，总是在想如果能不犯错误那该有多好！其实这样的想法是有些偏见的，如果没有了错误，我们哪里来的进步呢？以往在大学演讲的时候，我总会强调一个观念，那就是大学是个犯错的地方，很多人不明白。其实我想表达的意思是，对于要进入社会的年轻人来讲，有很多错误出在校园里要比出在工作中好得多，错误出在校园里我们可能会挨个批评，甚至说严重一点可能会搞砸一场活动，可如果一些错误出在了工作中，那可能就会造成不可挽回的损失。每一次错误都是一次难得的经验，不论是为人处世，还是组织领导能力，都是在一次又一次的错误中得到教训，才会变得越来越成熟，才可以在以后再遇到同样情况的时候沉着应对。

获得经验最好的办法就是不断地行动，当然这也是获得错误最好的办法。不要害怕犯错误，特别是年轻人，如果总是瞻前顾后，可能就会束住自己发展的手脚，即使自己有足够的能力，恐怕也难以施展。

很多事情,其实经历得越早反而越有好处。因为经历就是一种财富,不论好的、坏的。只要能从中学到些什么,那么,就不会是白白地经历,除非我们真的很笨,永远不吸取教训。花瓶碎了,大多数人的做法是把碎片扫地出门。而丹麦科学家雅各布·博尔却仔细研究碎片,发现了大小碎片之间一种特定的倍比关系规律。随后,他将这一规律运用于考古研究,进而由已知文物的残肢碎片推测恢复出它们的本来面貌,为弥补人类文明史作出了贡献。由此可知,花瓶碎了不可怕,可怕的是我们只记住了懊恼的情绪,而把失败不假思索地扫地出门。

再说了,即使真的犯错又有什么可怕?可怕的是不吸取教训,下次还犯同样的错误,那生活当然会一次又一次地接着教训你!趁着还年轻,还有时间纠正这错误,趁着时间还可以平复这伤口,就别怕。当然不是说我们要故意去犯什么错误,那性质就变了,是说不要怕冒险,不要怕体验,不要怕重新开始!我在刚开始演讲的时候也曾经犯过很多很低级的错误,曾经把对研究生的演讲当成本科生讲,闹出很多笑话,曾经因为宣传不当只面对六个听众演讲,也曾经因为讲得不好几乎被人轰下台去。但是我坚信,每一件事情的发生必定有它的原因,只要我能不断地从中学习,就一定能不断地进步。有时候,每次做错了什么事,我就告诉自己,一定是上天还觉得我承受压力的能力还不够,处理问题的能力还不行,所以才故意要让我经历这样的事情来考验我。如果我总是犯错误,就说明在提醒我水平还不够,要更刻苦地锻炼,总之,一定是为了帮助我的事业发展。刚开始是强迫自己这样想,后来就成为了一种习惯、一种意识,以至于在面对打击、面对挫折的时候,能够微笑着、坦然地去对待。亲爱的朋友,不妨你也可以试试看。

"敢去做就是好事。你现在缺少的只不过是经验。"在我刚到公司不久时房老师对我这样评价。我相信很多主管企业的主管都曾经对自己的下属说过这样的话。后来，他又对我说了另外一句话："害怕犯错本身就是最大的错误。"其实这也是很多中学生总是学习不好，最后堕落下去的原因之一。那就是在逃避，他们害怕见到自己的错误，卷子上做错的题，学习生活中做错的事，等等。俗话讲，期望越大，失望就越大，索性对一切都用无所谓态度好了，这样也不至于整天为出不完的错而心烦；殊不知这只会让自己越错越多、越陷越深。其实就是一个态度的转变而已，如果我们都能用学习的态度去面对错误，从自己第一次被别人批评开始，我相信我们就一定会越做越好。

我一直都给自己这样的警告，害怕犯错实际上就是把自己置身于一个安全的环境里面，不愿冒险。"做多错多，能够不做最好不做，或者尽量少做。""不求有功，但求无过。""多一事不如少一事。"诸如此类的对话就是犯错的具体表现。甚至，这些对话渐渐演变为一些人的处世态度。而这样的结果是失去锐气、创意和活动，心态保守，不敢去尝试新事物。

事实上，从不犯错的人是没有的，从不犯错的人也不可能取得成功。犯错的时候，就是成长的时候。正如某公司人力资源总监说的：我们允许下属犯错误，如果哪个人在几次犯错误之后变得"茁壮"了，那对公司是很有价值的。

从某种意义上来说，犯错是在交那笔不得不交的学费。

当然，别怕犯错也不是说可以永远犯错，更不应该犯同样的错。允许交学费，但也不能光交学费不毕业。人们习惯于为成功者献上鲜花和掌声，但在很多时候，如何对待失败者，往往会决定一个团队或者一个企业的成败。

总之，建立正确的态度，我们就能够处理好自己与错误的关系，就能够超越错与对的二元对立去做事、去成功。

勇士有时候惧怕,智者有时候愚拙,专家有时候出糗,辩士有时候舌结,本来就是这样!

看见别人犯错,不必苛责别人,平常得很。

发现自己犯错,不必生自己的气,本来就是这样。

赢家把错误看作是最好的老师,

要紧的是,从错误中吸取宝贵的教训。

所以,

别害怕你会犯错,

因为,

有一种人从不犯错:从不殷勤尝试的人,

但他们永远难以成功。

第三节　一个新的时代

我们已经进入了一个新的时代,不要觉得时代这样的词语跟我们没有关系,其实每个人都可以成为时代的主人。这个时代,就是学习的时代,国家在提倡学习型社会,企业推广学习型中国,历史已经翻开了新的一页,而我们学生就站在时代浪潮的风口浪尖。

提起学习,很多同学的反应则是咬牙切齿般的痛恨。我们从小就被灌输着学海无涯苦作舟的古训,身体力行地体会着所谓的"学习是件痛苦的经历"的教训,把大学当作是学习的终点,甚至用焚书这样极端的举动来庆祝高中生涯的结束,这也是很多非常优秀的院校却教育出那么多不学无术的大学生的根本原因之一。其实学习是一辈子的事情,它不仅仅是知识的积累,更是技能、见识、修养得以不断提高的过程,而我们如果想取得真正的成功,就必然要成为这个新的时代的弄潮儿。上个世纪80年代,中国刚刚掀起了改革开放的浪潮,有很多比较有头脑的人虽然没学过什么知识,但是他们应着国家的政策,做起了生意,赚得了第一桶金,并把自己的企业慢慢地做大起来,下海经商成为了当时最流行的用语。可进入了21世纪,中国加入WTO,门户开放,外国企业纷纷"上岸",传统经济因为技术薄弱而备受冲击,那些没有知识背景的企业家就很难再驾驭得了自己的企业。只有一类企业家最终存活了下来,他们要么是受过良好的教育,系统地学习过管理经验和金融知识;要么就是愿意花时间学习的企业家。他们虽然学历不高,但是他们愿意学习,愿意接触新的事物和技术。他们是让人敬佩的企业家,因为他们的学习精神,这是他们能够让自己的企业永葆青春活力的根本原因之一。

学习时代的到来是社会发展的需要,它并不以个人意志力为转移,这个可能是很多中学生不愿意看到的事实。但我想告诉大家的是,学习其实远没有那么的痛苦,只要能转换一下态度,运用一些技巧,我们一样可以把学习变成一种快乐的体验。

让学习成为流行与时尚

我们不可否认,和很多西方发达国家相比,我们还有一定的差距,而导致这种落后的原因有很多,其中就包括了中国传统教育所带来的我们的思维定式和中国人与生俱来的性格。中国高等教育的普及程度较低,这受国情所困,国家也正在积极地改善。可是学习完全是个人行为,上不上大学和要不要学习没有必要的关系。如果我们可以把一部分追逐时尚和潮流的热情放在学习新的知识上去,我不觉得这是件愚蠢的事情。相反,能做到这些的人,才是社会的精英和国家发展的主导者。试想如果一个民族都是如此，我们的祖国将会是何等的强大。在我们的身边就有这样的例子，想一想，坐公交车、坐火车的时候，有多少人无所事事，只好用聊天、睡觉或者吃东西来打发时间。而在日本，车上和候车大厅是非常安静的，你会发现几乎90%的人手里都在拿着当天的报纸、最新的杂志或者其他书籍在认真地阅读。我见过东京有的地铁出口专门给人丢杂志和报纸的地方，四个一人高的网状桶。据地铁的管理员说，这四个桶每天都要清理好几次，因为不多久就会被报纸和杂志塞得满满的。我想，日本之所以能成为世界上强大的经济体之一，科技飞速地发展，和日本人这种学习的精神是分不开的。

思维和意识上的差别可能短时间内不可改变，但至少形式上我们还是可以学一学的。个性的穿着打扮可以被认为是时尚，流行歌曲和电影可以被称为是潮流，为什么追求知识不能像追求这些东西一样呢？我们可以崇拜歌星影星，为什么不可以崇拜一个德高望重、学识渊博的教授学者呢？这是一个社会乃至一个民族的价值取向，它甚至可以左右一个国家的命运。在日本，大学教授的门外时常是门庭若市，每到周末，会有很多社会人士拿着礼物上门求教，在他们的意识当中，能和这些有知识的学者认识是自己的荣幸。而在中国，大牌教授门外是门可罗雀，且不说社会上的人，就连自己学校的学生可能都很少会向他们讨教问题，这就是教育的不同，就是意识的不同。

从前，有一种最残酷的刑罚，就是叫犯人把这里的石头搬到那里，运完之后再搬回原来的地方。几十年如一日地进行这种一成不变的操作，许多犯人因为感到无聊而痛苦不堪，最后发狂自杀。心理的痛苦往往比肉体的痛苦更可怕。

对于我们来说，被迫做"无趣"的事情，实际上是非常痛苦的，而我们时常就是把学习看作这样一种无趣的事情。

一位中学生朋友有理有据地对我讲了上面这段话。她觉得自己把同学们对学习的真实心理都讲出来了。因为学习在一些同学的眼里，就是每天写着永远都写不完的作业，整天除了与那些无聊的数字和曲线打交道，就是头疼地面对难以理解的语言和文字，没有玩耍，没有快乐，还时不时地会因为一些错误被老师痛批一阵。这样的生活我们自然无法忍受，从那以后，只要是从我们的嘴中说出来，学习永远是一无是处的。

的确，当我们还在幼儿园的时候，对上学充满了向往和好奇，我们相信学习一定比我们玩的游戏更有意思。可是步入学校不久，我们发现学习原来是很枯燥的，简直没有什么乐趣可言。这种心理有时会一直持续下去，甚至延续到高中和大学。最后我们也许学到了一些知识，可是我们远远没有学到学习的乐趣。

如果我们能把学习当成游戏，也许就会学得高兴又轻松，我们也将会在后面的章节介绍具体的方法。

试着把学习当成一件有意思的事，把不喜欢的或者讨厌的事情变得有趣味，如果你觉得自己并不笨，是很容易就能办到的。快乐的秘诀是喜欢自己做的事，而不一定是做自己喜欢的事。有很多事情是我们无法改变、无法选择的，既然改变不了事实，那我们就改变自己。

参与行动，开始学习。想要将不喜欢的和讨厌的事变得有趣味，我们的第一条秘籍就是要加深对这种事物的认识和理解，并亲自参与行动，知道为什么学习应该是学习的开始。

一次课上，老师问这样一个问题：

"汽车进了加油站最想做什么？"

"加油！"许多同学不假思索地回答道。但是很快，他们从老师的眼神中看到了不满，于是七嘴八舌补充道：

"休息!"

"吃东西!"

"找人聊天!"

甚至还有同学想到:"去上厕所!"

老师有些失望:"其实,车开进了加油站,最想的是赶快开出加油站,重新上路! 因为车知道自己的目的地在前方,它会一直奔向旅程的终点……"

原本热闹的教室一下子安静了许多,同学们开始思考……

其实,给大家讲这样一个故事,也是想一起思考这个问题:我们为什么要学习? 学习的时候我们有没有目标? 我们的目标何在?

少年周恩来说,为中华之崛起而读书。我们不苛求每一个人都有周恩来一样宏伟的抱负,但要求每一个人都要有自己的目标,要知道自己学习的目的。

学习是为了将来的生存,家长这样叮嘱;学习是为了做一个高素质的人,老师这样告诫。可是我们往往不想这么多,今天的作业还没写完呢,上午课上的物理题还是没弄明白……一旦开始学习,似乎学习的目的就不那么重要了。相反,很多时候,学习是一件无可奈何的事情。怎样学习? 学习方法的问题成为我们关注的重中之重。的确,学习方法也是一门学问,它还是我们在书中要讨论的重点。但是,明白为什么而学比怎样去学更重要。

面对这么多纷繁的定义,你是不是对于学习这个我们每天都在做的事情突然陌生了起来,一时间,不知该如何去形容。原因很简单,虽然我们每天都在做,可是做得太多了往往就会忘记了它的本质。学习,这是一个响彻全世界的名词,可是,是否有谁真正理解它的含义? 我们到底为谁学习,为什么学习?

坐在教室里，听着同学们的读书声，声音在狭小的空间里碰撞，一直这样层层叠叠地，传向远方。所有的人都在努力，所有的人都在学习，唯恐放慢了脚步，看不见前方的路。恍恍惚惚中，有些人已经失去了方向。到底是为什么要学习呢？

很多人错误地认为，学习只是为了美好的前途。现在社会，竞争激烈，全球都在以学习来粉刷思想和未来，这是现实的。如果大家就只了解学习是为了考好的大学，找好的工作，住好的房子，那我们的"学习"二字，就在我们的挤挤攘攘中，撕掉了它原来的本意和真谛。"只有好好学习，才有美好未来"的思想，似乎成立了。

其实，并非如此，学习是为了充实生活！生活本是单调的，只有我们自己给它注入色彩，它才会可爱。看看头上的这片天空，是学习把它刷成了干净的蓝色；看看脚下的这片麦地，是学习为它洗出了金黄的光泽；看看身边的这些可爱的同学们，是学习给他们添满了天真的笑容。还不只这些，黄河是知识汇聚而成的；珠穆朗玛峰是知识堆积而成的；埃菲尔铁塔是知识铸造而成的。放眼望去，所有的一切都是知识建造的！而个人的学习修养，可以焕发人生的光彩，放飞无限的光芒。学习不是为了父母，不是为了利益，而是为了让你拥有精彩的人生。当然，那些将来美好的前途和幸福的家庭只是知识在无形中赠给你的礼物，而我们真正学习知识的理由并非是为了这些。

与其以你那颗忐忑忑忑的心去寻找美好，还不如用满腹的诗书去粉刷世界！与其执守着你那颗脆弱的信念，还不如微笑对待接下来的学习！只要以一颗疑问的心对待学习，你会发现它的无限趣味。你准备好了吗？我们已经准备好了！

人的意识形态，决定了我们最终的行为；我们的价值观念，决定了我们最终的追求；我们对学习的态度，决定了我们从中的收获。说到这里，我想我必须再重申一下的是我们所讲的学习的定义。它不是仅仅是坐在教室里拼命地读书背课文,而是指一种态度、一种生活。和我们每天的衣食住行是一样的,我们可以花一些心思在自己的穿着打扮上,好让自己看上去更漂亮、更时尚;也可以多花一些心思在培养自己的修养和言谈举止上,好让自己在与人交流的时候显得更有魅力。如果每个人都愿意去追求后者,那么他就变成了流行和时尚,我想这会让一个民族和国家焕发出新的光彩和希望,难道这不是我们想看到的吗?

快乐地学习

这是个我们必须面对的问题,人的本性是寻求快乐而避免痛苦。如果我们一直把学习当作是一件很痛苦的事情,那么,我们恐怕永远都难以达到真正的学有所成。对学习的态度其实就在一念之间,当我们开始去发现学习中的快乐的时候,当我们去体味学习中的幸福的时候,渐渐地我们就会感觉到,学习好像的确是件很有意思的事情呢!我们已经讲过了目标的设定,如果能把对这种事物的学习与自己的人生目标联系起来,你就会发现它对自己已经开始施以魔力;态度的转变从兴趣的建立开始,只要我们可以挖掘,任何事情都会有我们所感兴趣的地方,设定了目标又开始建立兴趣,你会发现自己已经开始在乎自己曾经讨厌的事情了。

为了能够使自己对学习产生进一步的兴趣,下一步,要主动地从大量的学习内容中挑选出一个细节做下一步的研究。这个细节研究会带给我们一种振奋精神的成功体验,而这种成功体验往往正是你对这一领域真正感兴趣的开始。

慢慢养成兴趣。我们不需要自己在一夜之间对曾经厌恶的学科产生浓厚的兴趣。强烈的学习愿望不都是瞬间萌发的,我们要接受自己看似缓慢而没有进展的兴趣培养。要变着法子来寻找和制造兴趣，而培养兴趣的过程本身应该被理解为是非常快乐的。想到以后学习将要成为我们享受生活所离不开的一部分，而不再是每天愁眉苦脸的根源，我们心中的快乐一定是不言而喻的。

保持快乐的心态，快乐的学习是更加有效的学习。以快乐的心情加入学习的全过程吧，让快乐陪伴你跨过困难的一个又一个门槛！比如学习压力大的时候，我们就应该尽情地去享受做完每一张卷子，成绩每一次得到进步时的成就感。成就感其实就是一种心灵的体验，它远远要比我们一直抱怨压力太大有用得多。找到这样一个心灵的落脚点，学习就会让我们神采飞扬起来。

小时候我们有许多的时间游戏，却向往着教室里的学习；当有一天我们必须每天坐在教室里，并且还要面对学习中的各种问题，对游戏的怀恋便一天强似一天。学习是枯燥的？放弃这个糟糕的心理暗示，记住，现在的学习，就是小时候的游戏。我们长大，变化了，游戏也幻化为学习了。所以就用小时候对待游戏的欣喜去面对今天的学习吧，把学习当成游戏，在游戏中寻找快乐，在快乐中神采飞扬地学习。

阻碍我们快乐学习的另外一个重要的原因就是对学校的"憎恨"。

我不喜欢去学校。刚上学的小朋友这样跟妈妈说道。

我不想去学校。已经是中学生的你还是这样抱怨。

一位高中生告诉我，她所在的班级有 2/3 的同学逃过学。甚至有时候，留在班上听课的人所剩无几，上课的时间从学校出来逛，总能撞到同学……

为什么要逃学呢？老师和家长百思不得其解。其实原因很简单。早晨我们来了，傍晚我们走了。学校里有老师，每天布置很多作业的老师；学校里有同学，每天和我一样，"只看见院子里高墙上四角的天空"的同学……

重复意味着单调,单调意味着枯燥。年轻的充满好奇的心灵害怕这种重复和枯燥。正是上课的时间,走在学校围墙的外面"自由"的感觉像一颗怪味豆,给我们一点点兴奋,还带着一点点"出界"的不安。这种感觉并非与生俱来的,而是当我们尝试了走进学校的痛苦之后,在纪律的约束下挣扎了很久之后,内心当中产生的冲动。但无论如何,匪夷所思的化学方程式,并不美观的函数图像,拗口的文言文……总之,逃避能让我暂时离开我所烦恼的一切课程了。还有,也躲开了老师的检查和责问,同学的嘲笑和"善意"的问询……

听听下面的分析,不太喜欢学习的中学生应该会得到一些启发:

为了这些,而选择逃离,只能引用一句话来表示感叹:"甚矣,汝之不惠!"一时的逃避不但不能解决根本问题,而且还会加重解决问题的难度。试想,本来很薄弱的环节现在完全缺失了,你还能期望改善吗?但你的内心深处是充满了改善的渴望的。于是你先让自己失望了。你完全明白其中的道理,只是你没有足够强的责任意识。

上学不是在帮助老师和家长完成他们的任务。上学是我们现在的事业。我们总喜欢憧憬自己以后的"辉煌",可是眼下的事业我们却在三心二意。忍不住提醒一句:机遇只偏爱有准备的头脑。我们所期冀的未来的一切,都需要现在踏踏实实的积累和准备。让自己进步吧,为了鼓励自己,善待学习吧。如果你觉得听课已经超出了你所能接受的范围,记得勇敢地去面对,这只是一万个挑战中的一个。去找老师补课,去请教同学,但是绝不要想放弃,绝不要想逃离。对于要成大事的你来说,迎难而上是一个必要的素质。

至于纯粹因为好奇而出逃,那完全是不自律的表现。我们须要遵守许多纪律,无论什么时候,我们所在的地方总是会有很多的规章制度,这不是学校的不好。适应自己所在的环境,这是我们必须要面对的问题。而且记住一句话,存在的就是合理的。当你为学校里如此之多的"不能"和"不可以"而苦恼的时候，其他同学已经在遵守了。而当你真正出逃，你会发现自己在其他的地方根本没有归属感，外面的世界很大很精彩，但是暂时还不属于我们。

属于你的是我们的学校。学校给我们提供了一个全面发展的乐园。仔细考虑它给了我们多少空间：第一次演讲，第一次演出，第一次国旗下的讲话……学校是一片乐土，你要在这片乐土上成长。记住：要完全地接受它，怀着回家的心情来学校，怀着去学校的心情回家；永远不要夸大学校里的烦恼和委屈。烦恼和委屈不是学校所独有的，不要轻易把自己的不愉快归咎于学校，把握学校里面的精彩。我们都需要成就感的鼓励，所以在学校就要努力！

经常问一问自己，今天在学校用心了吗？用心体现在你的学习上，预习、听课、做笔记、复习、做练习，各科都要一丝不苟；用心还体现在和同学的交往上，学校是你学习知识、增加积累的地方，也是我们结识终生受益的朋友的地方。

星期六的上午，按照计划，我早早起床。吃过早饭，就端坐书房，准备开始专心致志地学习。老师布置的作业我昨天已经写完了，现在自己找来练习题，准备再把课上的知识通过练习巩固一下。是啊，作业是很简单的，我想拓展一下自己的思路……可是很快，我怎么就犯困了呢？我揉揉眼睛，这可是我最喜欢的物理啊。我怎么了？连自己的最爱都学不下去了……

我们接着来谈兴趣，我们都知道兴趣是最好的老师。你已经积极主动地找到了自己的学习兴趣了吗？可是，即使找到了兴趣，可为什么当我们独自端坐书房之时，却像上面例子中的主人公一样，往往很容易就陷入倦怠状态。

重复而单纯的学习是容易使人疲惫的。一个人在学习过程中也会遇到各种各样的问题，这些问题难免使人灰心丧气，头昏脑涨，学习效率降低。所以，学习中一个必要的环节就是为自己找新的刺激因素，保持自己的学习兴趣。

下面是一些不错的建议：

感到疲惫的时候，我们要保持清醒而开阔的头脑，不要囿于疲惫。一分耕耘，一分收获。只要学习了，就会有进步有收获，回报永远在付出之后。

兴趣在不断地养成之中。兴趣不是与生俱来的，也不是一成不变的，兴趣也是一株植物，在适合它的环境中发育成长。所以好好培养我们的兴趣吧，相信在坚持不懈的学习后，学习的结果所带给我们的成就感，会让我们的兴趣更加茁壮！

兴趣伴随着一种愉快的体验。完成每一项学习任务，我们都会有发自内心的高兴。成就所带来的愉悦感是一种强大的动力，这种动力带给我们"我能行"的积极的心理暗示，自我肯定意识愈来愈强，兴趣自然也会愈来愈浓。

"面子"也是坚持下去的动力之一。许多同学很迷惑，面子，不是一种虚荣的东西吗？但是不妨想一下：开始努力了，成绩提高了。老师的表扬，家长的肯定，同学的赞许，这些我们梦寐以求的东西，分明已经唾手可得了……能够赢得他人的尊重，是一个人的极大成就。因为这些肯定，我们有了更多的自信，也有了更加快乐的新起点，可以轻松地进行下一步的学习。所以加油吧，哪怕只是为了我们的面子！

单调而长久的学习过程中，我们难免会有身心俱疲的时候，真想一把扔掉手中的书啊，笔啊，把自己放到某个没有作业的国度去。这时候，千万不要急着解放自己。跟我一起来想：

我对自己正在学的东西很有兴趣，我喜欢。

攻克一道道习题，我觉得自己真棒，很有成就感。

我都掌握了学过的东西，我很聪明，说不定我很有天赋呢。

我要利用好自己的天赋，再勤奋一点，争取更大的进步。

老师表扬我了，我要不辜负老师的期望。

爸爸妈妈告诉亲友们我学习很好，我一定要保持住。

…………

积极的心理暗示永远是有效的，而消极的心理暗示也同样有效，只不过效果相反。既然如此，我们为什么不告诉自己我是有能力的，我是愉快的，我正在做的是一件很有意义的事情呢？从心理学的角度来讲，人的情绪来自于一个情绪源，情绪源可能是任何一件发生在我们自己身上或者是我们身边的一件事，但它不是情绪的本质。比如说，有一天老师上课的时候很严厉，因为一件以前他不在意的事情而批评了你几句，这个时候你心里面会怎么想，大多数人的想法是很生气，老师不好，不公平，等等。但是我建议你再遇到这样事情的时候想一想，会不会是因为他刚刚被领导批评了心里不舒服呢？会不会是因为陪孩子时间少，在家孩子和他生气了呢？会不会因为最近一次考试，班上平均分很低，让他在其他老师面前很没面子而心有怨气呢？如果我们都是这样去想问题，你会不会觉得自己因为别人的原因而发脾气、生气，心情不好的次数少了很多呢？这是简单的心理调整方法，试一试，生活就会变得不一样的。

千万不要想着我累了，我好累啊，我累得不得了了。著名心理学家周正老师有一句名言：你的语言就是你的魔咒。潜意识的力量是无穷的，当我们的身体不累的时候，我们不断地重复这句话，慢慢的大脑就会相信这句话，肌体就会产生相应的反应，以达到疲惫时的生理状态。这样，你会越来越累，直到最后，你丢下自己昨天精心制订的计划，直接把自己扔到床上或电视机跟前去，心中还充满了对自己的责备。但是，如果在我们真的对一件事情没有自信，或者身体真的很疲惫的时候，我们给自己积极的心理暗示，会得到积极的效果。我的一个朋友，名字叫刘东威，中国环爱国际心理咨询中心创始人，中央电视台《心理访谈》栏目合作专家，在和他聊天的时候，他给我讲了他自己运用积极的心理暗示取得成功的故事。

本科阶段，他学习的专业是法律，但是因为对心理学非常的感兴趣，考研究生的时候他报考了心理学专业。跨专业考试对任何人来讲都是件非常困难的事情，特别是考一个和自己以前专业没有任何关系的专业，难度可想而知。知道临考之前，他还有好多心理学的专业内容不明白，而时间已经来不及了，这个时候，他和所有人一样，也没有信心。可是他想起来一位心理学家的话，任何人做成一件事，他的技能知识所起的作用只有很小的一部分，更重要的是一个人做事的状态。于是，他在寝室的桌子上放了一把椅子，然后站在上面不断地告诉自己我没问题，我一定可以做到。就这样，强大的积极心理状态帮助他专业课考试拿了 95 分，顺利考上华南师范大学的心理学专业。

心理战术是战无不胜的，任何时候不要忘记，它可以用来提升我们的学习兴趣。

我常常收到同学们的信息和信件，好多同学向我倾诉说，自己也想好好学习，可总是坚持了一段时间就不行了，激情消磨得差不多的时候，就又回到了原来的状态上去了。那么，我们该怎样"保鲜"学习热情呢？

一只新的小闹钟来到了两只旧钟中间。两只旧钟"嘀嗒"、"嘀嗒"地走着。其中一只对小闹钟说："来吧，你也该工作了。咱

们闹钟,都至少要走完 3200 万次呢。"小闹钟大吃一惊:"3200 万次? 开玩笑吧? 这么大的事情,我怎么做得来啊!"另外一只旧钟开口了:"别害怕,你只要每秒钟'嘀嗒'一摆就可以了。""有这么容易吗?"小闹钟半信半疑地说,"如果是这样,那我就试试看吧。"不知不觉的,一年过去了,小闹钟果然摆了 3200 万次。

讲这个故事,就是为了回答上面所述的那个问题。为什么那么多人学习总是三分钟热度,坚持不下去。

的确,在我们置身的这个世界上,生存就是变化,变化就是学习,就是积累经验。学习是我们每个人毋庸置疑的任务,甚至都已经成为我们的生存方式。也正是因为如此,我们开始担心自己学习的能力,开始对自己的学习过程提出一系列的问题。

"我的学习永远只有三分钟热度",三分钟以后就不能再坚持了吗? "我觉得自己是没有希望的,我明白我的缺点是没有恒心,我的心像飘在空中的气球,很浮很浮……"

对于绝大多数人来说,惰性始终是如影相随的,恐怕惰性也是我们人类的本性之一。不能坚持而使学习陷入一曝十寒的境地,往往是惰性作用的结果。

爱迪生说,天才是百分之一的灵感加百分之九十九的汗水,优秀的人一定是勤奋不懈的人。每个人的内心深处,都怀有自己或美丽或生动的憧憬。可是,成功似乎远在天边遥不可及,时常发作的倦怠和惰性让我们的信心屡屡受挫。于是我们不由得想到了放弃,想到了偃旗息鼓。

现在,让我们一起来参看小闹钟的故事。先不必想一个月或者几年以后的事情吧,只要记得自己今天要做什么。小闹钟只要每秒钟摆动一次,一年就可以完成自己摆 3200 万次的任务。我们也只需要做好每一分钟的事情,然后静静等待下一分钟。

有一个正确的方向,然后认真地沿着方向做下去。当你不想再坚持的时候,告诉自己就像闹钟必须要每秒钟摆一下,完成下一个再下一个预定的计划。

当然,在实际的生活中,只有小闹钟的精神感悟还是不够的。

你可以这样来保鲜自己的学习热情:

首先,可以在学习以外的活动中磨炼自己坚持不懈的意志。养一盆花,或者一只鸟儿。它们需要你每天不间断地精心照料。不坚持照料的后果是显而易见的,有爱心的你不能坐视花儿枯萎或者鸟儿消瘦。再比如,和妈妈约法三章,自己打扫房间。当你发现自己因为没有坚持收拾而住在一个乱乎乎的世界时,相信你的感触会很深的。这样一来,你亲身感受了因为懒惰、因为没有恒心而导致的严重后果,你会更深切地明白自己的恶习是多么的要不得。

其次,制订合乎实际情况的计划。在计划的执行中你要对自己负责,对不能完成计划的后果负责。你需要真正地明白言出必行的含义。假设周六的上午,你在写作文,尽管开始时你兴致很高,但进展很不顺利。记着,这时不能放弃。因为如果完不成,下午就不能和同学一起去打球了,请你最好的朋友协助你制订方案吧。

学会学习比学习更重要

这是个知识爆炸的年代,知识更新的速度比我们思维转变的速度要快很多,所以,如果不想被这个时代甩得太远,那么不断学习就是唯一的办法。可是我们在学校的时间非常的有限,随着年龄的增长,我们需要慢慢地承担起社会和家庭的责任,能整天坐在教室的机会恐怕少之又少,因为那里没有生产力。知识很重要,但是学习如何有效地获取知识才是能立足于未来竞争社会的根本。

早在 1962 年,当时的清华大学校长蒋南翔先生就曾在对研究生讲话时,谈到了学生在学校里主要学什么的问题。他把毕业后的学生比作走入森林的猎人,认为如果一个学生在学习阶段只知道积蓄知识,那么到了走上工作岗位时就会像一个只带干粮而没带猎枪的猎人,即使他带的干粮再多,也会很快吃完。如果他有了猎枪,又能了解环境并运用自如,他就有了取之不尽的食物来源。从这个意义上说,学会如何学习,比学习一些具体的知识更重要。

学会学习包含着许多方面,如:树立远大的学习目标,培养学习的自觉性、兴趣和自信心;养成系统的、顽强踏实的学习习惯;学会集中注意力和进行观察、记忆、思考、操作等方法;学会有效地安排时间、科学地运用大脑的方法;学会对学习作出自我评价和及时利用反馈进行修正的方法,等等。其中特别应当重视的是与学习有关的方法问题,从某种意义上说,掌握科学的方法,正确加以运用,就是会学习。

法国著名生理学家贝尔纳曾深有体会地说:"良好的方法能使我们更好地发挥天赋的才能,而拙劣的方法则可能阻碍才能的发挥。"它使学生在知识的密林中成为手持猎枪的猎人,获得有效的进攻能力和选择猎物的余地。1980 年,美国哈佛大学物理系教授、诺贝尔奖金获得者史蒂文·温伯格曾对《科技导报》记者说,很重要的素质是向知识的"进攻性",不要安于接受书本上给你的答案,要去发现有什么与书本不同的东西。这种素质可能比智力更重要,往往是区别最好的学生和次好的学生的标准。

《李宗仁归来》一书的作者在回顾了李宗仁先生纷繁变化的一生之后写道:"假如我们每个人,不是从一岁向八十岁去生活,假如时间的顺序可以颠倒,每个人都从八十岁向一岁来生活,那么,这个世界上可能有二分之一的人类可以成为伟人。"

很多学生都在苦恼，虽然很努力地去学习，但是自己的成绩总是不好，其实关键的原因是不会学习。每个人的智力差别都不会太大，同样的老师，同样的环境，成绩上却是千差万别。下面，我们来看看不会学习的几个突出的表现：

（1）上课一听就懂，其实没有真懂；

（2）看书一看就会，其实没有真会；

（3）题目拿来就做，没看清条件就做；

（4）做完题就上交，没检查好就上交；

（5）发现题目错了，以为粗心不改正。

因为内心的浮躁，让我们不能踏实地去面对学习，可以肯定的是，这样的状态下学习成绩一定不会理想。由此就会引发出三种潜在的危害：学的时候学不会；考的时候考不出；错的时候改不了。那么面对这些让人头疼的问题，我们该怎样对症下药呢？

美国著名未来学家阿尔温·托夫勒曾经指出："未来的文盲不再是不识字的人，而是没有学会怎样学习的人。"在未来世界，学会如何学习是每一个人都要面对的时代课题，中学生自然也不例外；它既是打开终身学习之门的钥匙，也是进入知识经济时代的通行证。那么我们怎样才能"学会学习"呢？

（1）树立远大的目标是学会学习的前提。

目标是一个人前进的方向。人生要是没有目标，没有一个所追求的理想，就像没有航向的船只，不能到达成功的彼岸。目标渺小，就做不成大事；目标大，期望高，才可能获得大的成功。理想是一种精神力量，是中学生学习的内在驱动力。只有树立了崇高的理想，才能树立远大的奋斗目标，从而产生巨大的动力，激励自己锲而不舍、坚忍不拔、努力拼搏、奋勇向前，攀登科学高峰。

我想上面这段话你应该不会很陌生，前面一个章节我们一直在说目标的问题。每个人都有惰性,成功了的人有,失败的人也有,这是不能改变的事实。但最重要的是,我们能用什么办法来克服自己的惰性,这才是判断人与人之间区别的根本因素。成功需要精神,而目标则是激发人精神的源泉。会学习的人才能学习好,会学习的人能有不同的方式激发自己的斗志,让自己动力无穷,这是能拿到好成绩的精神支柱。

(2)树立自主学习的学习观是学会学习的基础。

所谓自主学习就是学生自己主动地学习,自己有主见地学习。自主学习包括四个方面:首先,要对自己现有的学习基础、智力水平、能力高低、兴趣、爱好、性格特点、特长等有一个准确的评价;其次,在完成学校统一教学要求并达到基本培养标准的同时,能够根据自身条件、扬长避短、扬长补短,有所选择和有所侧重地制订加强某方面基础、扩充某方面知识和提高某方面能力的计划,优化自己的知识和能力结构;再次,按照既定计划积极主动地培养自己、锻炼自己,并且不断探索和逐步建立适合自己的科学学习方法,提高学习能力和学习效率;最后,在实践中能够不断修正和调整学习目标,在时间上合理分配和调节,在思维方法及处理相互关系上注意经常总结、调整和完善,以达到最佳效果。这些标准的科学用语可能会让你看得云里雾里,其实说简单一点就是自己认识自己、自己改变自己,把自己学习的命运掌握在自己的手里,而不是被别人控制。当我们树立了自主学习的学习观的时候,就会意识到自己是学习的主人,我们会发现每学到一些东西都是在获取新的成长,能够一点一点地感受到自己的进步,这样长足地发展就能够让自己获取源源不断的信心,就会看到拼搏和坚持的价值,成功自然会越来越近。当我们愿意去学习的时候,任何苦难都不能阻止我们前进的脚步。为什么在大山当中那么艰苦的环境下,依然能走出那么多优秀的大学生,真正的原因是他们迫切地想改变自己的现状,迫切地想实现自己的价值,这样强烈的意愿会让他们非常自愿去学习,因此能够决定结果的只有他们自己,环境的艰苦、生活的艰辛都是外在的因素,是根本无法阻挡他们前进的脚步的。

当然,学习也要靠自己的艰苦努力,从而才能在受教育的过程中发挥自己的主动性、积极性和创造性。同时,不断增强自我教育的意识,具备独立学习的能力,不断探究学习的规律,以适应科技迅猛发展知识不断更新的需要。

（3）掌握科学的学习方法是学会学习的关键。

所谓学会学习,在某种意义上就是学会学习的方法。科学的学习方法不仅有助于在学习活动中少走弯路,有利于培养和提高各种学习能力,提高学习效率,而且更重要的是它是人们攀登学习高峰、学有所成必不可少的重要因素。学习方法就是学生学习时所采用的方式、手段、途径和技巧。科学的学习方法是人们的认识规律和学习规律的反映,它具有共同性和普遍性。同时,学习方法由于受学习目的、学习内容、学习条件、教育者的个体特征（如教授方法,学识水平,教育、教学思想）、学习者的个体特征（如年龄、文化基础、素质、个性）等因素制约,而这些因素又是复杂的、多变的,因此,学习方法又呈现出多样性并具有个性化。另外,教育是随着社会生产力的发展而发展的,教育内容不但是社会科学技术发展水平的反映,同时教育的手段和方法也是社会生产力发展水平决定的,因此与教育内容、教育手段和方法相适应的学习方法也必然有时代特点。

要研究学习规律,掌握基本的学习方法。掌握了学习的规律,就会自觉地遵循学习规律进行学习。合乎学习规律的学习方法是科学的学习方法,它具有普遍的意义,比如:巧妙运筹时间的方法;利用运用大脑的方法;循序渐进的方法;记忆的方法;理论联系实际的方法,等等,这些是对每个大学生都适用的基本方法。

要重视借鉴前人和外国的学习经验。前人和外国创造的科学学习方法，是人类共同的智慧和财产。我们应当借鉴和汲取这些经验，以使我们在探讨学习方法时少走弯路。

要注意联系学习的实际，研究具有不同针对性的学习方法。学习活动作为一种认识活动，有其规律性的一些基本学习方法，但在研究具体的学习方法时，它又具有针对性、有不同的特点。如：不同的学习阶段、学习目标、学习内容、学习对象与学习环境，学习方法不同；专业性质和课程特点不同，学习方法就有差异；教学环节不同，教学形式不同，学习方法也必然不同。因此，学习方法要因课、因时而异，针对不同的内容和要求，采取不同的学习方法。

所以这里我无法向同学提供一个绝对有效的学习方法，因为无论多么有效的学习方法对某些同学来说都是无效的，探索适合自己的学习方法要从个人实际出发。每个人的发展基础不同，智力和非智力因素有差异，学习习惯、特点有不同，因此，在研究、采用和创建科学的学习方法时，必须切合个人实际，切忌"千人一方"，"学有其法，学无定法"。最好的学习方法应当既是科学的，又是适合于自己的。总之，我们要开始去总结自己学习的经验，比如说通过长时间的学习你发现对自己来讲，英语多背诵比较有效，那以后学习英语就向这个方法多靠拢；比如说你发现最近立体几何做了很多题之后，成绩有所提升，那以后这一学科就可以根据不同题目制定相应的策略。不要盲目地掉进题海中，也不要盲目地寻求做题技巧，记着，方法还是自己的好。

（4）善于自学是学会学习的基本途径。

通常学习有两种基本形式：师授与自学。不管社会教育制度如何改革，终身教育如何发达，正如华罗庚所说："对一个人来讲，一辈子总是自学的时间多。"钱三强说："自学是一生中最好的学习方法。"一个人知识的积累和更新主要是依靠自学。自学是学会学习的基本途径，也是成才的必由之路。自学的主要途径是读书。从某种意义讲,学会自学就是学会读书。当今时代,图书资料浩如烟海,仅就科技图书而言,每分钟就有 3000 页问世,没有科学的读书方法是不可能在知识的海洋中自由航行的。

学会自学,应掌握自学的方法与技能。要学会利用图书馆,学会使用工具书,学会文献检索、资料查询,学会做学习笔记,学会积累和整理资料,学会对所学知识(包括书本上的和实践中的)进行分析、归纳和总结等。

社会不会强迫任何一个人去学习,残酷的淘汰也总是在无声无息之中进行。会自学的人才能保持不断地进步和知识技能的更新,未来的社会中,学习力是判断一个人能力的根本标准。有一个北京大学毕业的学生发表了一篇文章叫作《北大毕业等于零》,因为他发现自己在北大学了几年,结果学到的东西上网一搜就能知道。当然这些观点有些片面,但也说明了时代的发展已经不再受地域的影响,只要你愿意,任何知识都可以摆在你的面前。会自学的人能够有效地进行筛选,获得自己的发展和进步最需要的知识;而不会自学的人只能眼睁睁地看着别人的进步,而自己不得不去请教老师。

(5)学会学习,要改变学习方式,从"学会"转向"会学"。

学习有两种方式:一是维持性学习或称适应性学习,其功能在于掌握已有的知识、经验,提高解决当前已经发生的问题的能力,即"学会";二是创新性学习或自主创新性学习,其功能在于通过学习提高发现和吸收新知识、新信息和提出新问题的能力,迎接和处理未来社会发生的日新月异的变化,即"会学"。在农业经济和工业经济时代,科学技术发展和更新的速度相对缓慢,人们习惯于用已有的知识来解决当前的各种问题,形成了以"维持性学习"为主的模式。而在已见端倪的知识经济时代,信息技术强化了已有知识的归类,加快了知识的传播速度,人们接触知识较以前更为容易,使得选择和有效利用知识的能力变得越来越重要。知识经济要求人们在学习方式上实现从"维持性学习"向"创新性学习"的转变。知识经济时代,具有不断掌握新知识进而创新知识的能力,比掌握现存的知识更为重要。

(6)学会学习,要创新学习手段,学会利用现代化学习工具。

信息手段决定着人们获取信息量的大小和学习的模式,影响学习的效率。农业经济时代,学习是以劳动者言传身教的方式传授简单的劳动技能和经验。工业经济时代,人们通过工业化的大信息量的群体化传播工具,如教材、报纸、广播和电视等,从较大的范围里获取知识和各种信息。而在知识经济时代,计算机网络变化和信息高速公路的出现,为学习开辟了广阔的道路。计算机已经成为信息收集、加工、存储、处理、传递、使用的有力工具,计算机网络业已成为最现代化的学习工具。计算机网络提供了非常灵活的学习和工作环境。网上学校已经在我国出现,并向双向交互方式发展。因特网在我国还是近年来出现的新生事物,但发展迅速,前景极为广阔。国内著名高校的网络都已与国外相链接,很多学校的校园网也是如此。信息高速公路向世界各个角落延伸,为人们提供了一个取之不尽的信息库,全世界的学习资源都可以用来为一人的学习服务。信息手段的革命性变化为人们的学习展示了美好的前景,也提出了更高的要求。中学生学会使用现代信息和传授技术,会使其学习的效果起到事半功倍的作用。

这观点看上去好像和我们建议中学生戒除网瘾的行动有点背道而驰,而实质上却是相辅相成。任何事情都有利有弊,把握合适的度才能发挥它最大的作用。

(7)培养做事认真的能力。

认真是一种能力,不是态度说认真是一种能力,是针对"认真是态度"的说法而言的。一般,我们都认为认真是一种态度,所以,每次我们表现出不认真时，家长或老师对学生的建议总是："下回认真点！"期待着下回考试的时候，我们能提示自己："我要认真，我要认真……"于是，我们就认真起来了，并因而考出好成绩来。但这只是一种美好的奢望，其实我们也知道，很少会有同学因为这句话而学习好了，这种话对绝大多数同学来说根本就没用！

人们往往认为，认真是一种态度，而态度是可以短时间"端正"的。当有人态度不认真的时候，就要求他端正态度、认真一点，于是他就会正襟危坐、两眼一瞪，于是就算是认真了。

对于找原因说是因为粗心或者不认真才没能拿到好成绩的同学，我常常会问他们一些问题：

——期中考试考了多少分？

——60来分。

——你觉得你会做的题目有多少分？

——差不多80至90分吧。

——会做的题目是80至90分，为什么只得了60来分？

——粗心呗。

——那么上一回有没有粗心？

——也有。

——是不是从小就是粗心长大的？

——嘿嘿，好像是吧。

…………

不论学生还是成年人，太多的人认识不到粗心的危害。

很多时候因粗心导致了错误，往往轻轻拍一下脑门，笑一下："又粗心了！"于是就轻描淡写地放过自己。

于是下一次依然会粗心，当然还会原谅自己："粗心嘛，又不是真的不懂，下次认真一下就可以了嘛！"

再下一次仍旧粗心，仍旧原谅自己……如此反复，永无更改之日。

家长或老师们经常会说的一句话是："粗心了吧，下回认真点！"

我把这句话的真实意思翻译了一下，就是：你是粗心做错的，不用伤心，不要在意，你很聪明，然后，继续错下去吧！

当因粗心犯下致命的错误的时候，后悔已经来不及了！可悲的是，很多人到最后还在嘴硬："太可惜了！运气不好，又犯了粗心的毛病。如果我态度认真一点就不会这样了！"

当把认真当作一种能力的时候，就不一样了。

认真是一种能力，能力是需要长期培养的。而不是像态度只要做出样子来就可以转换。

如果仅仅从结果上来看的话，做错题目的原因之中根本就没有"粗心"这个概念，只有不懂！如果做错了，就虚心承认自己不懂，然后才有可能认真地补习基本知识，让自己彻底改掉所谓的"粗心"的毛病，从而锻炼出认真的能力。

认真是一种能力，需要长期的培养，绝对不是一朝一夕随便端正一下就可以认真起来的！认真是一种做人的优秀的品质，有了认真的能力，学习会学习好，工作会工作好，任何时候做任何事情都能够把自己的水平发挥到最好。

什么是认真的能力？

认真的能力对于学生来说就是一次性把一个题目做到"学会"的能力。"学会"永远都是以能够把问题100%做好为标准的。一次性，就是在做好一件事情之前不再做别的事情，直到把这件事情做到最好。

所谓能力就是掌握和运用知识技能所需的个性心理特征，是运用各种条件取得预期效果的可能性。能力的培养不是一朝一夕的事情，需要培养者以巨大的恒心和毅力，不断练习和修正，逐渐形成的一种分析问题、解决问题的能力。

古今中外,凡大学问家在做学问方面都是极其认真的。

1785 年凯文迪西在空气中通入过量的氧气后用放电法使氮气变为氮的氧化物(NO_2),然后用碱吸收,剩余的氧气用红热的铜除去,即使全部的氮和氧除尽仍有少量的残余气体存在。英国物理学家雷莱在 1892 年发现从氮的化合物制得的氮气每升重 1.2505 克,而从空气中分离出来的氮气在相同条件下每升的质量为 1.2572 克,虽然两者之差只有几毫克,但已超出了实验的误差范围。他怀疑大气中的氮气中含有尚未发现的较重气体。雷莱使用凯文迪西的放电方法经多方面的试验才断定该气体为一种新元素。因为它极不活泼故命名为氩,"氩"原本意义是"不活泼"的意思。

在此以前,1868 年天文学家在研究光谱的实验中断定太阳上有一种在地球上尚未被发现的新元素,并命名为氦,氦的原本意义就是太阳。以后在 1888 年至 1890 年间美国化学家赫列布莱得用硫酸处理一种铀矿时,获得一种不活泼的气体。在 1895 年,用光谱实验证明了这种气体正好与太阳上的氦光谱相同。雷姆文应用了已发现的元素性质的变化规律预料在它们之间还有一种尚未发现的元素,他在几天之内在大量液态空气蒸发后的残余物中,首先发现了比氩重的氪(原字是"隐藏"的意思),然后分离出氖(原字是"新"的意思)。最后在分馏液体氩时又发现了氙(原字是"陌生"的意思)。道纳 1900 年在含镭的矿物中发现了氡(原字是"射线"的意思)。氦、氖、氩、氪、氙、氡,由于它们在自然界中含量很稀少,故又称它们为稀有气体。

氦(He)、氖(Ne)、氩(Ar)、氪(Kr)、氙(Xe)、氡(Rn)六种稀有气体都是单原子分子组成,它们分子之间的作用力很微弱,所以它们的熔点、沸点以及临界温度都很低,并随着它们的相对原子质量的增加而增高。它们在水中的溶解度随着从氦到氡的顺序而迅速增加。这六种元素的原子,除氦(原子核外最外层上有 2 个电子)外,其他原子的核外最外电子层上电子数都是 8 个,这种结构又称为稳定结构。因此,在一般的情况下都不能彼此化合,也不与其他元素相化合(但这并不是绝对的)。

从上面的事例中可以看出,认真实在是做学问所不可或缺的能力,它不是一个人单单靠端正一下态度就可以得到的。

认真的能力需要经过长期的努力才能获得。

如果每个人都能成为具有认真能力的人,那么,生活中每件事情都会做到他们能力的顶峰,我们的国家会是什么样子? 这个世界会变成什么样子? 千万不要小看了这个能力,无论将来我们是做科学的研究工作还是经营公司、管理团队,这个能力是取得成功所不可或缺的。

第四节　做个能挑起泰山的勇士

1920 年的一天,美国一位 12 岁的小男孩正与他的伙伴们玩足球。一不小心,小男孩将足球踢到了邻近一户人家的窗户上,一块窗玻璃被击碎了。

一位老人立即从屋里跑出来,勃然大怒,大声责问是谁干的。伙伴们纷纷逃跑了,小男孩却走到老人跟前,低着头向老人认错,并请求老人宽恕。然而,老人却十分固执,小男孩委屈地哭了。最后,老人同意小男孩回家拿钱赔偿。

回到家,闯了祸的小男孩怯生生地将事情的经过告诉了父亲。父亲并没有因为其年龄还小而开恩,却是板着脸沉思着一言不发。坐在一旁的母亲总是为儿子说情,劝导着父亲。过了不知多久，父亲才冷冰冰地说道："家里虽然有钱，但是他闯的祸，就应该由他自己对过失行为负责。"停了一下，父亲还是掏出了钱，严肃地对小男孩说："这15美元我暂时借给你赔人家，不过，你必须想法还给我。"小男孩从父亲手中接过钱，飞快地跑去赔给了老人。

从此，小男孩一边刻苦读书，一边用空闲时间打工挣钱还父亲。由于他人小，不能干重活，他就到餐馆帮别人洗盘子刷碗，有时还捡捡破烂。经过几个月的努力，他终于挣到了15美元，并自豪地交给了他的父亲。父亲欣然拍着他的肩膀说："一个能为自己的过失行为负责的人，将来一定是会有出息的。"平生第一次，他通过自己的顽强努力承担起了属于自己的责任。

后来在美国经济大萧条时期，他的父亲也破产了。那时男孩大学刚毕业，但他主动负担起整个家庭的生活，并资助哥哥在学校学习。接着，他成为一位著名的电视节目主持人。但就在他处于新闻事业顶峰的时候，同样是出于强烈的责任感，他公开批评了自己所在电视公司的最大赞助商——通用电气公司。因此他不得不离开媒体界，从此投身政界。后来这位男孩成为美利坚合众国的总统，他就是美国第40任总统罗纳德·威尔逊·里根。

然而，就在他获得自己梦想的政界职位后，又一场经济危机阻碍了他的前行之路。于是，他又负担起了领导当时世界上第一强国走出困境的责任。最终，他把一个开始复苏的美国交到了继任者手中。后来里根总统在回忆自己小时候打碎窗玻璃这件事时说："一个人要勇敢地承认自己的错误，要勇敢地承担自己的责任。只有勇于承担责任的人，才能成为一个大有作为的人。那一次闯祸之后，我懂得了做人的责任。"

我们可以看到,正是由于里根总统从小就树立起了承担责任的信念,才让他承担起了家庭的责任,以至整个国家的责任。

承担起属于自己的责任

每个人的肩上都承担着责任,这是人格的基础,只不过很多时候我们没有意识到罢了。我见过很多同学,他们告诉我说自己的家庭条件很好,吃喝不愁,前途无忧,应该不用承担什么责任了。其实错了,每个人生活在这个社会上都要承担着相应的社会责任。人活着,不但不能危害社会,更重要的是为这个社会创造可以利用的价值,要通过自己的努力创造个人生命的意义,否则就是在浪费自己的生命,这就是责任。从广义上来讲,我们说过的每一句话,作出的每一个承诺,完成的每一项任务,都是我们要承担的责任,这和我们能够行使的权利是成正比的。我们常说"责任重于泰山",因为每承担起一个责任,就要担负起很多风险甚至是失去生命,这也就是为什么那些能够承担责任的人如此受人尊重的原因。今天,也许我们是正在中学或者大学接受教育的学生,也许我们是已经走进车间的技术人员,也许我们是刚入职场的白领或者公司的高管,责任就在肩上,即使它真的是重于泰山,我们也要勇敢地把它挑起来,做个真正的"勇士"。

我们每一个人都在生活中饰演不同的角色。无论一个人担任何种职务,做什么样的工作,他都有对他人的责任,这是社会法则,这也是心灵法则。

在这个世界上,每一个人都扮演了不同的角色,每一种角色又都承担了不同的责任,从某种程度上说,对角色饰演的最大成功就是对责任的完成。正是责任,让我们在困难时能够坚持,让我们在成功时保持冷静,让我们在绝望时懂得不放弃,因为我们的努力和坚持不仅仅为了自己,还因为别人。

社会学家戴维斯说:"放弃了自己对社会的责任,就意味着放弃了自身在这个社会中更好生存的机会。"放弃承担责任,或者蔑视自身的责任,这就等于在可以自由通行的路上自设路障,摔跤绊倒的也只能是自己。

责任就是对自己所负使命的忠诚和信守,责任就是对自己工作出色地执行任务,责任就是忘我的坚守,责任就是人性的升华。

生活中我们不难发现,成功者勇敢地承担起一个又一个责任,越走越快,而那些平凡的人却想尽办法丢掉它们,结果让自己变得更加普通。一个真正杰出的管理者,一个优秀的学生,甚至是每一个成功的人都是不但敢于发现和承认错误,而且勇于承担责任。

也许有朋友会这样想,我又不是领导者,不需要承担什么责任。其实一个人有这样的想法,就是一种不负责任的表现。不论是生活还是学习、工作,我们每个人都要处在不同的团队中,都会是某一个团队的一分子,团队的兴衰荣辱都和我们有关系,小到班级之间的一场友谊赛,销售团队之间的小比拼,大到一个公司的生存与落败,一个国家的发展与落后。但是,对一个团队来讲,胜利的荣誉归团队的所有成员,而失败的责任甚至是惩罚都是由领袖来承担。就像是在一个班级中,有多少人会觉得自己在校园里随手丢掉垃圾被别人看到是在给自己的班级抹黑,有多少同学在考试之前会想千万不能因为我一个人的成绩差而影响班级的平均分,恐怕少之又少。为什么中国人以前在其他国家的声誉一直不好,是因为好多到国外的游客和留学生没有承担起一个国人的责任,他们不知道自己的不良行为会影响一个国家的声誉。再比如说一个公司垮掉了,普通职员丢了工作,再找一个就是了,可是企业家一辈子的心血可能毁于一旦。我们常听到的是企业的垮台是因为领导的决策失误,领导无方,其实所有这些情况最终还是可以归结到大家没有负起责任。最高的领导层没有负起对几千名员工的责任,草率决定;而其他的领导没有负起责任,错误的决策不可行,一定会有人看得出来,却没有人提出自己的意见和想法,任由他去实施,这也是明显的失职;一线的员工不能负起责任,没有人觉得企业的兴衰和自己有多大的关系,总是在想,这么多人的企业,我一个人消极一点没有关系,让他们努力就好了。我们中国,就是被这样的思想毒害了。

也许你会觉得这样的话说得太严重了,但事实就是如此。对于大的方面,不说为了让我们的国家更强大而肩负起建设祖国的责任;从小的方面讲,生命中有很多人都在为我们担负着责任,而我们却毫无意识,甚至很多行为连我们自己都对不住。拿我们学生时的班长来说,班里的工作总是先落到他们的肩上,无论是班级里谁的原因,出了问题,也是他们最先被老师责备。而我们呢,恐怕大多数时间都是在埋怨他们做事不公平,消息传达得不及时,而又有谁去感谢过他们呢?我们的父母,从我们出生的那一天起,就担起了让我们长大成人的责任,而我们带给他们的是生气与担心多,还是快乐与自豪多呢?

很多学者与教育家都在指出一种现象,也都在认真地反思,中国的这一代年轻人,责任感严重缺失。"我学习不好是我父母的错,是因为爸爸没有给我请家教,是因为妈妈没有照顾好我的生活。我学习不好也是老师的错,他没把班里的学习气氛搞好,他讲的题卷子上全没有……"。想想我们自己是不是这样吗?有多少时间我们花在了去抱怨别人这样的事上,又有多少时间我们在反思自己。在这里我们不得不提到日本,抛开政治因素不讲,日本人是个很讲究民族自豪感和团队精神的民族。比如说,即使在日本的一家小餐厅,客人抱怨饭做得不好,不论是老板还是服务员,遇到这种情况,都会很客气地说这是我们的错,我们一定改善并希望您能够监督。而同样的事情发生在我们身边,听到的答复经常会是你去找经理,这是厨师的问题,跟我服务员没有关系。这就是没有承担起自己的责任,我相信日本今天能成为世界经济五强,与国家企业中有这样的文化是分不开的。

台湾著名的管理学博士余世维老师曾经举的一个例子给我留下了很深刻的印象。他在美国的时候,遇到过这样一个场景:一个小男孩跟妈妈过马路的时候,不小心摔了一跤,就赖在地上不起来,妈妈没有去扶他,只是很生气地告诉他说:"快站起来,你看看你像个什么样子。"后来小男孩含着泪和妈妈走到路边,那个美国妈妈坐下来就训他:"你是个孩子,可你也是个男人,你那个样子将来长大能保护母亲吗? 连自己站起来都有困难,我们家还敢指望你……"西方人在经济和科技领域的强大和他们从小就建立自己的责任感是有很大关系的。自信从责任开始建立,如果你是个主管,不能很好地负起责任,你的下属通常很少能担起他们的责任。

很多同学总以为自己已经长大,对父母的唠叨置之不理,甚至有时顶撞他们说:"我已经长大了,我的事我自己来决定,不用你们管。"但直到有一天我们明白了两个字"责任",那个时候才知道自己曾经的任性;曾经以为离开父母在学校独立自由地生活,自己掌管自己,这些是自己长大的标志。现在才明白真正的长大是你知道自己对你的家庭、对整个社会的责任是什么。

作为男人应该挑起家庭生活的重任,这是男人的责任;作为女人要把家打理得井井有条,这是女人的责任,这样的家庭就具备了和谐的条件。以前总以为将脱下的脏衣服扔给妈妈,然后穿上妈妈洗干净的衣服,没钱了开口要就有人给,这是很正常的事。但直到有一天,自己觉得妈妈在洗衣服时弯腰不是那么的利索了,父亲走路时腰也不是那么的笔直了,自己的心忽然隐隐作痛,我们应该问自己对这个家做了什么呢? 我们用自己的青春蚕食着父母的身体,而自己却一无所

知,有时还用自己所谓的长大去伤害他们。我们应该开始思考该为自己的家,为父母做点什么呢?我们是不是应该努力地学习尽快地从父母那里接过这个家庭生活的担子,这是作为一个儿女必须承担的责任。

我们处在社会中,我们就有对这个社会的责任。我们每个人都曾被刚刚过去的不同寻常的一年感动过吧!突如其来的暴风雪让我国南方陷入了 50 年不遇的冰雪大灾难中,但我们在这场灾难中没看到哀号,感觉到的却是南方传来的一股股暖流。我们的主席,我们的总理,都曾亲赴抗击暴风雪前线指导抗灾;我们的人民子弟兵不分昼夜地抢修公路、电路设施;我们的电工技术人员攀上几十米高的冰冻电线塔架上抢修电路。当震惊世界的大地震晃抖着汶川附近的山脊,当无情的灾难袭击毫无防备的人民,紧急关头走在最前面的还是人民子弟兵。每一个有血有肉的中国人都在做着灾区人民强大的信心支柱,每一个有责任感的企业家都慷慨解囊,给予力所能及的支持。当记者采访我们的人民子弟兵时,他们说:"这是我们的责任";当记者采访那些企业家和志愿者的时候,他们的回答依然是"这是我们的责任"。多么简单的回答,但却是那么的有力——责任。在感动的同时,我知道我现在虽然不能像抗灾前线的英雄们那样,但我应该做的就是努力学习,为建设我们的美好祖国出力,这就是我的责任,我对于社会的责任。

我的责任我来担

责任使我长大,我的家庭,我所处的社会,需要我有这份责任心,带着这份责任心我应该努力地奋斗。

看到上面一节,我想很多朋友都会提出这样的疑问,我们的责任究竟在哪里,我也想做一个能够承担责任的人,可是总没有这样的意识,到底该怎么做呢?

1. 责任意味着说到等于做到。

承担责任的生命,才叫真正的生命。当我看到海尔的这部《首席执行官》影片时,我深深地被震撼了。一个企业的领导人把全体职工的命运放在了比自己的命运还重要的位子上来考虑时,他担负的是民族工业强盛的责任,他的企业才具备了持久的竞争力。下面是一段摘自影片中的一段话,是凌敏总裁发自肺腑的呼声。

"每当我站在窗口,望着员工们潮水般涌进工业园的时候,我就感到一种沉重的责任。虽然我叫不出他们每一个人的名字,但我觉得每一双眼睛都关注着我。希望我能够给他们创造更好的生存环境和奋斗空间。为了不辜负这份信任,我不敢有丝毫的懈怠。十七年来,我就这样和他们一次次穿过一个个沙漠,经历过一个个绿洲。我从来没有停过步,连回头看自己走过的脚印都没有,就是靠着这样的拼命、苦干,我们才保持着企业的高速发展。但是这样并不意味着海尔能够在今后的国际竞争中也能取得成功。因为中国加入 WTO 以后,外国公司的进攻会更加猛烈。我们的观点和思维模式面临着极大的挑战,如果我们有丝毫的满足,观点和思维方式跟不上,那么海尔集团将会在一夜之间崩溃,这绝不是耸人听闻。所有外国公司来中国的战略都是很明确的,那就是赢家通吃。所以对付外国的最好办法就是把自己变成国际化的大公司。也就是说,你必须成为狼,只有成为狼,你才有资格与狼共舞。如果你甘愿做羊,就只有被吃掉的份。今天,世界名牌的多寡已成为一个强国的重要标志,一个没有自己品牌的国家在未来的国际竞争中是不会取胜的,所以中国要有自己的世界品牌,而且不能光靠一两个企业,搞一两个品牌,那不够。我们必须建立起一支强大的民族工业舰队,打造出一批具有中国特色的世界名牌,到那个时候，看谁还敢对中国说'不'。我知道，实现这个梦想，也许需要几代人的努力，但我相信，只要找到了路，就不怕路远。"

由此可见，一个人的能力越大，他的责任就越大，就像创业不仅仅是为了自己，更多的是为了帮助天下更多的人，给他们减轻烦恼与痛苦，带来快乐与希望。

记得海尔的一名员工这样说过：

"我会随时把我听到的看到的关于海尔的意见记下来，哪怕我是在朋友的聚会中，还是走在街上听陌生人说的话。因为作为一名海尔的员工，我有责任让我们的产品更好，我们有责任让我们的企业更成熟更完善。"

一个团队里只有每个人都敢于承担责任，整个团队才会是一个有责任感的团队，这也是整个团队团结统一的基础。相反，出现问题没有人敢承担或者愿意承担，那么这个团队已经不具备任何战斗力了，就只能等着对手来打垮。

如果你也是企业的一名员工，你做到了吗？当别人谈论你的班级不好的时候，你会把它记下来想办法努力去完善吗？当你的班级输了比赛的时候，你想过要和队员们一起再努力练习，要把荣誉争回来吗？其实有些事情并不是需要很费力才能完成的。做与不做之间的差距就在于——责任。

2. 勇于承担责任。

"人必须对自己的行为负责任，你也绝不可把责任推给别人。"拿破仑·波拿巴说。事实上，只有那些能够勇于承担责任的人，才有可能被赋予更多的使命，才有资格获得更大的荣誉。一个缺乏责任感的人，首先失去的是社会对自己的基本认可，同时也失去了别人对自己的信任与尊重，甚至还会失去自身的立命之本——信誉和尊严。

某公司总裁在半年度工作总结报告中指出："多数单位缺乏前瞻

性和规划性,工作琐碎,被动应付,主动思考少,积极谋划更少。在很多重点工作的推动上,等、靠倾向严重;面对各种问题和矛盾,麻木不仁,视而不见,无动于衷;集团的一些重大战略部署,得不到有效的贯彻落实,等待、观望、怀疑;有的即便做了,也是讲条件、打折扣。"这段话实际上尖锐地指出了集团缺乏"勇于承担责任"的现状。

由于不能"勇于承担责任",不少人便"多一事不如少一事";由于不愿"勇于承担责任",便有"不求有功,但求无过";由于不敢"勇于承担责任",一些人在面对工作中的不足时要拉上某部门做垫底……由于没有"勇于承担责任"的精神,我们管理运营中的"痛"太久太久,我们的损失太大太大,我们错过的机会太多太多!

我们太习惯于等着上级来指派我们的工作,我们太习惯于等着事来找人!太习惯于等着老师、家长来布置任务。

为了团队和自己的未来,我们大力提倡"勇于承担责任"。

"勇于承担责任"是一种承诺。

这种承诺就是一种无声的宣誓:"我保证!"这种承诺就是一纸无悔的军令状!

当我们坐在课桌前,我们有没有勇气自问:我能完成自己设定的学习任务和目标吗? 我的学习还有哪些不足? 我有没有担当起应负的责任? 面对困难我是寻找方法还是寻找借口?

"勇于承担责任"是一种认同。

当你接到任务的时候,你有没有迅速地回应? 当你和上司意见相左,你有没有胆量据理力争,即使未果也不折不扣地去执行? 当不理解团队决策的时候,你有没有一种"我不同意,但我坚决服从"的气度和精神? 你有没有随时准备着和自己所在的团队一起成长?

"勇于承担责任"是一种勇气。

面对源源而来的任务和指标,你有没有推三阻四? 在强手如林的集团你敢不敢横刀立马、独当一面？面对强大的竞争对手，你是否会"明知不敌也敢于亮剑"？

"勇于承担责任"是一种回报。

我们应时时存一种感恩之心，感谢班级为我们提供施展的舞台，感谢同学和老师在团队中给我们的帮助和支持，感谢团队给了我们成长的空间。我们自古就反对"尸位素餐"。当我们坐在食堂餐桌前的时候，当我们每月从爸妈那里拿钱的时候，我们是否反思：我为家庭做了什么？我对得起这顿饭吗？我对得起父母辛辛苦苦挣来的这些钱吗？

"勇于承担责任"是一种境界。

面对千头万绪的工作，你是从集团大局出发还是斤斤计较于个人得失？你脑子里装的是部门的小圈子还是集团的大利益？你是习惯于索取还是时时讲求奉献？

"勇于承担责任"是一种操守。

对于已经工作的员工，你满足于不好不坏，还是努力追求精益求精，工作出彩？你是冲着这份薪水还是根据工作本身来贡献你的才智？在你的岗位上你是否问心无愧地发挥了你的一切？你喜欢"各人自扫门前雪"，还是推己及人，共同提高？你是否确信自己已完全脱去了"不在其位，不谋其政"的低级趣味？

企业提倡"拒绝平庸"，要求"工作出彩"。我们只有勇于承担责任，才有可能远离平庸，才有可能工作出彩。四平八稳，按部就班，遇事推诿，相互拆台，有害于团结、无益于进步。我们宁要横冲直撞的初生牛犊，绝不要只会原地打转的驴子。

70 年前，毛泽东在《纪念白求恩》中指出："不少人对工作不负责任，拈轻怕重，把重担子推给人家，自己挑轻的。一事当前，先替自己打算，然后再替别人打算。出了一点力就觉得了不起，喜欢自吹，生怕人家不知道。对同志对人民不是满腔热忱,而是冷冷清清,漠不关心,麻木不仁。"毛主席真是在给这帮不负责任的人画像:他们不但对事对工作不负责任,而且对人对同事漠然麻木。对于这些人,我们无法开出万能的药方,但我们能够给出衷心的建议:用心做事,用心做人!

我们主张放下包袱,开动脑筋,突破惯性,"重启思维"。在学习中,克服害怕出错的心理,克服害怕挨批的心理。只有这样,才能在一次次的试验和试错中找到克服平庸的方法,推进我们的学习能够有长远的进步。"不怕出错,就怕不做"。不做绝不会出错,但也绝不会进步,这就是平庸!奉劝那些不愿承担责任的朋友,尤其是肩负班级和团队管理规划任务的人员,你们要时时反省,我们究竟主动承担了多少责任?

我们提倡用心做事。只有用心,才会在生活、学习中最大限度地主动承担责任;只有用心,才不会把精力用于扯皮推诿;只有用心,才不会处处斤斤计较于一己得失;只有用心,才能不断在学习中发现不足——总之,只有用心,才会在遇到困难时从自身找原因,这就是"勇于承担责任"。孟子言:"行有不达,反求诸己。"如果我们达到这个层次,那就不会再有什么困难能阻碍我们前进,阻碍我们去探索、去开拓、去创新。俗语说得好,"世上无难事,只怕有心人"。当你用心做事时,你还会因为缺少学习资源而抱怨吗?当你用心做事时,你还会因为遇到困难而泄气吗?当你用心做事时,你还会因为达不成目标而烦恼吗?当你用心做事时,你还会因成绩没有进步而内疚于心吗?

清醒地意识到自己的责任,勇敢地扛起它,无论对于自己还是对于社会,都将是问心无愧的。人可以不伟大,也很可以清贫,但我们不可以没有责任。任何时候,我们都不能放弃肩上的责任,扛着它,就是扛着自己生命的信念。

责任让人坚强,责任让人勇敢,责任也让人知道关怀和理解。因为我们对别人负有责任的同时,别人也在为我们承担责任。

寻找借口唯一的好处,就是把属于自己的过失掩饰掉,推卸责任。把应该自己承担的责任转嫁给社会或他人。这样的人,在企业中不会成为称职的员工,也不是企业可以期待和信任的员工;在社会上不是大家可信赖和尊重的人。这样的人,注定只能是一事无成的失败者。

试想想,如果你与某人约好时间见面,而他迟到了,见面张口就说:路上车太多了,或者是他在门口迷路了,等等,你会怎么想。相信你也不会喜欢那些动辄就说"我以为、我猜、我想、大概是……"这样每天都在辩解的人。想想吧,你们从这些话中得到了些什么?

当然,我们并不能解决"路上堵车"的问题,我们也不太可能等外部条件都完善了再开始工作。但就是在这种既定的环境中,就是在现有的条件下,我们同样可以把事情做到极致!我们无法改变或支配他人,但一定能改变自己,让自己远离借口的羁绊,控制借口对自己的影响,坚定完成任务的信心和决心。越是环境艰难,越是敢于承担责任,锲而不舍、坚忍不拔,就一定能消除借口这条"寄生虫"的侵扰。很多借口其实都是我们自己找来的,牵强附会。同样,我们也完全可以远离、抛弃它们。

无论我们所做的是什么样的工作。只要能认真地勇敢地担负起责任,我们所做的就是有价值的,就会获得尊重和敬意。有的责任担当起来很难,有的却很容易,无论难与易,不在于工作的类别,而在于做事的人。只要我们想,我们愿意,我们就会做得很好。

3.责任就是一种生活态度。

一位曾多次受到公司嘉奖的员工说:"我因为责任感而多次受到公司的表扬和奖励,其实我觉得自己真的没做什么,我很感谢公司对我的鼓励。其实担当责任或者愿意负责并不是一件困难的事,如果你把它当作一种生活态度的话。"

其实,在很多养成教育中,就有关于责任感的训练。注意生活中的细节就有助于责任的养成。大家都说习惯成自然,如果责任也成为一种习惯时,也就慢慢成了一个人的生活态度,我们就会自然而然地去做它,而不是刻意去做。当一个人自然而然地做一件事情时,当然不会觉得麻烦和累。当我们意识到责任在召唤自己的时候,就会随时为责任而放弃别的什么东西,而且不会觉得这种放弃对我们来讲很不容易。

比如说信守承诺,这就是我们的责任。一旦我们作出承诺,就必须承担起履行这个承诺的责任。如果我们是一个信守承诺的人,别人就会对我们的承诺守信表示赞美,我们就不会欣欣然而喜,因为我们觉得自己本该这么做,这是一种生活态度。

比如守时也是一个人最基本的责任。要知道,一个人的不守时就相当于在浪费别人的生命,我们有能力承担这样的一个后果吗?在我们的生活中,总会遇到一些不守时的人,他们自己对此不以为然,这是他们的生活态度。

作为企业的一名员工,有责任遵守公司的一切规定。当你违背了公司的规定但却没有足够的理由,形式上的惩罚并不能掩盖你对自身责任的漠视。

比如,你上班时迟到了五分钟,公司可能就扣掉了你当月的奖金,你很可能对公司的处理愤愤不平:"不就迟到五分钟吗?有什么了不起的,也不会有多大影响。"其实,如果你仔细反思一下,公司的每个人都迟到五分钟,那会怎么样?我们违背了公司的规定,公司没有对我们进行处罚,那么对别人呢?公司的规定岂不是形同虚设?有人曾严厉地提出:"一个没有制度规范的公司,根本不会有什么前途。"所以,遵守公司的规定是每一个员工的责任,有这种想法的人只能说明没把自己的责任当回事儿。

当我们已经习惯了别人替自己承担责任，那么我们将永远亏欠别人，我们的腰板就永远也不能挺直。所以，把责任作为一种生活态度是最好的。这样既不会觉得责任会给自己带来的压力，也不会因为自己承担责任而觉得别人欠了你什么。

尤其是当责任由生活态度成为工作态度时，工作对于自身的意义就不仅仅是赚钱那么简单，也就不会因为公司的规定而觉得自己的自由受到了羁绊，更不会做出违背公司利益的事。

想一想，有几个人对租来的车子，像对自己车子那般细心维护？有几个人在归还租来的车子之前，会把车子洗干净？责任感有可能就在这样的小事中失掉，责任感也会在这样的小事中建立起来。

作为员工，不要总抱怨老板没有给你机会，有空的时候不妨仔细想一想，你是否能够在老板交给你任务后，漂亮地完成任务并且没有那么多的废话？你是否平时就给老板留下了一个能够承担责任勇于负责的印象？如果没有，你就别抱怨机会不来敲你的门。

当你少一些抱怨、少一些牢骚、少一些理由，多一分认真、多一分责任、多一分主动的时候，你再看看机会会不会来敲你的门？

所以说，责任是一种生活态度，不负责任也是一种生活态度。

4. 有目标才能自我负责。

只有当你选择成为自己生活的最终决策者的时候，你才会成为这样一个角色。如果你不能控制住自己，周围的事件和别人的目的就会牵着你的鼻子走。

在晴朗的天空下，躺在小木舟里，在静静的湖面上漂浮的确是很惬意。不去操心世界上的一切，让自然去安排每天发生的事，这样生活就会风平浪静。但是一些人从来就不曾体会过有方向舵、风帆、船桨和发动机的生活的刺激。他们一次又一次地把自己置身于恐慌和求救的境地。即使生存与否只在一搏，他们也表现得好像很无助。

在生命的航程中我们都需要不时地停止航行漂浮一会儿,以便使自己恢复活力。但是,最有活力的人休息是为了面对挑战做好准备,他们迫不及待地想体会直面挑战时的刺激。自我负责的生活不是被动的,它意味着知道如何去享受生活,并且为应对生活中的一切做好准备。你没有余地为自己不能掌握航船的方向而寻找借口。你的目的会帮你决定实现自己的梦想和目标需要采取哪些行动。

当你开始不找任何借口的时候,你的自我负责感会逐步增强。你会感到在自我负责和有目的的心中有一股不可阻挡的力量。依靠这股力量,感受它,它就在你的心中,而且它会战胜那些试图阻碍它发展的障碍。回首你的生活,你很可能会找到这样一些例证。

5. 你一定要对自己完全负责。

你一定要承认自己应该对自己目前的水准与状况负责,对自己的成果负起完全负责,对自己层次范围之内的完全负起责任。你就是自己生活中、事业上及专业销售公司的老板。你能够控制自己思想与情绪的最有力字眼是:"我负责!"这些字眼会降低你的愤怒,并且改善你的负面情绪。它们会排除烦恼,让你开始积极思考而非回应式的思考。"我负责"让你能够握住自己生活的鞭绳。

身为一个完全负责的人,你会拒绝找借口,或推卸责任给其他人。你若成功,则功劳归你;你若失败,就得负起责任。责任是前瞻性的。

责任永远是去想答案而不是想问题;是去解决问题而不是去抱怨。作为一位完全负责的人,遇到逆境,你立刻会停下来说:"我负责。"然后,你不会继续去想那些已经发生的事,而是去想下一步该怎么做。负责任的人会把精力集中在未来的机会而非过去的问题。

他们不会为漏出的牛奶而哭泣。他们了解已经发生的事情是无可挽回的。他们会把每一次挫折或失败当成是珍贵的教训而且会说:"下一次,我就会……"负责任者的座右铭是:"如果问题无可避免,我必须负起全责。"

在任何一个专业的领域中,自我负责的态度、高绩效、个人效率,三者必定同时鼎足而立。

这个世界上的所有的人都是相依为命的,所有人共同努力,郑重地担当起自己的责任,才会有生活的宁静和美好。任何一个人懈怠了自己的责任,都会给别人带来不便和麻烦,甚至是生命的威胁。

我们的家庭需要责任,因为责任让家庭更充满爱。我们的社会需要责任,因为责任能够让社会平安、稳健地发展。我们的企业需要责任,因为责任让企业更有凝聚力、战斗力和竞争力。

敢于承担责任往往就是敢于发现和承认错误,这正是我们之所以能进步的根本所在,这就是一个学习的过程。同时,能够勇于承担责任,也是再给自己更多锻炼的机会和挑战,生活的意义也正在于此。

没有借口

每年八月份,很多补习学校都要迎来一些高考落榜的学生。他们是来复读的,我们常戏称之为"高四学生"。登记高考分数的时候,他们往往在讲出一个羞于开口的数字之后适时地补充一句:今年没考好。每逢听他们这样讲,我都忍不住追问一声:为什么?答案五花八门:自己病了,家人病了,心情很糟,知了太吵,天气太热,不许如厕,笔是假货(高考答题卡限用正宗 2B 铅笔填涂)……我知道了,在这些落榜考生的眼里,自己是世界上最值得怜惜的人,是"瞎了眼"的命运女神无情捉弄,才使得他们与一个本应实现的梦失之交臂。

记得又一年,一个在高中教书的老师朋友告诉我,他用同样的问题问了他们班分来的十几个补习生,答案和以往的一样。但是有一个同学不同,他在这些补习生中是成绩最差的一个,他的回答是:"老师,我不想找什么理由,我就是没有好好学习,我很后悔,这一年我会拼命努力的。"后来正如我们所料,这个同学一年之后是补习生中成绩最好的一个。原因很简单,很多人把自己的失败归于外界的原因,总觉得自己本来是可以的,所以即使有第二次机会同样不懂得珍惜。在我的眼中,成绩不好只有一个原因,那就是没有努力,如果一个人努力地学习,他会花出比别人更多的时间,会不断地完善自己的学习方法,会拼命地弥补自己比较薄弱的基础。三年时间,任何人都可以创造奇迹。什么基础不好,什么老师教得不好,什么同桌影响,那都是借口,只不过是顾及面子不愿意承认罢了。

失败是一件让人疼痛的事,但人类聪明地发现一种镇痛良药——为失败找一个借口。小时候跌倒了,妈妈说:宝贝不哭,妈妈给你打这块破地,打这双坏鞋。大概就是从那个时候起,我们明白了有一种推卸很受用,有一种解脱很愉悦。于是,当那种锥心的痛再次袭来时,我们便乖巧地闪身,避进一个叫做"借口"的硬壳里,就像寄居蟹避进螺壳中,在一方安谧的天地中冷眼观看恶浪又掀翻了谁人的梦想。

有一个故事,可以用来嘲笑那些擅长为自己编造借口的人:有这么一位仁兄,他天天到湖边去钓鱼。但不知什么缘故,他总也钓不到大鱼。钓友们讥笑他道:你闯进幼儿园里去了吧?他脸孔红红,却梗着脖子讲出一个让人倒下的缘由——你们懂什么?我家只有一口小锅,如何能煮得下大鱼!

哲人说:成功的路上尽是失败者。但我以为,那些失败者必有一种共同的素质——正视失败。正视失败就是不惧怕展览愚蠢,把生命中每一个致败的"蠢细胞"都展览到光天化日之下,不让它藏匿,不让它躲闪。命运举起皮鞭的时候,就让血肉之躯去承受,没有永远的螺壳做我们终生的避难所,让皮裂开,让肉绽开,让血淌下,让舌尖一点点舔着那镂骨的腥咸,告诉自己:承受疼痛是为了作别疼痛,承认失败是为了永诀失败。为了拥抱成功,请你去寻觅路口、渡口、出口,但却不要寻觅借口。

承担责任就要从没有任何借口做起。

有些人爱用借口把他们的责任给推卸掉,而通常人们的借口又是多种多样。比如:我本来是可以早点到公司的,不过路上堵车了,那我也没办法。我没有在规定的时间把工作做完,主要是因为——我没有时间,或我没有多大的精力和空闲,或我没有学过该怎样做。看一看,想一想,每一个借口的后面都蕴藏着丰富的潜台词,其实这些潜台词就是说"我不行","这是不可能办到的"。这种消极的心态会剥夺一个人成功的机会,并最终会让我们一事无成。是借口让我们逃避了眼前的困难和责任,渴望获得的是别人的安慰和理解。但是借口的代价是无比昂贵的,它给我们带来的危害远比其他坏习惯所带来的损失还多。一旦你的借口多了,你就不会想方设法去完成任务,而是千方百计地去寻找借口,这时你损失的将是一种诚实的态度,一种负责敬业的精神,一种完美的执行力。

比如说"我并不十分清楚我的责任,所以才没有做好"。这是很多人经常在出现问题之后,拿出来的第一个理由。

因为不清楚所以才没有做好,看起来很顺理成章。其实在这个理由的背后隐藏着一个非常简单的问题,为什么不清楚自己的责任?是别人没有说清楚呢?还是自己没有领会清楚?

如果你对自己的责任边界还没有清楚的认识,那么你在做什么你自己清楚吗?别告诉别人你根本就不清楚自己在做什么。

这种追问归根结底就是个人缺乏责任感,根本就是自己没想弄清楚自己的责任,或者即使清楚也不想承担责任,才找到这样一个理由。这个理由其实比较孱弱无力,经不起推敲,但是很多人都会拿这个理由作为自己推卸责任的挡箭牌。遗憾的是,它根本不能为你挡住什么。

　　一个员工与其为自己的失职找寻理由，倒不如大大方方承认自己的失职。领导者会因为你能勇于承担责任而不责难你；一个学生，面对并不理想的成绩，与其把问题指向老师和同桌，倒不如先问问自己究竟努力了没有，敢于从自身找问题的学生才是老师和同学们佩服的。相反，敷衍塞责，推诿责任，找借口为自己开脱，不但不会得到别人理解，反而会"雪上加霜"，让别人觉得你不但缺乏责任感，而且还不愿意承担责任。

　　要想承担责任就必须先从没有任何借口做起，没有任何借口，错了就是错了，错了就应该承认，谁也不是圣人，谁也不是没有犯过错。当你坦诚地承担起错误的时候，也就赢得了别人的尊敬，别人才会更看得起你，因为你是一个敢于承担责任的人。"没有任何借口"不是冷漠或缺乏人情。如果打一个极端的比喻，假设迟到 1 分钟，你就要被枪毙，这时你还会让借口发生吗？而这样的情况，在战场上，在商场上，随时都有可能发生。

　　"没有任何借口"是美国西点军校 200 年来奉行的最重要的行为准则，是西点军校传授给每一位新生的第一个理念。它强化的是每一位学员想尽办法去完成任何一项任务，而不是为没有完成任务去寻找借口，哪怕是看似合理的借口。秉承这一理念，无数西点毕业生在人生的各个领域取得了非凡的成就。

　　在工作中，我们经常能够听到的是各种各样的借口：

　　"那个客户太挑剔了，我无法满足他。"

　　"我可以早到的，如果不是下雨。"

　　"我没有在规定的时间里把作业做完，是因为……"

　　"我没学过。"

　　"我没有足够的时间。"

"现在是休息时间，半小时后你再来电话。"

"我没有那么多精力。"

"我没办法这么做。"

就像上文所说，这些借口让我们暂时逃避了困难和责任，获得了些许心理的慰藉。但是，借口的代价却无比高昂，它给我们带来的危害一点也不比其他任何恶习少。

归纳起来，我们经常听到的借口主要有以下五种表现形式：

1. 他们作决定时根本就没有征求过我的意见，所以这个不应当是我的责任。

许多借口总是把"不"、"不是"、"没有"与"我"紧密联系在一起，其潜台词就是"这事与我无关"，不愿承担责任，把本应自己承担的责任推卸给别人。一个团队中，是不应该有"我"与"别人"的区别的。一个没有责任感的员工，不可能获得同事的信任和支持，也不可能获得上司的信赖和尊重。如果人人都寻找借口，无形中会提高沟通成本，削弱团队协调作战的能力。

2. 这一段时间我很忙，我尽快做。

找借口的一个直接后果就是容易让人养成拖延的坏习惯。如果细心观察，我们很容易就会发现在每个班级都有这样的学生，他们也常常给自己设定目标，也想过明天要做什么。可以每天晚上都告诉自己，今天老师搞测验，太累了，明天再说；要么就是明天还要早起，为了不迟到还是早点睡吧，定的任务明天再说。每个公司里也都存在着这样的员工：他们每天看起来忙忙碌碌，似乎尽职尽责了，但是，他们把本应1个小时完成的工作变得需要半天的时间甚至更多。因为工作对于他们而言，只是一个接一个的任务，他们寻找各种各样的借口，拖延逃避。这样的员工会让每一个管理者头疼不已。

3. 我们以前从没那么做过或这不是我们这里的做事方式。

寻找借口的人都是因循守旧的人，他们缺乏一种创新精神和自动自发工作的能力，因此，期许他们在工作中做出创造性的成绩是徒劳的。借口，会让他们躺在以前的经验、规则和思维惯性上舒服地睡大觉。

4. 我从没受过适当的培训来干这项工作。

这其实是为自己的能力或经验不足而造成的失误寻找借口，这样做显然是非常不明智的。借口只能让人逃避一时，却不可能让人如意一世。没有谁天生就能力非凡，正确的态度是正视现实，以一种积极的心态去努力学习、不断进取。

5. 我们从没想过赶上竞争对手，在许多方面人家都超出我们一大截。

当人们为不思进取寻找借口时，往往会这样表白。借口给人带来的严重危害是让人消极颓废，如果养成了寻找借口的习惯，当遇到困难和挫折时，不是积极地去想办法克服，而是去找各种各样的借口。在学校，这是成绩不好的学生最常用的一句话，别人成绩好是因为别人以前的基础好，比我们强了很多，超过他们可是不容易。殊不知，从刚开始上小学的时候，这个借口就开始伴随着他们了，直到上了高中，只好还拿这个借口来填补相差得越来越远的成绩。

是的，千万别找借口！让我们改变对借口的态度，把寻找借口的时间和精力用到实际生活中来。因为现实中没有借口，人生中没有借口，失败没有借口，成功也不属于那些寻找借口的人！

不成功的人都有一项共同的特征，就是知道失败的所有理由，而且抓着这些他们相信是万无一失的借口不放，以便解释他们为何成就有限。

他们所有的精力与时间都花在寻找一个更好的借口上，失败是必然的结果。其中有些托词是有点小聪明的，而且也是情有可原的，但

是借口不能用来赚大钱，世人只会问你成功了没有。

性格分析家编辑出一列最常用到的借口清单。你一面看这一份清单，一面要仔细检讨自己，看看其中有多少借口是你所有的。

要是我没有小孩和家庭……

要是我有十足的"魅力"……

要是我有钱……

要是我受过良好的教育……

要是我找得到工作……

要是我身体健康……

要是我运气好一点……

要是时机好一点的话……

要是别人了解我……

只要我的处境有变……

要是能从头再来……

要是我不怕"别人"怎么说……

要是我曾有过一次机会……

如果现在我有机会……

要是别人没有"恨我"的话……

要是没有阻挠干预的话……

要是我再年轻一点……

如果我能随心所欲……

要是我出生在富人之家……

要是我有他人所具有的天赋的话……

要是我敢假设我自己……

早知道，当初就应该把握机会……

要是别人不逼我神经紧张……

如果我不用理家带小孩……

要是我能存点钱……

只要老板赏识我……

只要有人手帮我忙……

如果家人了解我……

如果我住在大都市……

只要我开始起步……

只要我自由了的话……

要是我有他人的个性……

要是我没有这样胖……

要是我的天分被发掘……

要是我能有"突破"……

只要我能清偿负债……

要是我不曾失败……

只要当初知道应该……

要是没有人反对我……

要是嫁对人……

要是没有那么多烦恼……

要是大家没那么沉默寡言……

要是我对自己有把握……

要是运气不背……

要是生辰八字对了……

要是"该来的会来"不是真理……

要是钱没赔掉……

要是住在别的住宅区……

要是我没有"过去"……

要是我有自己的事业……

要是别人肯听我的话……

这种习惯跟人类一样自古长存,却是成功的致命伤!为什么抓住借口有如抱着宠物不肯放手?答案很明显。因为他们创造了借口,所以他们维护借口!人类的借口全是自己想象力的产物,呵护自己头脑的产物,是人类的天性。

找借口是根深蒂固的习惯。习惯很难革除,尤其是这些习惯能为我们所做的事找到合理的解释时,更是积重难返。柏拉图说:"最大和最初的成功,是征服自己。最可耻和罪过的,莫过于被自己打败。"

另一位哲人也有同样的想法,他说:"我发现自己在别人身上看见的丑恶,竟不过是自己本性的反映时,我大惊失色。"

"对我而言,这始终是个谜,"哈伯德说,"为什么大家花那么多时间处心积虑捏造借口、搪塞自己的弱点、欺骗自己?如果时间用到不同的地方,同样的时间足以矫治弱点,然后借口就派不上用场了。"

要提醒你:"人生是局棋,你的对手是时间。如果动手前,你犹豫不决,或者没有立即采取行动,你的棋子就会被时间吃掉。你碰上了容不得迟疑不决的对手!"

以前你可能有合情合理的借口,不去迫使人生交付你所求索的一切;但是现在,那个借口已经不管用了,因为你已经拥有了打开人生丰饶财富之门的钥匙。

记得不知何时看了这样一篇文章:

有两个极其爱好文学的青年,其中有一个天赋极高,才思敏锐,另外一个则显得平平淡淡。他们都立志要成为一流的作家。

于是,他们约定十年后看看谁的作品更优秀。

天赋高的那位恃才傲物，很少研究别人的优点，对一般作家的作品不屑一顾。有人要求他写几首诗，他总是说：我最近很忙。有人提醒他最近某地有文学大赛，你可以一展身手，他推托说：我正在准备素材。有人劝慰他说：你应该展示自己的才华了。他无所谓地说：我正在等候时机。有人告诉他：你不能浪费自己的时间了。他回答说：再等等，再等等……

于是，他终日来往于烟花柳巷，混迹于官宦商贾之间。时间久了，笔力自然拙笨，文思也就减退了。最后竟然到了提笔忘字的地步。他感慨着说：

"我本来应该……"

"我本来可以……咳！！"

"如果当初……该多好啊！"

而那个天赋一般的青年没有放任时间的流逝，不耻下问，四方拜师，苦心孤诣研究一代又一代成功作家的作品和学术论著，并不断尝试着写自己的作品，不怕拙劣，敢于拿自己的作品向别人请教，虚心接受别人的意见和建议。

十年过去了，他的作品比之当初，简直是判若云泥，受到很多读者的喜爱，也备受同行的推崇，成为著名的作家。

于是，我们想到了：

许多人常常喜欢用漂亮的借口来掩饰自己的惰性，说什么"我正在准备"，"我正在考虑"，"到时候再说"，等等。可是过了一段时间，你再去问，他还是在准备、在考虑。考虑了那么久，准备了那么多，到最后还是没有付诸行动，空让时间白白溜走，这样的人永远也不可能实现自己的理想。

他们不断地为自己找借口，对未来的计划只是一种空谈，因为他们没有意识到现在的时间是多么的宝贵。如果我们能最大限度地利用此时此刻，合理安排时间，那么我们就是在自动播种未来的种子。

我们之所以会把问题搁置在一边，最主要的原因就是我们还没有学会对自己的人生负责，这也是后来追悔莫及的真正原因。

是啊，古有"勤能补拙"！所以，"借口"是一种无奈的自慰！当然，人生没有成功，有不同的原因，一些是外部环境的压制，经过自身努力仍未能实现的；一些是全靠自己却没去努力造成的。前者无法，后者自毁！！！！！

我们总是为自己做过的错事、没有做好的事、或没勇气去做的事百般辩解，就是为了换来短暂的安慰，可是这样你不但欺骗了别人，还是自欺欺人的表现。不但使自己失去了改正错误的勇气，还丧失了一个人前进的动力。难道真的甘心这样颓废下去吗？难道真的愿意失去你的人格魅力吗？找借口真的很虚伪！不要为自己找借口。

美国职业篮球协会最佳新秀杰森·基德，谈到自己的成功历程时说："小时候，父亲经常带我去打保龄球。我打得不好，总是找借口为自己辩护，而不是去找为什么打不好的原因。父亲就对我说：'别再找借口了，这不是理由，你球打得不好是因为你不练习。'他说得很对。现在我一发现自己的缺点便努力改正，决不找借口搪塞。"杰森·基德不愿为自己寻找借口，所以他用自己的拼搏和奋斗证明了自己的存在价值！

其实，每个人都做过错事，可是有的人可以主动承认自己的错误，并且改正了错误；可是有的人又开始为自己"量身定做"借口了，难道你不觉得自己很虚伪吗？难道你不觉得那不现实吗？难道你的心理能坦荡吗？

借口就是"撒谎"的代名词，找借口的性质和说谎话没什么区别，为什么不能真诚地对待一切？为什么不能勇敢地面对一切？难道你是个懦夫！

其实,无论我们做任何一件事,不管我们事先有多么充足的准备,事情没有成功之前,总是会有失败的概率,拥有失败的可能性。此时的我们该怎么办? 是为自己寻找种种理由推脱掉,还是勇敢接受、迎接挑战? 怯懦者总是有理由逃脱的,只有勇敢者才能主动接受,承担重担。如果你是一名勇士,就开始行动吧,用自己的行动证明自己的价值。

不要为自己找借口,那是一个人怯懦的表现;不要为自己找借口,那会使你的错误愈加严重;不为自己找借口,那才是一个真正的自己!

第三章 ｜ 有问必答

2008年春节联欢晚会上,郭达和蔡明的小品中出现了一个很有意思的口头禅:"这是为什么呢?"当时简单的一句话引导了09年的流行用语。但是我最为关注的并不是它的搞笑成分,而是这句话背后所体现出的精神和我们应该有的一种生活态度。我们每天的生活中都会遇到很多的问题,总会有一些问题是我们当前急需解决。但是又因受能力的限制而解决不了的。有的人就这样把问题不了了之,而有的人则会想方设法去解决问题,不同的态度当然会得到不同的结果,这就是为什么有的人能够随时随地学习、随时随地进步,而有的人却被课本的知识所套牢。

教育的目的是传道授业解惑,由于能力拙劣,我可能目前只有解惑的能力,但是作为一个教育培训领域的老师,内心当中实在是想为那些有问题的同学尽绵薄之力。但是迫于工作的原因,有很多朋友的短信息以及很多来信来电无法一一回复,心中很是内疚,鉴于此,2009年中考结束之后,我们在湖北省黄冈市举办了《让爱你的人为你自豪》及《高考总动员》全国巡回演讲黄冈地区听众见面会。当时气氛之热烈,同学和家长所给予的信任与支持令我感动至深。我根据当时的录像,把一些典型的问题拿出来和大家分享,每个问题我都尽量地拓展开来,希望能帮助到更多的朋友,当然也希望能对拿起这本书的您有所帮助。

主持结束之后,我走上讲台向大家鞠躬致谢,刚坐下来,就有好多人举手示意。会场的助手先把话筒递给了一个男生,他站起来说:王老师,今年中考我落榜了,我很想上学,可是我的家庭条件不好。我实在是不想让爸妈太为我劳累了,我想去打工,可是又不知道该怎么办,您能不能给我一点建议。

我简单地打量了他一下,这个同学穿着朴素,高高的个子挺结实的。我示意他坐下来。

"你是个很有责任感的男孩子,我建议咱大家为这个有责任感的男生响起一次掌声。"全场鼓掌,我看到那个男生有些脸红,不好意思地低下头。

"有很多人曾经问过我这个问题,我的回答是四个字——慎重选择。首先,学习是一辈子的事,我常说过去不代表未来,什么意思?就是说过去我们的成绩不好,绝对不代表未来我们不能取得好成绩;过去我们不优秀,绝对不代表我们未来不能够成功。这个观点大家同意吗?"大家都点头表示认可。

"所以说,仅仅因为自己中考没有得到好成绩就觉得自己不适合学习,将来考学无望而放弃读书那是非常令人遗憾的决定。举个例子来讲,我有一个好朋友,我叫他阿博,是我高中的同班同学,他的足球踢得非常棒,是我们班的足球王子。他每天要花两节自习课的时间练球,即使到了高三都不例外,可是大家知道吗?最后他以优异的成绩被北京体育大学录取。"这时候不少人的脸上已经显出吃惊的表情。

更关键的是,他初中只上了两年,初三关键的一年到省队踢球去了，所以高一分到我们班的时候，成绩并不很好。"这一说就让不少人更意外了。

"人的潜能是无穷的，三年的时间可以改变很多事情。我想告诉那些即将走进高中但是对自己没有信心的同学，请你们一定要相信自己，高中三年，只要我们能够真正地用心去学习，就一定能够创造高考的奇迹！"

我看着那个男生说："这是你需要权衡的第一件事情。"他肯定地点点头。"其次，我们再来说家庭条件的问题，我有很多大学同学的家是来自农村或者偏远的山区，生活条件很差，但这并不影响他们非常优秀的学习成绩和突出的工作能力。我也认识很多的企业家，他们也都是从农村走出来白手起家，所以我们没有任何理由因为家庭条件不好而自卑。我相信这个同学的问题可能也是很多同学困惑的地方，这个时候，我们就要作出一个合理的权衡，我先要问一下这个同学，你还想学习吗？"

"我想学习。"他非常肯定地回答道。

"这非常重要，如果你现在上高中，接着三年之后上大学。其实上了大学之后你就已经具备了自己生活的能力，更何况大学里有助学贷款和勤工俭学，几乎可以脱离家庭独立了，也就是说家里面只需要再全力地供养你高中的这三年。如果你现在选择了出去打工，我相信几年之后凭借自己的社会经验可能会比刚毕业的大学生有优势，但是，更多的研究证明，一个大学生未来发展的空间要比一个初中生大得多。我不否认有一些中学毕业生凭借灵活的头脑和个人的努力取得了一定的成就，但是那毕竟是少数。所以我的建议是，虽然咱们家庭条件困难一些，但是只要条件允许，就要继续把高中读完。"

那个男生补充道："其实我就是您说的第一种情况，担心自己高中学不好，让父母更加为难。听您这么一说，我就有信心了，我一定会努力去做的。"全场又一次响起掌声。

我接着说:"但是有一个事实是我们必须要去面对的,那就是每年必定会有一部分同学从中学校园中走出来就直接进入社会工作。我特别想提醒这些同学的是,学历只代表过去,能力代表现在,而学习力才能代表未来。如果我们想让自己将来能够真正地在社会中立足,就必须不断地学习,在工作的同时,要抓住一切机会锻炼自己的能力,让自己能够挑起更重的责任。"

会场助理从男生手中接过话筒,递给了旁边的一位女生。一个穿着很阳光,略带些稚气的女生站了起来,她说:"王老师好,我是个中学生,算得上是比较调皮的那种,因为性格上的原因,可能常会和一些男生走在一起。因为这个原因,我觉得好多人都不喜欢我,甚至嘲笑我、骂我。爸妈送我来这里是想让我考大学,可是我现在连学都不想上了,很苦恼,希望你能帮帮我。"

男女问题向来就是青春期的中学生最常见的问题之一,我边想着怎样回答边问道:"现场各位亲爱的同学,我作个调查,现在的同桌或者以前的同桌是异性同学的举手让我看一下。"几乎所有的同学都举手了。

我又问:"曾经或者现在为男女同学之间的关系处理不好而有过困惑的同学请举手示意一下。"我看到有将近一半的同学举手。

我示意大家放下手,看着那个女同学说:"你看,有这么多同学和你有很类似的困惑,如果因为这个原因就放弃上学我想可不是什么明智的选择,你觉得呢?"她笑着点点头。

"对于我们中学生来讲,都是正处在青春期,男生女生是个很敏感的话题。我首先希望大家要降低对这些事情的敏感度,不要有事没事就把这个话题拿出来议论,不但避免伤害到别的同学,同时也能让自己少分心。另外,问题是用来解决的,逃避的态度永远解决不了问题,有了这方面的困惑就要及时地解决，以免影响到以后的学习。女生因为性格开朗，又喜欢运动，经常和男生在一起，你们觉得正常吗？"

"正常。"大家异口同声回答道。

"那有些男生向来比较内向，喜欢写作和音乐，常常和女生在一起探讨问题，你们觉得正常吗？"

"正常。"回答依然很整齐。

"但关键是事情一出现在你们眼前就觉得不正常了。"当我说到这里，很多同学都笑了，看来事实确实如此。

"我们中国人的传统教育是男女有别，那些常和异性朋友在一起的同学，其实不是大家不喜欢，而是大家不接受。所以，我希望今天到场的同学们（当然也包括正在看书的您）能够正确地看待这个问题，好吗？"

"好。"大家的回答展现出了很高的热情。

"那么面对这样的问题，我们该怎样去解决呢？这才是最本质的问题。我觉得首先是不能够只和一部分同学在一起，中学时代的情谊是非常纯洁的，我们应该珍惜每一个同学。不让大家误会最好的方法就是让大家了解自己，而让别人了解自己最有效的办法就是沟通。我想当大家都了解了自己的为人和性格之后，就很能够理解我们的行为了。矛盾是一点一点激化的，我们的做法往往是别人越不理解我们，我们就越敌对他们，最终的结果就是矛盾越来越深，大家越来越不能相互地理解，而我们也越来越苦恼。"

我正要往下说，一个女生举起手来，助手把话筒递给了她，她嘟囔着嘴，一副很不开心的样子，说道："王老师，我的情况和那个同学有些像。最近老师说我变坏了，上课总是做小动作，其实根本就不是。我后面的男生一直惹我，还说什么一天不惹我就不舒服，烦死了，我该怎么办啊？"

我问："那你为什么没有告诉班主任老师而是要想自己解决呢？"

她回答说："其实那个男生也不是那么坏，人也挺好的。我觉得告诉老师的话会影响同学的关系，如果老师知道的话，一定会很严肃地处理，我不想到时候大家都很尴尬。"

我内心其实很赞同这个同学的说法。我点点头，请她坐下："我觉得你应该好好地和他沟通一下，把你的想法告诉他，是因为你把他当作是朋友才会这样即使被批评也没有向老师告状。如果再这样下去影响学习的话，那就只能调座位了，到时候大家都不好。我相信一般情况下，同学都会理解的。但是对方如果一直不听，就不要理他，让他觉得没意思，自然就会有所收敛。如果你觉得确实影响到了自己的学习，我觉得可以向老师申请调一下位置，毕竟这一段时间学习才是最最重要的，更何况我们也做到了先礼后兵。"我看着那个女同学问道："这样的回答你能满意吗？"

她点点头："我想我知道该怎么办了，我觉得这个办法应该能解决我的问题，谢谢你王老师。"（其实从行为心理学的角度来讲，这样的情况很可能是男生对女生有了爱慕之心，只是不好表达才会有这样的举动，沟通虽然能解决表面上的问题，但心理上的问题是需要我们加以注意的。千万要处理好早恋的问题，处理的好，它能成为动力；而如果处理不好，可能就会成了获取进步的障碍。）

"我补充一下刚才前一位同学的问题。心理上有了一些问题，一定要想办法来解决，比如说向老师请教，和家长沟通，或者查阅一下这方面的资料和书籍。不但不能逃避，也不能埋在心里不说，不要等到问题严重了再去解决。"

接着站起的是个男同学，可能是有些紧张，说话都有些语无伦次，我示意他停下来，"以前是不是不经常在公众场合下发言？"我轻轻地问道。

"我是第一次面对这么多人讲话。"他很小心地说。

我带头为他鼓掌,全场为他响起了一次很热烈的掌声。

我说:"有很多事情,以前没做过不代表我们做不好,深呼吸,大声地把你想说的话讲出来。"

他好像自信了一点,抬起头,说道:"王老师您好,我今年要上三年级了,可是我的自控能力很差,我想这个毛病一定会影响我将来的学习生活的。我想改变,可是不知道该怎么办。"

他刚坐下,后面的一个男生就站了起来,迫不及待地说:"王老师,我的情况也跟他很像,过了暑假我马上就要上高三了,这是最关键的一年。可是最近一段时间却不能心无杂念地投入复习,每天总觉得脑子里一片混乱,想做点什么来转移注意力,却老是静不下心,连上课也不能完全静下心。我也试着告诉自己'一定要集中注意力',却完全不起效,就好像自己的思想在受别人控制一样。结果,在最近的调考中,我的总成绩掉到全班 30 名以外。为了这事,我总是非常烦躁,有没有什么办法,能让我一点都不走神呢?"

我站起来,向前走了几步,心里想着怎样组织语言。我走到台前,想了一下自己是不是依然带着微笑,说道:"其实这是两个看似相同,而实质却不一样的问题。我们先来看看第一个问题,自控能力差,这几乎成了很多男同学的通病。"刚说到这儿,台下出现了一阵小小的骚动,很多男生都笑了。

我接着说:"恐怕这同样也是很多家长的疑惑,很多家长朋友来信告诉我说自己家的孩子就是坐不住,没一点耐心去学习,怎么能学习好呢? 我分三点来讲,也是我们要解决问题所必须关注的三个方面。第一,对很多同学来讲,自控能力差有选择性的,比如说很多同学觉得自己自控能力差的一个重要的表现是:上课或者写作业的时候总想着等一会儿去打球,不能静下心来,但我很少听说有同学打球的时候总跑神去想一会儿还要上课。"

这一下,下面可热闹了,好多同学事后告诉我,那个时候他们都在讨论,要是自己能做到打球的时候想着上课学习,还不知道老妈得有多高兴呢!旁边的历老师示意大家安静下来。

我继续说道:"这是为什么呢?因为打球是我们的兴趣所在,我们可以全身心地投入进去,但是我知道,在很多同学的眼里,看书学习简直就是上刑场。所以,要想自己能够有效地投入到听课学习当中,首先就要对它产生兴趣。比如说要从每做对一道题,或者是每堂课答对老师的一个提问等这样的事情当中不断地寻找到成就感。也可从喜欢自己的老师开始,进而让自己产生学习的冲动,这会让我们觉得上课学习是件快乐的事情,虽然比不了打球,但至少不是那么的痛苦,自然就能更专心一些。"

很多同学在用心地记着笔记,我停顿了一下,想了想第二点该说什么:"另外,我认为自控能力差的同学应该注意的第二点是要有很强的目标性,这个目标性不同于我们常说的目标,它是一种对自己有意识的强迫,就是让自己随时随地都非常清楚自己该做什么,应该做多长时间。佛经里面有这样一句话,叫做活在当下,我觉得很重要。要知道我们所能掌控的就只有现在,学习没心情的时候就告诉自己我只坚持一个小时,这一个小时之内我必须全身心地投入,就这样每个小时都坚持下来,时间自然就不知不觉地过去了。还有就是我觉得无论是自控能力如何的同学,我建议大家都要培养预习的好习惯,今天晚上把明天要讲的内容都看一遍,我认为只要用心,课后的习题70%～80%是没有问题的。把自己不懂的问题标出来,上课之后能把这些搞明白就行。其他时间即使真的控制不住自己做其他的事情,也不会有太大的影响。"

看到大多数同学都记好笔记抬起了头。我接着讲最后一点:"我觉得第三个我们要注意的方面，是要培养我们的责任感。拿我自己来说，我刚上一年级的时候，入校成绩是全班的 30 多名，但是高一几次考试我都一直保持全班的前十名，我认为这和我的努力是分不开的。而班主任夏老师给我总结的原因是我的责任心起到了作用，他任命我作为班里的纪律委员，负责的就是课堂和自习时间班里的纪律。学校对这一块很重视，我也努力地尽心尽责。我一直都认为，任何事情只有我自己做到了，我才有权利去说教别人，于是我保证课堂上认真听讲，自习课用心学习，努力做出榜样，在学校的学习效率自然大大地提高了。紧接着我想，如果做榜样的话，成绩太差别人怎么能会服气呢？于是我回到家更努力地学习，才会有最后这样的结果。对于老师这样的分析，那个时候我并不认同，但是现在想想实在是很有道理。责任心是培养出来的，每个人都可以拥有，我们要为自己的人生负责，要为父母辛勤的劳动负责，要对亲戚朋友的信任与支持负责，每每我们控制不住想放松的时候，就想想这些，就会有无穷的动力让我们坚持下去，时间长了就成了习惯，自控的能力就慢慢地培养了出来。"

我看了看那个男生，他会意地向我点头表示肯定，我记得那一刻我感觉好极了，能帮助到别人是件很幸福的事情。

"我们再来看看另一个同学的问题，为什么说他们两个的问题不太一样呢？先来分析一下为什么会出现'走神'。人的注意力是很难长时间集中的，'走神'其实是正常的心理现象。这位同学的注意力本身并没有什么障碍，只因为临近高考，心理压力加大，对自己的要求也越来越高，所以一旦复习中达不到'心无杂念'的境界，就倾向于自我谴责，将一些正常的心理现象当成了异常。他越是苛求自己要注意力集中，越容易对外界刺激过于敏感，结果真的'注意力不集中'了，于是更加苦恼，从而形成恶性循环，难以自拔。"

那个同学接着说："是啊，王老师，我以前不是这个样子的，就从成绩落后开始,我变得有些急躁,越想赶快地提升,就越觉得无能力。"

"我知道今天也来了很多准高三的同学,高三毕业班的学习任务确实很重,再加上老师、家长所寄予的很高的期望,又给我们的心理加上一道砝码;一些同学对成绩看得很重,无疑是给自己加压,最终的结果一定是不堪重负。因此,我们要学会自我减压,保持一颗平常心。相信自己,一分耕耘,必定会有一分收获。"这个时候,我看到家长席上的很多家长也拿出笔开始记着什么,看样子这的确是个很普遍的问题。

"怎样克服'走神',下面我介绍几种具体的办法,供同学们选择:第一种方法叫作自我暗示法。自我暗示能调动心理活动的积极性,有助于注意力的集中。比如说如学习时自言自语地提醒自己,"不要分心"、"努力听讲";也可找几张小卡片,写上:"专心听讲"、"少壮不努力,老大徒伤悲"等句子,然后把它们放在你平时容易看见的地方,如笔盒里、书桌前的墙上,或夹在课本里。无论是上课听讲还是回家写作业,只要一看到它们,自己的潜意识就会不知不觉地提醒自己的肌体产生相应的反应,就会不断地克制自己不走神。"

"第二种方法叫作情境想象法。据我的了解无论多么爱走神的学生,当参加重要的考试或竞赛时,他也会尽可能地集中注意力作答。因此,每次做作业时,我们不妨想象自己正参加某次大考或竞赛,要在规定的时间内做完,使自己真正紧张起来,注意力自然就集中了。平时做作业像考试一样认真,考试时就能像做作业一样轻松。"

"第三种方法叫作记录法。给自己准备一个小本子,专门用来记录走神的内容。比如,今天数学课中你想昨天的足球赛来着,那么就要在本子上做记录:数学课——足球赛——约一分钟半……这样记录几天以后,你从头至尾认真看一遍,会发现自己胡思乱想的东西是多么无聊,浪费了多么宝贵的时光。渐渐地,你会对走神越来越厌恶,记录本上的内容也会随之越来越少。"

"第四种方法叫作自我奖惩法。每次写作业或复习功课之前，先给自己定一个时间表，从几点几分到几点几分，要完成什么内容，越具体越好。如果能在规定时间完成学习计划，并且始终是专心致志的，就奖励一下自己：看会儿电视或听一下音乐；若由于分神而使计划落空，就该毫不留情地惩罚自己做不愿做的事，如抄单词或跑楼梯等。只要能有意志力坚持下来，不但学习劳逸结合，而且还提高了学习的效率。"

"第五种方法就是训练听课技巧。训练听课技巧，就像前面所讲的要做好课前预习，了解老师讲课的重难点，听课时根据老师讲课的进度，调整听课心理状态，重点问题集中精力，次要问题适度放松；另外带着问题听讲，也可有意识地寻找问题，发现异点，激发听课兴趣；当然更高的层次就是努力追寻老师讲课的思路，找出自己的疑难点，及时提问。"（当时这一部分内容讲得很多，我用书面语言较为简单地表达出来，希望大家能够理解。）

紧接着，助手把话筒递给了一个女生，她站起来，表情凝重，好像心事重重。"王老师，我爸爸经常打牌，现在老是跟妈妈吵架，我怎么劝也不听，有时候我实在没有办法，只能自己躲起来哭。昨天就是这样，爸爸半夜才回来，我实在是不知道该怎么办了，我好羡慕别人能有一个好父亲，您能帮帮我吗？"

我心头一紧，突然觉得家庭的压力让这个小女生承担了太多太多，原本她这样一个年龄应该是快乐、幸福的，可是在她的脸上，我看到的分明是忧伤和惆怅，这让我倍感心痛。我能够明显地感觉到，现场的气氛骤然变得有些沉重，这个时候大家的心情可能和我一样，是复杂的。我拿起话筒，起身走到了台下，我很明白，心理治疗的原则有这样一条，当一个人感到无助的时候，从心理上是渴求能有一个信任的人陪在身边。

我走到离她不远的地方，靠着旁边的座位，为了让她摆脱拘束，我尽可能地拿出一种谈心的语气轻轻地问道："你好啊，因为我的年龄可能会比你大一些，不介意的话，我称呼你一声妹妹好吗？"

她终于露出点微笑，点了点头。大家都在等着我说话，那个时候我的大脑正在飞速地转着，思考着要表达出的每一个观点，因为我太清楚对于这样敏感的话题，我的每一句话都必须慎重小心。可能因为某一句话，后者某一个立场的错误就会对这个同学甚至是她的家庭造成伤害。

"我想你首先要学会微笑，我也想告诉今天所有到场的同学，未来的生活当中，我们一定会遇到很多的困难，不公平，压力甚至痛苦。但是，无论什么时候，我们都要乐观、坚强，这是我们勇敢地接受人生挑战所必须具备的心理基础。"我先把问题扩大，让这个女生觉得大家的关注点是整个群体而不仅仅是她个人，减少她的压力感。

"我小时候很调皮捣蛋，也挨过爸爸的揍，长大了之后，也被爸爸狠狠地批评过。我记得很清楚，那个时候我也很伤心，很失望，我也相信很多同学都会有过这样的经历，但是我从来都没有怀疑过父亲对我的爱，特别是我开始潜心从事感恩教育的事业之后。这是我想说的第二个问题，要始终告诉自己，爸爸妈妈一定是爱我的，他们给了我生命，这就是对我最大的爱。如果我们能怀有这样一个心态，我可以肯定，和父母之间 95％的问题都可以解决。更何况人无完人，父母也避免不了有缺点，甚至有让我们很不满的地方，无论如何，我想我们都应该学着去理解，这要为下一步的工作奠定基础。而且，当我们学会理解的时候，很多心理上的矛盾都会迎刃而解，因为当我们理解了他们的唠叨，他们的严厉，他们的脾气之后，就自然不会为这些事情而感到苦恼，和谐的家庭是需要相互理解的。"我把目光洒开去，大家的眼神表示了他们的认可。

我接着看着那个女生说:"接下来,我们要解决问题。我想爸爸常去打牌可能会有几个原因,没有事情做想排解自己的压力和空虚,也可能是朋友的邀请总是推不开,或者是因为好胜的心理很强,总想把以前输掉的都赢过来。总之,一个人喜欢做什么事情一定是有原因的,我们要去了解、去发现。下一步就是沟通,全家在一起吃饭的时候,或者任何时候你觉得爸爸能够坐下来聊一会儿都行。心平气和地把你的想法讲给他听,同时也要给他希望,比如说告诉他你将来要努力考大学给他争光,告诉他妈妈私下里还夸爸爸以前有多好,让他觉得家里人很关心他,这种心理需求是每个人都需要的。这样做可能不会让爸爸一下子就永远不去打牌,但至少每一次再去的时候,他心里会掂量一下,每次回到家心情不好的时候脾气会有所收敛,而我们再去理解和沟通,那么很多争吵都可以避免了。同时,我们也要常和妈妈沟通,她为这个家庭很辛苦,做女儿的要经常地关心她,你能给她的爱会让她觉得这个家庭并不是那么的冷漠,因为还有宝贝女儿理解她,这对她来讲是很大的心理安慰。你在中间起到润滑剂的作用,是家庭能够走上和谐的重要保证。"说完这句话,我给她一个微笑,真的很希望她能够真正地快乐起来,她重重地点点头,我想,她应该是明白我的意思了。

我最后又补充道:"如果家庭有这样的情况的同学,或者父母的行为让你很不能理解的话,一定要积极地沟通。不要觉得这会浪费自己学习的时间,一个和谐的家庭是能够好好学习的强大保证,为此花掉一些时间是非常有必要的。我也想提醒家长朋友,我们对孩子的影响是任何其他人都比不了的,当然,这个影响可能是积极的,也可能是消极的。我们看大街上那些闯红灯的中学生,一定是小时候和父母一起闯过的,这就是教育,这也是每一个家长肩上所担负的责任。"一段话讲完之后，让我意外的是全场响起了一次掌声，会场的气氛开始推向高潮。

我回到讲台上坐了下来，提问继续进行。这一次站起来的是一位学生家长："王老师您好，我是孩子的家长。考试前的一天是我女儿的生日，我问她想要什么，可能是因为快要考试了，她心里比较烦，就没有理我。那段时间她好像做什么事都不太顺心，遇到这样的情况，我们做家长的该怎么办呢？"

我心想这个问题问得可真是时候，和上一个问题正好相辅相成。

"今天，我非常感动，因为有这么多学生家长，放弃了休息，甚至放下了手中的工作，有的还赶了很远的路来到这里。我提议在回答这个问题之前，我们要为今天所有到场的家长响起一次热烈的掌声。"我面向家长席再次鞠躬致谢。

"您是一位很细心的家长，这一点我非常地佩服。中学生正处在青春期，难免会有一些叛逆的情绪，有些想法、有些事情，不想让家长知道这是很正常的事情。我们做家长的也要去理解，一味地批评和追问是难有效果的。这个时候，更需要我们有耐心、有技巧地和孩子沟通，共同来解决问题。对于您这种情况，我建议您可以这样，晚上孩子在学习的时候，不要去打扰，看时间觉得快要结束的时候，您端上一杯热牛奶或者是熬一碗粥端过去，总之让她没有戒备的心理，让她觉得妈妈不是又来说教自己的。用一种聊天的态度随口问一问，比如说'今天心情不好吗？''是不是最近考试压力比较大？''跟妈妈说说吧，说不定能帮上忙呢！'这种征求意见的口气会让她觉得自己长大了，妈妈不再把我当作是个小孩子了，她很尊重我，这样就比较容易敞开心胸来交谈。"

当我讲到这里的时候，大脑中突然浮现起高三备战考试的场景。每天晚上我都会学到很晚，爸爸睡觉的时候常常会端一小碟削好又切得很精致的水果，静悄悄地放在我的书桌边，然后不动声色地离开我的卧室，那是心灵上的默契，我的眼圈有些湿润了。

我定了一下神，接着说："和孩子的沟通要有一些技巧，中学生不喜欢家长的唠叨和说教，特别是在自己有压力、心情不好的时候。"我看到台下几乎所有的同学立刻点头表示认同，大家都会意地笑了，气氛又变得轻松了起来。

"首先我们要避免一味地批评，这其实也是一个心态上的转变。要多关注孩子的优点，不要把缺点放大，孩子不愿意说可能是因为压力太大不愿让您担心。我们要试着引导她说出心中的烦心事，而且要表现出一种态度就是妈妈理解你，不管怎样，妈妈都支持你，做你坚强的后盾。而不要像有些家长，觉得影响学习就大加干涉，那么，就很难再得到孩子的信任了。特别是和孩子谈心的时候，不要摆出家长的态势，倒是像个朋友一样会比较好。虽然我没有做家长的经验，但是作为老师，在教育学生的时候，我会是一个老师的形象，而像今天这样或者私下里谈心的时候我就是一个朋友的姿态。家长也一样，在教育子女的时候要有家长的威严，但是谈心的时候，降低自己强势的态度反而会得到更好的效果。"

接下来，会场助理又把话筒递给了一个迫不及待想提问的男生，可他站起来之后，说起话来却慢吞吞的，似乎是因为什么事难以启齿，但最后还是都讲了出来："王老师，马上要高三了。昨天回学校看最新的分班情况，我没能留在实验班。我们学校的普通班学习环境很差，考大学几乎都没什么希望，我知道妈妈也很为这事伤心，我总有种虎落平原的感觉。我很失望，也很担心，我这一年该怎么办啊！"

从他的话中，我听得出些许的伤楚，中间还夹杂着一丝的绝望，我能体会到他当时的心情。高中二年级文理科分班的时候，我没能被分到所谓的重点班，那个时候我就觉得很失望，我想如果是从重点班被分出来，那心中恐怕就更痛苦了。

我还是先微笑一下："我想你现在最应该做的事情和刚才的那个女同学一样，那就是微笑。我非常理解你现在的心情。"我把全场看了一圈，"各位亲爱的朋友，我问大家，假如这样的事情发生在你们的身上，你们会是什么样的感觉？"

"伤心。"

"痛苦。"

"失望。"

……

大家的回答都是这样消极的词语，我示意大家安静下来，接着说："但是，我需要告诉大家的是，未来的生活和工作中，比这更严重的打击必然会时常地出现在我们的面前，我们可以勇敢地把它踩在脚下，要么就被它打倒。刚才大家的回答我听了一下，几乎都是消极的回答，为什么不能积极一点呢？面对这样的打击，我们为什么没有想到挑战，为什么没有想到心理的成长。我引用心理学家周正老师说的一句话，你的语言就是你的魔咒。如果我们总是满口消极的语言，那么我们的行为必然是消极的；如果我们的语言是积极的、乐观的，那么，语言就会刺激我们的行动积极勇敢地作出回应，这两种态度一定会带来完全不一样的结果。"

我看着那个男生接着说："我知道有很多同学都面对这样的困境，因为所谓的实验班的学生毕竟是少数，大多数同样想考大学的同学是在普通班里。我想告诉这样的同学，首先要做的就是积极，千万不能因为这一点小小的打击就让自己堕落下去。有一句话和大家分享一下，改变不了环境，那就改变自己。既然我们无法选择，一定要到普通班去，那么我们就选择面对普通班的态度。"

那个男生看着我坚定地点点头。

"其实我们不能小看任何一个地方。我在大学演讲的时候,很多大学生跟我抱怨,说自己上的学校不好,自己的专业不够理想,就业比较困难。我的回答往往就是这句话,无论多么冷门的专业,如果我们能做到第一,那就绝对不会为找工作发愁,一定是工作来找你;即使被你们看作是再差的普通班,如果你能努力地做到第一名,考大学一样是有希望的。更何况,我们还有一年的时间,这一年的时间里,所有的事情都可能改变,只要你愿意为此付出努力。不就是落后了嘛,没什么好失望的,没有'苦其心智,空乏其身'这样的经历,哪会有成功的那一天。就把这些当作是上天考验我们自己的机会,我们迎接挑战、克服困难,就一定能够成功,加油!!"

最后几句话我情不自禁地提高了声调,大声地喊了出来,把会场的气氛再次推向高潮。

掌声过后,一个男生站了起来:"王老师,我初一初二都没怎么好好学习,基础很差,如果只靠三年级的冲刺,考高中有希望吗?该怎么冲刺呢?我不知道自己的目标和前途是什么,我不会计划,该怎么办呢?"

又是一个很常见的问题,我想了一下说:"我想除了你自己放弃,否则,永远都不会没有希望。和刚才告诉那几位同学的一样,一定要对自己充满信心。人生是一个有得有失的过程,我们前两年可能是因为贪玩而没有用心地学习,虽然没得到成绩,但是我们获得了快乐,快乐也是一种收获啊。"

这样说其实是为了打消他的愧疚感,人在遗憾中努力其实是件很痛苦的事情。

我接着说:"从你的话中,我可以看出,你很想考上高中,这非常好。但是我需要你的意愿再强烈一些,那就是我一定要考上高中,强大的精神欲望能够让你始终保持高昂的斗志。请相信我,一年的时

我一定要上大学 WOYIDINGYAOSHANGDAXUE

282

间，只要你愿意从现在开始付出努力，你一定没问题的。当然，既然是落后，我们就要追赶，有追赶就要比别人付出更多的努力，比别人付出更多的辛苦，你愿意吗？"我看着那个同学大声地问道。

"愿意！"他坚定地回答道。

"再大声点告诉我，让今天全场的老师、家长和同学们能够听到你的决心，听到你的信心，你愿意吗？"我看着他，更大声地问。

"我愿意！我愿意！"他站起来，面对会场所有的人大声地喊道。

每个人都有无限的潜能，只不过是需要激发才能释放出来。我知道，对于追赶成绩来讲，只有每天都保持很亢奋的状态，才能坚持到底。

"我希望你每天早上醒来之后，在去教室之前，就面对镜子，大声地告诉自己中考一定能成功，直到达到你现在这样的状态为止，然后再开始一天的学习生活。我坦白地讲，我很相信'勤能补拙'这句良训。学习方法固然重要，但是我建议你在没有找到最适合自己又能快速提升的学习方法之前，能做的就是比别人付出更多的努力。别人今天背 100 个单词，我们就努力背 200 个；别人十一点睡觉，我们学到十一点就强迫自己再做一张卷子。当然，一定要有效率，不要原本一个小时的卷子我们两个小时才做完，表面上是熬了很晚，其实没有效果。我相信只要坚持下去，就一定会有进步的。"

正想把这个问题结束的时候，突然想起了前几年南阳市的高考状元讲过的一个学习方法，我想有必要也拿出来分享一下："另外我想给大家讲一个学习的小方法，这个方法不仅仅是讲给这个同学听，每个同学都适用的。这个方法是我很久以前采访一位高考状元的时候，他告诉我的。他在上高三之前自己的成绩也很差，在班里面几乎是数不上的。但是他上高三的那一年做了一件事情，他把所有高三做过的卷子上的错误都总结出来，保证所有卷子上的错误都 100%地弄明白了，记着啊,是100%。他说这样一个习惯,让他以前错过的题90%都不会再错了。这样循环下去,坚持了一年,直到高考前每一科目卷子上的错题越来越少,最后就成了高考的状元。我觉得这个方法很值得借鉴。"

不知不觉,已经快一个半小时过去了,短暂的休息之后,我们的提问继续进行。这次站起来的是一位高个子的女生:"王老师,我今年就要上高三了。以前上学的时候总是觉得身心疲惫,学习效率很低,您有没有什么方法能让我在这些方面有所改善呢?"

"这也是很多高三学生的通病,那就是效率比较低,这对高三多个科目的高强度复习是非常不利的。从理论的角度上来讲,我们主张科学的用功,高效率的勤奋刻苦应该从单靠学习时间的延长转向用脑效率、学习效率上的提高。具体地来讲,我想有几个原则是我们要必须遵循的。"我环视了一下四周,还好,注意力都在讲台上。

"第一个效率用功的原则,是注意劳逸结合,张弛有度,防止大脑过度地疲劳。我想大家可能都会有这样的体会,终日埋头于书本、目不斜视的同学,成绩可能并不是很理想,相反,另一些活泼好动的同学则可能是出类拔萃。可见,学习的成绩和看书的时间也并不是严格的成正比。在大脑疲劳的时候,我建议参加一些活动来调节一下,大脑需要休息一下才能达到另一个兴奋期。我们平时很常见的文体活动,比如说课间操、羽毛球、唱歌等都是积极休息的好方法。第二个效率用功的原则,是要尊重大脑生物钟的运行节律,按时作息,保证睡眠时间。我想大家也常常会有这样的感觉,如果休息得不好,可能就会造成第二天上课的时候,精神不能集中,昏昏欲睡,效率下降。但是有时候也因人而异,有的同学生物钟的兴奋点在晚上,那就可以晚上多学习一会儿;有的同学早上很兴奋,那就早点起床。但是要从现在开始关注自己的生物周期,要保证上午第二节课和下午第一节课的时候,大脑状态比较兴奋,因为这两个时间是高考的时间,现在有意识地培养是有利于高考发挥的。第三个效率用功的原则,是注意将文理科的学习交叉进行,使大脑皮层得到交替的休息。有时候数理化题目做得厌倦了,就去翻翻语文课本,也可以读读散文、诗歌、英语短文,等等,借此来换一下脑筋。有时候记单词累了,就去解几道数理化题来刺激一下。总之要合理地调节就对了。"

因为昨天赶了半夜的车,讲到这个时候我已经有些累了。我停顿了一下,和大家讲明了情况,让音响师放了两段音乐,大家也调节一下。(学习紧张或者比较劳累的时候,音乐是缓解压力最好的办法)这次站起来的是个挺阳光的男生:"王老师,也不怕你笑话,我有时候一拿起书就想睡觉,其实我也挺想看下去的,可就是控制不住。你知不知道这是为什么啊,有没有什么办法可以改善一下呢?"

大家都笑了起来。

"我想大家的笑声就已经说明了,不少的同学都有同样的经历。读书本来是人生的一大乐趣,也是我们青年学生渴求知识的必经途径。但是在学生中的确存在着这样一种现象,有些人现在越来越不想读书,认为学习是一件极其厌烦的事;还有的学生虽然也想搞好学习,但是一拿起书就想睡觉,而只要不看书,干别的事马上劲头十足,为此自己也感到苦恼。这究竟是怎么回事,有没有什么办法呢?"

我故意停了一下,提起大家一起来探讨的积极性。

"从心理学的角度分析,这是一种条件反射所形成的不良习惯。睡眠本来是与看书活动无关的人的本能行为,但由于与无关刺激建立了联系,就形成了相应的条件反射。如人在疲劳的情况下,仍然坚持看书学习,当拿起书时,又抵制不住疲劳的侵袭,便想抛书睡觉,但又觉得不学不看不行而勉强支持,多次反复以后学习与睡觉两种无关的活动就联系起来了。经过不断强化,这种联系逐渐固定下来,以后看书便成了瞌睡的诱发因素，只要拿起书便想睡觉。当然，有些人并不是因疲劳而引起，也可能因对书不感兴趣或对学习反感等形成这种抑制性条件反射。所以，要克服这种毛病，必须消除抑制性条件反射，建立兴奋性条件反射。那么，怎样建立这种反射呢？大家可以记一下。"

我等着大家都拿出了笔，接着说道："要培养浓厚的学习兴趣是推动前进的原动力。它对于主体来说，总是带有快乐、欢喜和满意的情感体验。人一旦对看书学习产生了兴趣，就会自觉积极地投入学习活动，激发学习的动力，从而改变抑制性条件反射。有了兴趣，就会促进兴趣，以此形成良性循环。而良性循环的形成也就是兴奋性条件反射的建立。注意学习方式为了避免产生抑制性条件反射，学习时要注意方式方法，科学用脑，合理安排学习时间，一般情况下建议大家注意这几个方面：第一疲劳困倦时不要看书。人体机能活动具有一定限度，活动超过限度，大脑皮层就会自动进入抑制状态。这就是所谓的保护性抑制。因此，自己感到疲劳困倦时，就不要勉强支持看书，尤其是不要在很困乏的情况下还"开夜车"看书，以避免形成不良习惯。第二饭后不要马上看书。人进食后，消化系统的活动量加大，大脑血液流量相对减少，中枢神经主要控制消化系统，而对其他部位处于抑制状态，如果此时看书，不仅效果差，而且易形成抑制性条件反射。第三睡觉前最好不要看书。有些人习惯躺在床上看书，把看书当作催眠，这种习惯最易形成抑制性条件反射。第四剧烈活动或情绪过于激动后，不应马上看书。因为大脑皮层神经的兴奋和抑制的相互诱导规律，我们大脑皮层出现兴奋之后，随之就会产生抑制。如果剧烈活动或情绪激动之后就看书，就很容易与抑制反应建立联系，并产生抑制性条件反射。"

我等大家记完了，又说："补充两句啊，条件反射是靠习惯所建立的，有很多影响我们学习的问题都是由于消极的条件反射在起作用。

所以，关键还是要从现在开始，从一点一滴开始，培养良好的学习和生活习惯，这比学习成绩更重要。"

接着又站起来的是个女生，她总是低着头，我看得出是有些自卑。"王老师，我是个中学生，因为生理上的一些缺陷，我从小就有些自卑，性格很内向。现在我很想放下包袱，敞开心扉，可有时候觉得怎么努力都不能如愿，我几乎快对自己没有自信了，我该怎么办呢？"

"我曾经也和你有过很类似的经历，上高中的时候，因为身高不够高，我的座位都是在前两排，我也很自卑，也为此伤心过。但是，我认为既然是改变不了的事实，那我们就弱化它的存在。我克服自己自卑情绪的方法就是努力地做事情。比如说我很喜欢篮球，虽然个子低，但是我做后卫做得很好，我对人真诚，人际关系很好，而且我不放过任何展现我个人能力的机会。这样一来，让我身边的同学和我在一起的时候，他们所关注的不是我的身高，而是我其他方面的表现。我们常举的一个例子不就是美国的罗斯福总统吗？虽然身体残疾，但是依然获得了举世瞩目的成就。所以有缺陷并不可怕，可怕的是我们在它面前低头，心理的残疾永远要比身体的残疾可怕的多。"我看着那个女生很坚定地说。

"其实我很了解你所说的包袱，那就是别人的眼光和评价，这会让我们备受压力的煎熬。所以我想我们应该做好两件事，第一，不要陷入别人的评价而不能自拔。每个人都会有自己的价值观念，这我们无法改变，但是我们为什么就没有权利保证自己的生活不受别人的影响呢？就像鲁迅先生所说的，走自己的路，让别人说去吧。同时，我们要做的就是展开自己的胸襟去包容别人，用我们真诚的微笑去面对别人的打击、嘲笑和不理解，这样我们反而会得到更多人的尊重。在上大学的时候，我开始作全省高校的巡回演讲，那时候有很多人给我支持和帮助，但是也有一些人说我是爱出风头，急于表现，甚至在学校里公开地指责，而我的做法是从来都不还口，而且多次在公开的场合表示，他们所指出的一些缺点让我得到了进步，我表示感谢。我的助手都很不理解为什么面对别人的诋毁我们却要拿出感谢的态度，我的观点是每一个打击我们的人倒是帮助我们成长的人，值得我们感谢。最终的结果是那些负面的评论越来越少，不夸张地讲，我是用自己的胸襟来征服他们的。第二，我们一定要积极乐观，做自己能做的事情，并把它做到最好。很多女生告诉我自己不漂亮，很自卑，我告诉她的方法是保持最真诚的微笑，热心地帮助身边的人，我坚信肯定会有很多人喜欢你的。我常常告诉大学的女生，没有条件和别人比流行与时尚，那就保证让自己的衣服干净整洁，多读书，让自己更有魅力，这比时尚更吸引人。我相信你也一定能做到，好吗？"我看着那个女生说道。

"我会努力的王老师，只有自己尊重自己、自己爱自己，才能得到别人的尊重与爱。谢谢你王老师，我知道该怎么做了。"她很自信地回答道。

我又补充了几句："西方有一个谚语故事，每个人都是上帝创造出来的，我们每个人都是被上帝品尝过的苹果，所以每个人都是有缺陷的，如果我们的缺陷很大，那是因为上帝更喜欢我们。所以，我们没有任何理由让自己消沉下去。我想告诉大家的是，我们每个人都有缺陷，当我们忘掉自己的缺陷去拼命努力的时候，别人也会忘记我们的缺陷。"

接下来一个男生问了这样一个问题："王老师，我爸妈总爱拿我和人家比，而且常常觉得我很没用，不如人家。我有时候很失望，常和他们争吵，我不想这样，该怎么办呢？"

"从心理学的角度来讲，这是家长的不对，这样教育子女的方式是不利于子女的心理成长的。但是，对这样的事情我们必须要去理解，因为我们不可能拿心理学的条条框框去约束他们。但是有一点我们是可以肯定的,那就是父母拿自己和别人比,一定是希望我们能做得更好,这一点毋庸置疑。以前的时候我父亲也是这样,当然我们还没有发展到要为这个事而争吵的地步。我的做法就是努力做得更好,我当时挺倔的,你说谁好我就一定要做得比他更好。直到我们家的街坊邻居都夸我而让爸爸他没人可比为止。我的建议就是理解,千万不要因为这些事而失望,更不要因为这些事而争吵,他们说的时候我们就静静地聆听就对了。当然,当我们理解他们的做法的时候,就不会为这些事再伤脑筋了。"

因为时间的原因,见面会只有 3 个小时的时间,最后一个问题是一位学生家长问的,他说:"今天我是和儿子一起来的。孩子马上就要上高中了,王老师能不能给提几点建议,高中的学习生活该注意些什么?"(以下是我总结的中学生十大成功秘诀,拿出来和大家分享)

1. 永远比别人多做一点。

同一个班甚至是同一个学校的同学,其实刚入校的时候差距都并不大,经过两三年的努力拼搏之后,甚至到三年级都不是绝对定型的时候。做任何事情都比别人多做一点,今天比别人多做一道数学题,明天比别人多背一篇英语美文,三年的积累会是一个质的飞跃。当然这并没有一个非常明确的标准,但是,只要有这种意识,生活和学习就在一点一点进步。

2. 好成绩是一分一分的积累。

老师经常告诉我们的一个方法是一定要回过头去看自己曾经做错的卷子。但是据我的了解,绝大多数同学都把这句话当作是和"好好学习,天天向上"一样的口号,从来没有真正地去实践过。我们做一个假设,假如一学生,从高中一年级到高中三年级,无论是数学还是英语,所有曾经做过的卷子都能够保证拿到 100 分,通过不断地重复练习,高一的卷子一直到高三还能做到满分,就一定可以绝对自信地面对高考了,当然初中生也是如此。只不过很多可爱的学生没有坚持下去罢了,因为这份坚持需要一年以上的时间才能体会出它的价值。

3. 永远不要放弃自己。

只要去做,什么时候都来得及。学习是一辈子的事,很多同学中学前两年没有学好,到三年级就放弃了,觉得不可能再有什么大的突破了。这就是为什么很多同学三年级的时候玩命地拼了一把,创造了看似不可思议的神话,而更多同学则是默默无闻地结束了美好的中学生活。人人都有惰性,一旦产生了放弃的念头,就很容易让惰性占据上风而不再努力。所以每当觉得自己不行了的时候,就不断地告诉自己,只要不放弃,我就有希望,再坚持一下,我就可以做得更好。

4. 让自己有一圈好朋友。

我的同学曾向我发感慨说了一句话:"中学的时候,生活圈很小,但是朋友圈很大。大学的时候,生活圈很大,但是朋友圈很小。"仔细想想,这句话不无道理。中学时期的朋友没有任何利益的往来,纯粹是基于性格的和谐与志趣的共性,这样的朋友自然、天真,是极其珍贵的财富。而上了大学,真正的朋友是基于能力和不同的社交范围与方向,是组建未来事业的基石,当然也非常重要。

5. 热爱一项运动并努力做好它。

热爱运动不仅仅是为了拥有一个强健的体魄,确保学习精力的充沛,更重要的是在运动的竞技中寻找在学习上感受不到的快乐和成就感,这是塑造完整的人格所必需的。同时,球场上,训练场上,经常能找到与自己爱好相同的伙伴,大家来自不同的班级,有不同的生活圈,这样不同生活圈之间的交集越多,我们得到的信息就越丰富,慢慢地,交际能力和生活能力就会得到很好的提升。

6. 尊重每一位老师,常和他们谈谈心。

几乎所有的同学都会有这样的感觉,那就是老师比较偏心,比较喜欢学习好的同学。其实我觉得这只是表面的现象,老师并不是不喜欢学习差的同学,而是不喜欢他们不努力学习。学生觉得老师不喜欢自己就不愿意再去努力,而老师看到的他们的状态也会觉得失望、生气,周而复始,再加上小小的摩擦,师生之间的感情便可想而知。

其实我们应该明白,每一位老师都希望自己的孩子能更加优秀,不但为自己获取心灵的财富,更是责任心的驱动。即便是极少数不负责任的老师,他们作为知识的传播者,同样值得我们尊重。每一位老师整天要面对一个班、两个班甚至更多的学生,即使有再多的精力也不可能了解到每一个学生的心声。这就需要我们的同学主动一点,课间的时候、休息的时候,和老师谈谈心,说说自己的想法和面对的问题。作为一个知识积累和生活阅历都比我们更丰富的人,老师的意见往往是很有建设性的,至少有很多东西是值得我们借鉴的。比如我在中学时期和老师的关系相处得非常好,常和他们聊天,下课帮老师拿东西,收拾多媒体工具。他们跟我谈了很多他们大学时期的生活,这对我走进大学之前的心理适应是非常有帮助的。

7. 比高考状元更努力一倍。

很多同学说"我已经很努力啦!"学习成绩不好都是因为方法不对,是因为基础不好,是因为老师不好……其实,归根结底,成绩不好就是不够努力。每个人的方法都是可行的,只不过是效率高低的问题。基础永远是可以弥补的,老师永远都是客观因素,每个老师都有教出成绩好的学生。

借口是会毁掉自己的,就告诉自己我还不够努力。听课学习之前,在自己的心中想象一下,我这一届全省的高考状元在想什么,我听课要比他更加认真,甚至晚上睡觉之前都在想那个高考状元是不是也这么早就睡了,他学习方法好,我的方法虽然效率低一些,但是我比他更加努力,一定也能达到同样的效果。这样一来,坚持两年、三年,不是全省的状元,至少也是全班的状元。

8. 牢记"上大学不仅是自己的梦想,它更是爸妈的一个梦想"。

这个问题不需要我解释太多,感恩父母是人格的基础,这不仅仅是对大学生而言。

9. 无论今天是哪一年级,从现在开始,了解大学的专业,根据兴趣、能力作出选择,并时常修正。

据调查,80%以上的学生对大学学习的专业不太满意,这同样也是大学生学习不好的一个重要的原因,没有兴趣,哪里来的乐趣? 很多同学,高考结束了才去着急,不知道该报什么专业,自己适合什么专业,或者盲目地听从父母。可以这么说,志愿书上一个专业的不同,往往就决定我们这一生将会在不同的方向上行走了。所以平时闲暇的时候关注大学、关注大学专业,甚至是奖学金这些事,看看自己的爱好在什么地方,作出合理的选择。

而且上中学期间关注这些事情会让你很快地找到学习的方向感和源源不断的动力,这对于提高学习的效率和积极性是非常有帮助的。

10. 至少有三首歌能唱得很拿手。

也许这一点让很多同学搞不明白到底为什么,因为大学不是一个完全靠学习竞争的地方。能够有一技之长在大学校园里是非常重要的,实在没有就把三首经典的歌唱到极致,像 2009 年春晚的小沈阳一样,不论是晚会还是班里同学的聚会,能经常表现一下,会给自己带来不一样的收获。特别是能够有机会和不同院系、不同专业的同学交流认识,对于扩大自己的生活圈都是非常有好处的。当然,对于学习压力比较大的中学生来讲,经常唱歌对身心的调整也都是非常有帮助的。

第四章 ｜ 考前心理辅导

考前 43 种常见的心理分析

因为我深知高考的意义不仅仅在于高考本身，而在于养成一个又一个挑战自我的最好习惯。面对困难我决不退缩，我迎面而上。我相信付出总会回报，只是回报的早晚不同而已。

过去的我是怎样的人并不重要，只要从现在开始，一切都将改变。因为我的命运由我做主。

人生追求的不是一个结果，而是一种希望。我满怀希望，朝着心中的梦想奋进。奋斗的过程充满艰辛，却无比快乐。我享受着自己独特的人生。

高考冲锋的号角已经吹响，我已经做好充分的准备，全力以赴，创造生命的奇迹。

态度决定一切,我的态度不仅可以让我在高考中发挥出色,更将让我拥有最美的人生。

我决定从现在起我将全力以赴去度过高考前的每一天,因为只有这样当我回忆这段时光时我才会感到欣慰和自豪!

我决定用最好的状态去迎接高考的挑战!我知道只要自己真的尽力了,我将无怨无悔!

1.高考是人生唯一的出路吗?伟大哲学家奥修说过:人的一生是发现自己的一生。

当你还不知道自己真正想做什么、能做什么的时候,把正在做的事当成唯一重要的事全力以赴地去做,在做的过程中你就会有机会发现你自己。

当有一天,你发现了你自己,真正想做什么、能做什么时,你将开发你最大的潜能,创造人生最大的价值,并从中找到人生的乐趣。

让时间来证明一切吧。

2.高一高二没有努力读书,现在基础很差怎么办?只要从现在开始,一切都来得及。

高一高二你收获的是快乐,人生有得有失,没什么大不了的。

快乐给你带来更多的灵气,让你拥有最大的创造力,使你具有在短时间创造奇迹的非凡能力。

高考中75%是基础题,还有25%是综合题,综合题只不过是基础题的组合。只要你回归教科书,强抓基础,相信你定将创造高考的奇迹。

勇士,笑一下,开始行动吧。

人生格言:只要从现在开始,一切都来得及。

3.偏科很严重,有些功课拉分很厉害怎么办?

首先恭喜你:你是最有机会做出一番伟大事业的人。偏科说明了你有所长,这就是你未来擅长的领域,只要投入进去,成功一定属于你。

对高考来说,强科保持以前的学习方法,确立自己的竞争优势;弱科多花点时间,回归教科书,抓基础,只要抓好了基础,就不会被拉分。适当放弃些弱科的疑难题,放弃不该得的才能得到本属于你的。当然找老师集中补弱也是非常必要的。这样一定能确保高考的总成绩。

人生领悟:造物主造就了一个独一无二的我,除了做出一番伟大的成就,我别无选择。

4. 每天都有很多烦心事发生,不能集中精力学习。

毛泽东著《论主要矛盾与次要矛盾》:我们只需解决主要矛盾就行了,次要矛盾随着时间的推移会自行解决的。

高考对你来说,是现在的主要矛盾,你得集中所有的精力去对付它;其他所有的事情都是次要矛盾(包括情感问题,同学间的关系,父母间的代沟,别人的不信任,等等),让时间来解决吧。相信时间自然会给你人生的答案的。

5. 父母对我期望很高,我很怕万一失败了令他们失望。

父母对你期望高是因为在他们的心目中,你是最棒的,是他们的骄傲。

他们最渴望的是你一生的幸福,他们最感到自豪的是你勇于拼命的精神。

把父母的期望当成动力吧,只要你微笑面对,父母就会欣慰无比。

无论结果怎样,只要你尽力了,你将无怨无悔,你都是一个成功人士,因为你已经掌握了人生的真谛:人生追求的不仅仅是一个结果,更是一种过程;过程比结果更重要。

6. 谈恋爱会影响高考吗?

爱是每个人应有的权利,当然爱更是一种缘分。如果你有了,请好好珍惜,并把它作为动力;如果还没有,说明爱的缘分还在远方等你,好好期待吧。

爱是一生的事,不必刻意、也不能刻意为之。爱是互相欣赏,唯有增强个人实力才会有吸引力。当你把所有的精力用在增强自我实力时,爱就会尾随你。当你刻意去追求它时,它反而会离你远去。

恋爱成功的秘诀——大树原理:当你是一棵大树时,很多人主动到你下面来乘凉,挡也挡不住,随便挑;当自己是一棵小树时,再邀请也没用,没人会来乘凉。爱不只靠单纯的追求,更靠吸引。

我的建议是把爱作为动力,为高考去奋斗。等高考结束后,一切都是自然而然的事了。

人生领悟:有实力才有魅力。是我的终究是我的,不是我的强求也没用。

7.我特不喜欢那个老师,导致这门课学不好怎么办?

每个人都有自己的性格,都有优缺点。你得学会去发现老师的所长,不要总关注他的所短。难道你自己没有缺点吗?

对你来说最重要的是学好这门功课,至于老师是怎样的人,那是老师的事,跟你没有太多的关系。你得把注意力从对人上转移到功课上。有一个方法也可以试一试:动物比喻法。把你不喜欢的人想象成你最喜欢的动物来暗示自己,慢慢地对方就会变得可爱起来。比如说你最喜欢熊猫,每当看到它时,就暗示自己:熊猫来了,你会发现它真的很可爱,因为你已经学会了发现别人的优点。

8.平时成绩还不错,一到大考就会发挥失常,我很担心高考不能正常发挥。

高考是一种能力,这种能力需要训练。

最好的方法是准备一块手表。

把平时的练习当成高考来看待,当成生命中唯一的一次考试来对待。必须在规定的时间内得到最高分,而不是做对每道题目。放弃一些难题,等考完后再来解答。

还可以把时间调快十分钟,让自己平时有种紧迫感,更能激发自己的思考力。这样你就有机会经历很多次高考,高考时就能保持平常心了,自然能发挥出正常水平,甚至超常发挥。

人生感悟:看淡人生成败,生活悠闲自在。

9. 缺乏自信,害怕失败该怎么调整?

买一面小镜子,经常拿出来对着镜子微笑,你会发现自己真的很不错。每天起床时高声朗读励志格言,自我暗示是最好的激励自己的方式。情绪低落时多点运动,抬头挺胸,加快行动的速度。

记住情绪不能战胜情绪,唯有积极的行动才能调整心情。

制定适合自己的目标,完成目标后奖励自己。小成功会给自己带来持续的信心。

不要追求完美。追求完美的结果就是完蛋,人生只是残缺的美,完完全全地接受自己的一切。既然来到这个世上,每个人都有存在的理由。

当然,偶尔的自卑是很正常的,每个人都会有。当自卑时立刻行动,行动方能转移注意力,让自己从消极中走出来。

10. 做什么事情只有三分钟热度,我怕自己坚持不下去了。

坚持不懈太难了,人都有惰性,往往坚持一会儿就松懈了。

每次告诉自己:坚持一小时。你只需坚持住现在的一小时。

佛教语:活在当下,生命只有现在,过去的都已经死亡了,未来的不能把握。把握住现在,就把握了一生。

也许你会问:一小时之后怎么办呢?

再坚持一小时,因为前面的一小时已经不存在了,只有现在的一小时。

我的观点:坚持一小时。

11. 我总是担心自己的未来,不能安心学习。

美国教育家道姆斯教授说过:年轻人,永远不要担心未来,未来是不可预测的,只要把握住现在的每一分、每一秒,那么你的人生一定最精彩。

据调查,人的一生中所担心的事,一百件中九十九件是不会发生的。

人生格言:把握现在的每一分每一秒,我只活在现在。

我到底担心什么?

最坏的结果是什么?

原来不过如此而已。我能坦然接受并面对。并坚信:当一扇门向我关闭时,必有另一扇门向我打开。

12. 有时我会想到自杀,觉得生活没什么意思。

存在的就是合理的。

每个人都会有这样那样的消极念头,因为人是社会的产物,是社会现象在大脑中的投射与反应而已。

杂念就是天上的云,大脑就像是天空。天上的云随时会来,也随时会走。不需要去处理它,让它自生自灭吧。如果总是去想它,问题就会被放大。精神病都是被人重复去想,想出来的。

让这一切与你和谐相处吧,你所能做的是:立刻行动,转移注意力。

人生真理:存在的就是合理的。

我决定接受自己,完完全全地接受自己。

13. 制定的目标达不到,计划总是完不成怎么办?

取法乎上,得其中也;取法乎中,得其下也。没有目标,就不会有结果。明确的目标会给你动力。

一般来说,制订了十个计划,可以完成八个;制订八个计划,只能完成六个;制订六个最多能完成四个。所以计划不是拿来全部实现的,而是可以激励自己去拼搏,充分开发自己的潜能。

当然可以根据实际情况适当地调整自己的目标和计划,分阶段完成。

人生领悟:世上没有懒惰的人,只有缺少目标的人。

扪心自问:我的计划合理吗?

14. 感觉有很多功课要复习,时间总不够,不知从何下手。

题目做一题少一题,问题解决一个少一个,分数拿一分是一分。

高考总分是 750 分,你不可能拿满分。每天拿一分,就可以提高 1000 名左右的名次。

先做目前对你最重要的题目,看对你最重要的书。完成一项再去做另一项,人不可能同时解决两样事,干一件是一件。

当别人还在叹息时间不够时,你已经在行动了,你就永远可以走在别人的前面。

人生格言:没有最好,只有更好。

扪心自问:我在叹息还是在行动呢?

15. 想把握每一分钟去学习,但总是有很多时间被浪费掉,我真的好后悔。

人不可能把握住每一分每一秒的,每个人都会或多或少地会浪费一些时间。所以关键在于看谁浪费的时间相对较少。

过去的已经过去了,为过去的事情而浪费现在宝贵的时间那才是犯罪。忘了过去,立刻行动;把握现在,你就能赢得未来。

真知灼见:过去的就让它过去,我永不后悔。

16. 晚自习时周围很吵,我该如何排除干扰集中精力学习呢?

可以用递纸条的方式提醒你的同学,请他保持安静。

如果环境不能改变,你只能改变你自己,把噪音当成另类音乐来欣赏。暗示自己:想影响我没那么容易,越吵我的效率越高。毛泽东就喜欢跑到吵闹的茶楼学习,以考验自己的意志。

在学习科目上可以有所调整:周围吵闹时学习好的功课,安静时学习较弱的功课。书看不进去,就做题目;题目做不下去就看书。这门功课不行换一门功课试试,相信自己一定经得起考验。

人生格言:除了自己,我不会被任何人打败。

17. 很多功课都复习过了,但记了又忘,总感觉没复习好。

知识就像一个圆圈,圈内的代表已知的,圈外的代表未知的,学得越多,未知的就会越多。

人有表意识和潜意识。事实上大多数知识经过学习都已经进入潜意识,在需要的时候就会冒出来。所以你不必担心没有掌握,多点自信就能充分地展现你的所知。

可以把书本合上,拿出一张纸,画知识网络图。只要能画出来的表明你已经掌握,不能画出来的立刻打开教科书,重新复习一次,在图上标明这个知识点,下次可以重点复习。

也可以用考试来验证,能考出来的就可以把它放下;考不出来的重点再复习一次,直至掌握为止。

人生格言:人有潜意识,我无限信任自己的潜意识。

18. 成绩起伏很大,这次考好,下一次又考差,我很担心高考会考砸。

成绩起伏大说明了你很有冲击力,最有可能创造生命的奇迹了,真为你感到高兴。

当然你得分析清楚考试成绩起落的真正原因:是基础不扎实呢还是心态上的问题。你所要做的是:强抓基础,用心补弱;自信面对,超水平发挥。

如果起落是很有规律的,好一次差一次。那么请你算准高考前哪一次是好是差,如果是好,自己再多考一次,命运掌握在你自己手中。

励志格言:爱拼才会赢。

这是上苍对我的考验,我必须接受它。在考验中我一次又一次地超越了我自己。

19. 模拟考没考好,我总是失败,一点信心都没有了。

失败只是暂时的不成功,它在积蓄成功的能量。

人生的钟摆定律:当闹钟的钟摆向左摆时,事实上它在积蓄一种向右的能量。失败只是在提醒你:需要调整,需要补习,以避免在高考中失败。当然失败也是一种心理磨炼,让你变得无比坚强。

你所要做的事:整理错题,周期性地做,直到做正确为止。如果自己不能解决,集中在一起找老师单独辅导。

励志格言:失败只是暂时的不成功!

20. 名次不稳定,我的同桌成绩没我好,可我总担心他会超过我。

竞争不可避免,竞争在一定的程度上可以激发人的潜能,所以你得勇敢地面对竞争。

名次有前有后实属正常,名次上升时保持自己正确的学习方法,名次下降时坚持自己正确的学习方法。

千万不要花太多精力去观察别人的学习,那只会浪费自己的时间和精力。更不要盲目去学别人的方法,他人的方法不一定适合自己。

超越昨天的自己是赢得竞争的法宝。

战胜自己就能战胜一切。

21. 想帮同学又怕影响自己学习该怎么办?

每个人首先都得对自己负全部的责任。你得制订自己明确的复习计划,在计划完成后,如果同学需要可以给予帮助,在帮助的同时可以加深对知识的理解和掌握。

当你正在学习时,如果同学来找你帮忙,要学会说"不",同时告诉对方:几点左右你有空并愿意帮助他。这样既不会影响自己的学习,又不会伤害到同学的感情。

我是我自己的上帝。

扪心自问:我学会说"不"了吗?

22. 与同学发生矛盾,关系不和怎么办?

如果是你错了,就主动认错;如果是对方错了,请宽恕他。可以用谈话的方式,或写纸条,也可以请第三者(其他同学)沟通。

如果错误可以挽回就想办法弥补;如果不能挽回,就放下,谁能无过呢?同情别人的同时,也同情自己。只要问心无愧就行了。

路遥知马力,日久见人心。真朋友是经得起时间考验的。

朋友之间也是讲缘分的,一切随缘。

罗素曾说过:每个人都必须生活在志同道合的群体中,才会有幸福感。

包容一切,宽恕别人,同情自己。

扪心自问:我会主动向别人承认自己的错误吗?

23. 怎样才能提高复习的效率?

人有五大感知系统:视觉、听觉、触觉、嗅觉、味觉。根据自己的敏感度,充分地调动五大感知系统,参与到学习中。要看到,听到,触摸到,闻到,尝到学习的滋味。

短时间内集中注意力,相对来说学习效率会提高。

有时复习过了却不知道有没有掌握,可以用考试做题目来检验对知识点的掌握程度。题目做对了说明知识点已经掌握;不会做时需要回归书本,重新去理解掌握。

模拟想象放电影,让知识在大脑里经常重现,可以加深对知识的掌握和运用能力。

每分每秒做最重要的事。

扪心自问：我每时每刻都在做最重要的事吗？

24. 我很焦虑，晚上睡不着老失眠。

人的睡眠分两种：浅睡眠与深睡眠，人总是由浅睡眠慢慢地进入深睡眠中。躺着就是最好的休息，什么也不要想，让自己进入到无意识当中。疲劳了自然会睡去。

睡前可以喝一杯温牛奶，听点轻音乐，或读点抒情的散文都可以。当然偶尔的失眠是每个人都会有的，并不会影响自己的身体。

梦多并不是坏事，大脑细胞交替运行，说明了你年轻有活力。

白天如果没精神，在下课期间闭目养神两分钟，想象一幅最美的风景画，让自己置身于其中，就能得到身心的放松与愉悦。你还可以适当增加一点运动量。夜深人静时，我始终陪伴着我自己。

25. 考试时粗心大意，总把题目看错、答案写错怎么办？

不要只用眼睛看题目，学会用笔。可以一边看一边用笔引导，集中自己的注意力。落笔前加强审题，争取一次性做对题目。对你来说准确率比速率更重要。平时可以进行一些集中注意力的训练，短时间内只关注眼前的一个目标，盯住不放。

每次考试尽量能多出十分钟复查卷子，可以减少很多不必要的失误分。

沉着冷静才能成大器。

26. 我老担心自己身体吃不消会生病，怎么消除这种心理障碍？

人的身体是一架最完美的机器，它总在有条不紊地运转着。不管你有没有留意它，它还是一如既往地在支持你。

我们呼吸着新鲜的空气，摄取正常的基础饮食，保持愉悦的心情，就能确保身体这架机器的正常运转。

偶尔生病只是在提醒你：要善待自己的身体，健康是革命的本钱。

心理健康是最重要的,人往往是自认为生病了才会成为病人的。

每天起床后暗示自己:我越来越健康。

我的身体越来越健康。

27. 怎样找到高考永恒的动力,让自己时时充满斗志去学习?

弗洛伊德曾说过:人活着是为了逃避痛苦和追求快乐。

想想高考失败后将面临的痛苦和高考成功将给自己带来的快乐。

设想一下美好的大学生活:漫步于大学校园,与自己的好友促膝谈心,浪漫的灯光下与有缘人相逢相知;没有太多的考试压力,做自己想做的事,自由的人生不正是你向往的吗?

当你疲惫地想放弃时,闭上眼睛想象一下:自己以后想过的生活,多么温馨美好,与人携手共天涯是人生的一大幸事。

也可以把自己想进的大学校园画在看得见的地方,如笔记本,书的第一页,或贴在床头,经常看到它,暗示自己:某某大学,我来了。

爱是最好的动力,想想爱你的父母,让他们为你感到自豪,绝不辜负他们的期望,为他们努力拼搏最后时光吧,你一定行。

爱给我力量,一切压力都转化为我奋斗的动力。

28. 考试时间不够,速度太慢该怎么调整?

拿到试卷先不急着做题,把试卷浏览一遍,做到心中有数。

先易后难,学会适当地放弃。争取拿到所有的基础分,尽量做对综合题,疑难题做一题是一题,答一步是一步。

平时练习时可以适当加快点速度。基础题靠直觉,不需要思考;综合题审清题,思考一下:出题者的意图,考哪个知识点,就不容易出错。

把每次平时的考试都当成高考来训练,强化时间观念,速度就能自然而然地上去了。

相信自己的直觉,它往往是正确的。

29. 考试总是很紧张,有时手心还会出汗,甚至大脑一片空白,有办法解决吗?

高考时带一块毛巾和一瓶矿泉水,把矿泉水的标签去掉,以免考官怀疑你作弊。当紧张时打开瓶盖,喝一口,就能转移注意力,让自己平静下来。

也可以向考官请示上厕所,走出那令人紧张的考场,到外面呼吸一下新鲜空气,再回到考场,紧张情绪就会消失。

进考场前可以深呼吸三次,暗示自己:我是最棒的,然后从容地走进考场,接受人生的考验。

我是最棒的!

扪心自问:我真的相信自己是最棒的吗? 要记住:当你有机会来到这个世上,你就已经是生命的奇迹了,你当然是最棒的。

30. 高考临近了,是否需要加夜班学习?

每个人情况不同,要视自己的生物钟而定。

你得分析自己以前够不够努力,如果已经很努力了,那只要保持以前的生活习惯就可以了。如果高二时不够努力,导致成绩下降,那么可以适当增加点学习时间,可以考虑开点夜班,突破一下,成绩有可能在短期内得到提升的,此时不搏更待何时。

越临近高考,越要保持平时的学习生活习惯,不必延迟睡觉的时间,也不必提前睡觉。以前怎样,现在也怎样,有利于自己正常发挥。

初中三年,高中三年,要相信该学的都已经学会了。要坚信:要考的知识都已经复习过了,没复习的就不会考。

我已经准备好了,成功一定属于我。

31. 面对别人的嘲讽打击该怎样调整心态?

苏东坡与佛的故事:苏东坡与佛面对面参佛打坐,佛祖头上没有头发。苏东坡就说:"佛祖啊,我怎么觉得你打坐的样子像一堆粪土

我一定要上大学 WOYIDINGYAOSHANGDAXUE

啊。你觉得我打坐的样子像什么呢?"佛祖说:"你像一尊佛。"苏东坡高兴极了,认为自己成佛了。回去兴奋地告诉了妹妹。妹妹听完后非常伤心失望,对苏东坡说:"我再也没有你这样的哥哥了。因为你大脑中是一堆粪土,所以看到的都是粪土;佛祖心中是佛,所以看到的都是佛。"别人打击你,说明了对方大脑中是一堆粪土。

鲁迅说得好:没有人会踢一只死狗的。人家打击你,正说明了你有才华。你应该感到高兴才对,让打击来得更猛烈些吧。

越挫越勇,人总是在磨难中不断地成长。

32. 高考前三天该如何调整最佳心态?

模拟高考:每天临睡前把高考整个过程想一遍,就不容易紧张了,因为整个过程你都经历过了。

你可以想象一下:清晨起来,喝杯牛奶,吃块面包,狠狠地放个响屁,感觉真爽。检查一下准考证,笔,出门走在马路上,一阵风吹过来沁人心脾。路上的行人只要看我一眼的,都在祝我成功;没有看我一眼的,都在心里为我默默地祈祷。走进考场,有点紧张深呼吸三次,找到自己的位置坐下来。今天的老师一个都不认识,但都很可爱的样子。卷子发下来了,我首先把试卷浏览一遍,做到心中有数。面对基础题,我靠直觉回答,这些题目我已经了然于胸了;面对综合题,我思考一下出题老师的意图,在考哪个知识点,考哪一种能力,想明白再答题就不容易答错了。面对太难的题目,一时答不上来,我就先放弃。高考总分是 750 分,我不可能拿满分,我必须拿到最高分。有时得学会放弃,放弃不该得的才能得到真正该得的分数。考完卷子,检查一下基础题,看看有没有笔误的,写错的,看错的题目。检查完毕再攻克太难的题目,答一步是一步。钟声响起,走出教室,立刻消失在人群中。假如不消失就会有人找我对答案,那太无聊了,只会影响我的心情和下一门的考试。回到家后,对父母亲微笑,不必多说,一切尽在不言中。吃完晚餐,把明天要考的科目随意看看,睡觉时间到了就躺下,慢慢地进入梦乡,梦见高考成功,白马王子出现。

保持以前的学习生活习惯。每天看点书,做点练习。把高考当成模拟考来看待。

美好的生活在于对生活美好的想象。

33. 如何缓解高考前的压力?

全世界非洲人最快乐。因为人类的祖先黑猩猩在非洲,非洲人最接近动物,最能回归动物的本性,回归自然。

"坏"这个字怎么写。一个土一个不,土是人的根本,大地厚德载物;不土就是一个人忘了根本,于是就变坏了。

人是一种动物,大家同意吧。动物最大的本性是喜欢奔跑,哮叫,快乐自然地生活。人要缓解压力就要恢复动物的本性,学会释放压抑的情感,找个没人的地方,喊出来,女孩子哭一哭也无妨。

适当地运动是可以减轻压力的。

还可以把压力写下来,只要一写出来就会感觉压力下降。

当然人人都会在高考前有压力,不要有什么心理负担。适当的压力会激发一个人的创造力。压力来临时,立刻行动,拿起书本就读,拿起题目就做,就会转移注意力,压力自然而然就消失了。

34. 如何树立高考必胜的信念?

信念可以把它理解为相信某一个念头,直到确信无疑,毫不动摇。

每个人要走的人生路都不同,高考对每个人来说是一种经历,一种体验。我们要超越的只是自己,所以每个人都是可以在高考前取得成功的。

建立信念的方法就是把喜欢的、适合自己的格言每天重复数次,就会进入到我们的灵魂当中,成为我们的信念,影响我们的一生。

以下格言可供参考:

我是独一无二的奇迹,我生来就是生活的强者,我有伟大的潜能。

成功就是每天进步一点点。

人的一生就是发现自己的一生。

方法总比困难多。

人生追求的不仅仅是一个结果,更重要的是一种希望。

这一切都会过去。

坚持不懈,直到成功。

今天我开始新的生活。

35. 平时做练习都能做对,可一到考试却做不出来。

做练习是为了把题目做对,而考试是为了得到最高分。考试是一种能力,是需要通过训练和准备的。

十分钟做出一道题目并不代表你在两分钟内能做出这道题目。

平时要养成一个习惯,在规定的时间内做练习。

把每次考试都当成高考来对待。考前把手表的时间调快十分钟,就会形成相对的紧张感,这样更能激发一个人的创造力。平时能够多出十分钟,高考就能多出十分钟,可以拿来复查卷子,可以得到很多基础分,拿回太多由于粗心看错答错的分数。

每次考试都得拿到最高分。在规定的时间适当放弃一些太难的题目,等考完后再去攻克它。

做任何事情之前规定时间完成,不断地强化时间观念,就会培养出很好的考试习惯,高考一定能够得到最高分。

平时做练习都能做对,可一到考试却做不出。

付出一定会有回报,只是回报的早晚不同而已。回报越晚,回报最大。回报的周期越长,收益越大。

暂时没有成效,可能是时候未到,请继续努力。如果一直没有回报,可能是方法不对。可以适当调整自己的方法,强抓基础,多理解、多思考。

有希望就会有动力,没有希望就会绝望。一个希望破灭了,新的希望诞生了。人生就是一个又一个新的希望,可以让我们永远充满斗志,为梦想而努力快乐地生活。

扪心自问:为高考我付出了怎样的代价?

36.我成绩不太好,可不可以复读一年再考?

把高考作为人生的一大挑战与考验。过程比结果更重要。

如果现在就放弃了拼搏,你就会养成一种逃避的习惯,以后碰到任何困难都会逃避,那么你就无法成功。

今年就放弃了努力,你能保证明年一定会努力学习吗?

一天拿一分,就可以超过 1000 人,十天呢?

成功就是别人想放弃时,你还在坚持,成功一定属于你。

谁也无法预测未来,你所要做的是过好今天,把今天当成生命中的最后一天来珍惜,这样你就一定可以创造生命的奇迹。

中国有句古话:车到山前必有路。勇敢地去面对吧。

37.高考最后阶段应该怎样合理安排复习时间?

对好的功课保持以前的学习方法,可以适当减少学习的时间,但决不能停下来,一停下来就会没有感觉,高考就会有生疏感,做题的速度一定会下降。每天看点书,做点题目。

弱的功课要强补。高考是讲总分的,弱科是最容易得分的。

补弱有两种方法:

其一是整理错题。把每次做错的题目整理到一个本子上,周期性地做,直到做正确为止。做正确后就把它去掉,以免错题越来越多。做错并不一定是粗心的问题,可能是这个知识点没有完全掌握,需要回归教科书重新理解。

其二是把不懂的问题集中在一起,找信任的老师单独辅导。你得相信你的老师,老师比你更有经验,可以大大地缩短你巩固知识的时间。

一次又一次的考试都让我麻木没感觉了,对高考都无所谓了。

因为高考是一种能力,这种能力是需要通过无数次的考试来训练的。

把每次考试当成高考来训练,每次都得超越自己,比上次考试做得更好,拿到更多的分数,锻炼更好的心理素质。

提高做基础题的速度,学会对综合题的审题和分析,还有对疑难题的分析与把握。

高考是人生的第一大战役,它的成功将让你获得更多的竞争资源,更重要的是让你学会了挑战自我、超越自我,为今后的人生之路奠定成功的基石。

38.有哪些较好的高考应试技巧心态?

进考场前可以暗示自己:我是最棒的! 我一定行! Yes,I can!

拿到卷子,浏览后发现卷子很难,你可以暗示:这么难,有多少人会被吓晕过去,我要保持镇定,这样就能获得最大的成功;如果很容易,你得提醒自己:有多少人因为题目太容易而粗心大意,导致失败,我得仔细审题,认真面对,拿到最高分。当碰到太难的题目时,告诉自己放弃也是一种美,等时间到了,你的潜意识会给你答案的。

相信自己,要考的都已经复习过了,没复习的肯定不会考。

紧张时打开矿泉水喝一口,或请求上厕所,呼吸一下新鲜空气,让自己平静下来。

走出考场,面带微笑,有多少人因为你的微笑而信心不足,你在竞争中处在了有利的位置,这将取得超常的发挥。

考上了大学也找不到工作,我这样拼搏有意义吗?

那你有没有问过自己:考不上大学能找到工作吗?

社会现在已经进入到知识经济年代，知识是第一生产力。进入大学就有机会建立一个相对完整的知识体系，为将来的工作打下坚实的基础。

当然仅一张大学文凭是不够的。很多大学生毕业后找不到工作，是因为他们在大学生活中缺乏目标，整日游戏人生，没有进行自己的职业生涯规划，导致毕业后不知道自己想干什么、能干什么。

所以关键是要看大学生活怎么过了。只要在大学里好好地规划自己的人生，相信就业并创业是很自然的事。

路要一步一步走，对你来说，关键是先走好高考这一步。如果连这一步都走不下去了，根本就没机会去想下一步了。

39. 考场上，考生如何进行心理调节？

（1）克服担心心理。"一进考场，我就紧张，怕考砸了。"这是考生的担心心理。考生考试时，应放开思想，轻松上阵，全身心地投入到考试上。

（2）学会自我暗示。拿到试卷紧张时，要善于自我控制，暗示自己："我下了那么多功夫，家长等了那么多日子，不就为了这一天。不怕，我有把握考好。"遇到较难的试题，更要暗自鼓励："别人会，我也会；我会，别人未必会；别人难，我不难；我难，别人也难。我完全有信心攻下它。"这样，考生就能在整个考试过程中，处于自信状态，考出好的成绩。

（3）发挥最佳竞技。有关专家研究后指出：决定考生考试成绩的因素，竞技占 30%，知识水平占 70%。当考卷摊开时，应不要急于动笔，先通题浏览，摸清题量的大与小，对内容做到心中有数。同时选择答案的"突破口"，从易处"试刀"，做到出师告捷。

（4）莫听考后议论。在转换考科之间，特别是第一科感觉不理想时，切莫为了一时的失利而"乱了方寸"。诸如，有些考生考后轻信周

311

我一定要上大学 WOYIDINGYAOSHANGDAXUE

围的议论,只凭主观感受,就认为自己考砸了,这是千万不可取的。考过的科目,考后不参与议论,应立即把精力投入到下一科,努力把失误降到最低限度,才是明智之举。

40.高考生如何调整生物钟?

在高考冲刺阶段,最"迫切"的就是帮孩子调整生物钟。因为现在上午第二节、下午第一节课孩子比较容易打瞌睡,这刚好跟考试时间冲突。内向的孩子适应环境能力较弱,所以要提前调整。

怎样调整?建议如下:引导孩子 6:30 起床,7:30 前吃完早饭,9:00~12:00,下午 2:30~5:30 做题目,训练大脑达到最佳状态,中午保证一节课时间的午休,最好躺下睡,好快速向大脑供氧,晚上 10:00~10:30 入睡,条件允许的话,睡前最好冲个热水澡。

另外三大注意事项为:"该干嘛干嘛——关注孩子复习状态,调整复习压力不紧不松"、"家长要'小嘴巴'——学会艺术沟通,到 6 月 10 日前,跟考试有关的能不说就不说"、"不要再找漏洞、做难题——帮助孩子提高复习效率"等。

41.考前饮食如何调整?

高考前夕,考生如何搭配这一段时间的营养,如何通过合理饮食把身体状况调整到最佳应考状态给出了四点建议:

首先,要在考前养成规律的生活习惯和饮食习惯,按时按点就餐,保障身体能量的供给,不要因为考试压力胃口变化而打乱饮食规律;

其次,由于高考期间普遍天气炎热,考前三四天饮食应以清淡为主,每餐最好有一盘青菜,适当地摄入水果,减少过于油腻食品;

第三,考生在备考阶段可以多摄入一些有健脑功能的食品,比如坚果类、豆类食品,但切勿盲目服用药品和补品;

第四,要尽量少去宾馆、酒店等场所就餐。有些家长可能考虑到复习紧张,想带孩子去吃点"好的",而恰恰是这种错误的观点,有可能会产生让人意想不到的情况,如饭店卫生不合格、饮食不适应而导致痢疾等疾病,反而影响了考试。

另据历年的监考老师反映,每年考试中都有个别考生因为考前饮水过多,导致频繁上厕所,影响考试发挥,专家在此特别提醒:考前饮水一定要适量。

42.高考第一天需要注意的20件事。

俗话说"万事开头难",高考也是如此。面临高考,一些考生可能一上来感觉有些紧张或茫然。对此,有关专家进行了分析和总结,认为高考第一天,一般应注意以下二十个方面的事情:

(1)考前生理准备:考试前一天晚上适当早点睡,考试当天不起早,但是要适当哟,如果太早睡觉,与自己的生物钟反差大,会事与愿违。饮食以清爽、可口、易消化吸收为原则。

(2)考前物质准备:考试前一天要整理好学习生活用具。首先是准考证;其次是钢笔、铅笔、圆规、直尺、量角器、三角板、橡皮等;再次是必要的如手绢、清凉油,等等。

(3)考前心理准备:成绩优秀的考生应记住:"没有常胜将军"、"不以一次成败论英雄";成绩不太好的考生要有"破釜沉舟"的决心;考点已采取了有效的保障措施,不会有什么事。

(4)高考当天早晨,应有良好的心理暗示。如"我很放松,今天一定能正常发挥"、"今天我很冷静,会考好的"等。应该有"平时当高考,高考当平时"的精神暗示。

(5)注意早餐,一定要吃丰盛的早饭,用餐要从容,但不能过于油腻,也不能吃得太饱。

(6)浏览笔记、公式、定理和知识结构:主要是浏览一下重要的概念、公式和定理,或记一些必须强记的数据。

(7)自信地前往考点,要暗示自己有信心,暗示语如:全部科目我已做好复习；今天考试，我一定能正常发挥，对此我充满自信，难易无所谓，大家是公平的。

（8）进考场前十分钟在考场外最好是一人平静地度过，可就近找个地方坐一会儿，或看一下笔记，再次浏览知识结构。设法避开聊天。最好去一次卫生间，既解决了后顾之忧，又可以放松精神。

（9）入场前提醒自己做到"四心"：一是保持"静心"，二是增强"信心"，三是做题"专心"，四是考试"细心"。

（10）见老师，问声好，以消除对监考老师的敬畏感，获得一种和谐的亲近感。

（11）不要一心想"捞满分"。特别是对平时成绩中等上下的同学来说，一心想"捞满分"是大忌。当然，应该捞的分一定要捞，该放弃的敢于放弃。如果有时间再攻暂时放弃的题。

（12）试卷到手，首先填好个人资料。要按照考试要求，认真、准确、规范地填好准考证号码、姓名等相关内容。认真倾听监考老师宣读有关规则和注意事项，以免事后惹麻烦。

（13）答题前要纵览全卷。领到试卷后，先用几分钟浏览一两遍，做到胸有全局，起到稳定情绪、增强信心的作用。如果你是见到难题就紧张的人，就按部就班地从前向后浏览，一般的试卷都是先易后难，这样可以稳定情绪，提高信心。

（14）认真审题，明确要求。答题前，一定要高度集中注意力，快速、准确地从头至尾认真读题，一句一句地读。对不容易理解的或关键性的字句，要字斟句酌，反复推敲。要做到：①认真揣摩题意，明确题目要求；②对容易的题要仔细考虑是否有迷惑因素，防止麻痹轻敌；③对难题、生题要注意冷静分析题目本身所提供的条件和要求之间的关系，防止心情紧张造成思维障碍。审题时，一是不看错题目，客观准确地把握题意；二是分析要清楚，要善于将问题进行解剖，将那些比较复杂的综合题分解成若干部分,找出已知条件和未知条件之间的关系;三是善于联系,在分析题目的基础上,将题目所涉及的各个知识点都联系起来挖掘出尽可能多的潜在条件和知识之间的内在联系。

(15)先易后难,增强自信心。要先做基本题,即填空题、判断题,再做中档题,最后做综合题;或者先做自己擅长的题,最后再集中精力去做难题。

(16)做题时要避免两种不良倾向:一是思想静不下来,心神不定,不知从哪个题目做起,误了时间;二是在某一题上花过多的时间,影响做其他题目。

(17)力求准确,防止欲速则不达。对答题速度的追求,应该建立在保证准确性的基础之上,如果对试题的要求、解答方案、解题步骤胸有成竹时,便可一气呵成。

(18)卷面整洁,不让扣分。答卷字迹工整,书写规范美观,会引起阅卷老师愉悦感,增加评定的分数;反之则会导致印象不好而扣分(特别是作文)。

(19)尽量做完试题,分分必争。要做到会多少答多少,即使是没有把握也要敢于写,碰碰运气也无妨。在标准化考试中,敢于猜测的考生有时也会取得较好的分数。

(20)认真检查,把好最后一关。要检查试卷要求、检查答题思路、检查解题步骤、检查答题结果,千万不要提前交卷。

成功地走过第一天,第二天的胜利又会属于你!

43.调节高考怯场心理九法。

怯场是指在考场上因情绪激动和心情紧张而造成思考发生障碍的一种心理现象。一般表现为临场情绪紧张、面红耳赤、心慌、出汗、发抖,等等;严重时会影响考生的临场发挥。

怯场的原因是多方面的,归纳起来主要有五点:①准备不充分;②

不能正确对待考试;③缺乏自信心;④劳逸失调;⑤学校、社会和家庭的压力太大。那么,怎样才能避免怯场呢?

(1)准备要充分。考生只有充分掌握所学内容,才会临场不慌。因此,考试的准备工作宜早宜严。严格的基本训练,熟练地运用基础知识的本领,提高分析问题和解决问题的能力,都不是一日之功,要靠平时的培养和训练。

(2)要正确认识考试的意义。在考场上千万不要去想考试成败的问题。考场如战场,因此要集中精力去解题,排除一切杂念。

(3)要劳逸适度。临考前大脑过度疲劳,是造成怯场的重要原因。因此,考试前几天要注意劳逸结合,适当休息,调整好精神。古人云:"文武之道,一张一弛",是很有科学道理的。只有保持大脑清醒,才能做出高水平的答卷。

(4)对期望值的要求要实事求是。对自己未来的期望值不要过高。谨忌不切实际的目标,容易导致考试上的情绪紧张。越怕考不好,就越考不好。如果对自己的期望值是恰当的,考场上发生的情况就会和自己预料的差不多,也就容易泰然处之了。

(5)要正确对待压力。学校、社会,特别是家庭对考生都有不同程度的压力。在这种情况下,面对压力要冷静,特别是复读生,临考前就更不要对自己施加压力了。要知道,适度的压力是好事而不是坏事,它可以变成动力、竞争力。对不切合实际的苛求,千万不要介意,绝不能把思想包袱背到考场上去胡思乱想。考试就是考试,不要想别的。

(6)怯场预感。有的考生对自己过度施加压力,产生了怯场预感。此时,可去做比较容易的题目,自觉减压,情绪就会轻松些。如果还不行,要尽量想些自己平时高兴、愉快的事情,此时不去想考试之事,直到平静下来为止。

(7)要学会兴奋转移法。如果怯场现象一旦发生,应立即转移兴奋点和注意力。如抬头向窗外远望,观赏大自然的美景;或用自我暗示法令自己冷静不紧张;或闭目养神,甚至伏案休息片刻等,都是行之有效的可取方法。

(8)要坚定必胜的信心。考试题无非是课本上的有关知识。即使难题,也不会超本超纲。要大胆地去迎考,树立必胜的信心,相信自己能够考出好成绩。

(9)考完不要去对答案。考完一科,千万不要去对答案,以免影响下一科的考试情绪。考完一科后,应立即把注意力转移到下一科的考试准备上来,解脱上一场的烦恼或喜悦。

另外,需要注意的是,千万不要把考试时必要的紧张也看成怯场。考场有点紧张是必然的。反过来讲,这对调动人的潜力、启发智力、集中注意力,提高思维效率还是有一定意义的。

👉 这不只是一本书
更是一套完整的互联网
生态教育系统 👈

青少年心理教育专家私人微信

善朝教育"微课堂"开课通知

扫描二维码

专家微信

微课堂